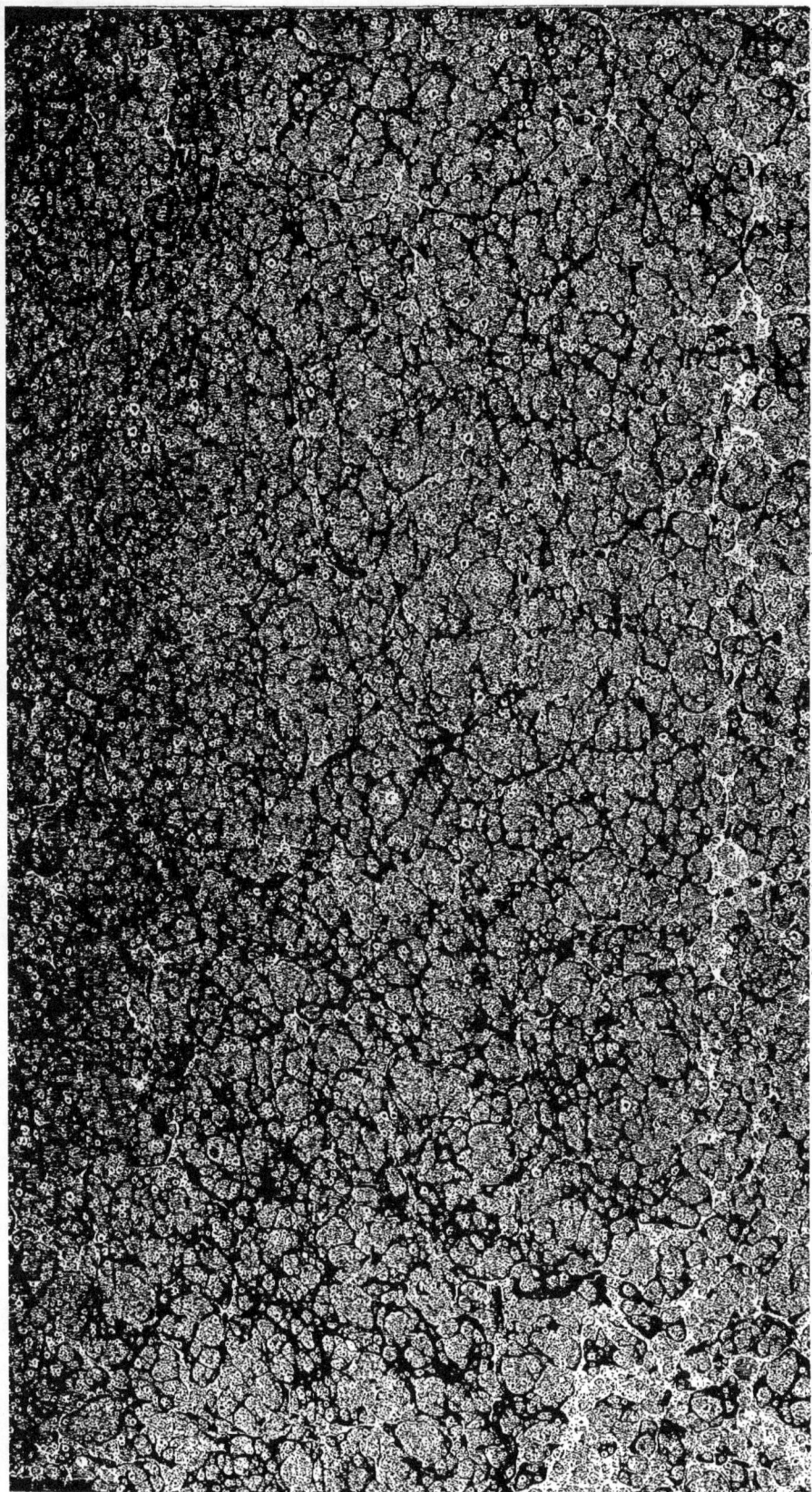

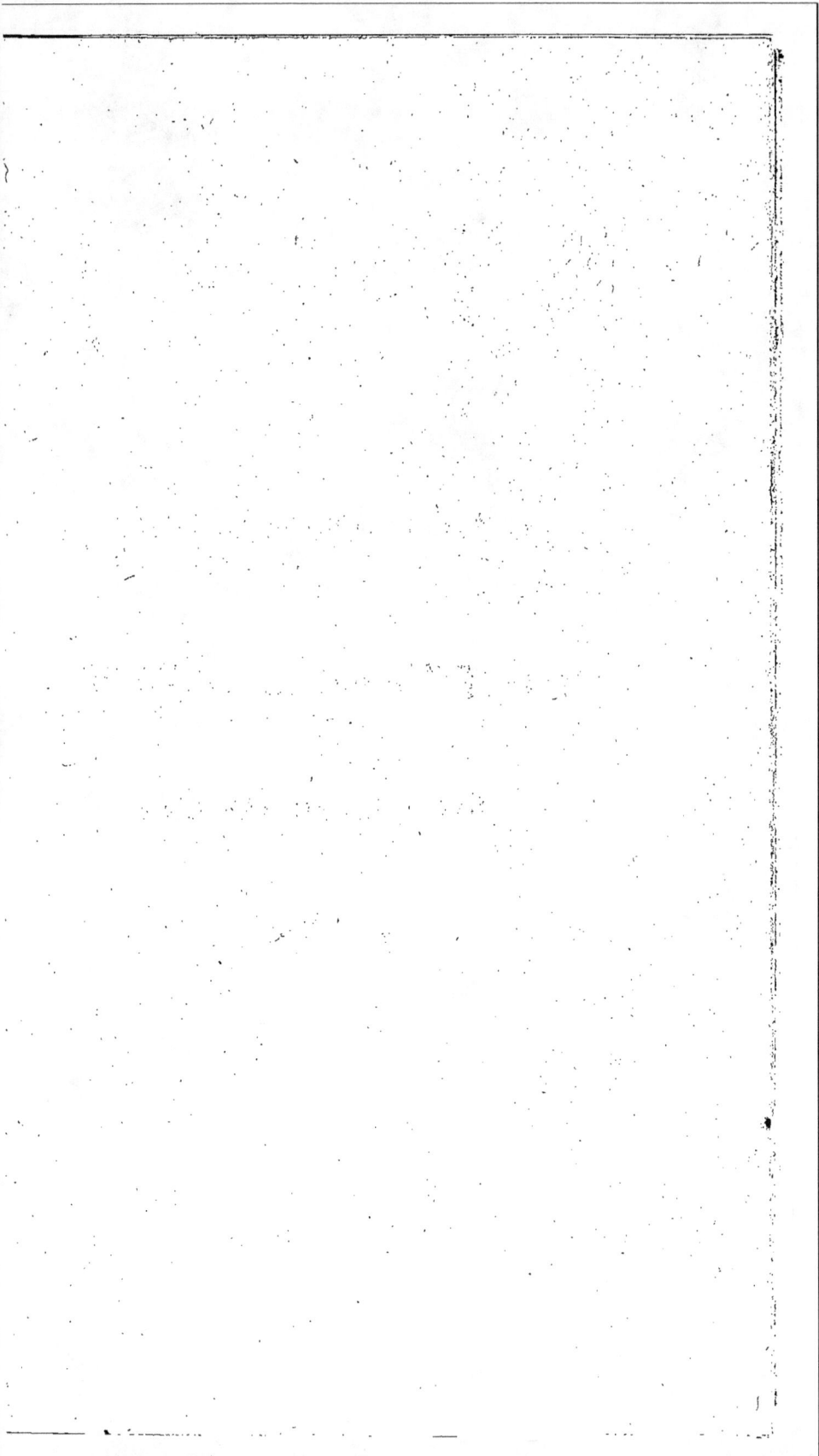

NOUVELLES SÉANCES NAUTIQUES

ou

TRAITÉ ÉLÉMENTAIRE

DU

VAISSEAU DANS LE PORT.

IMPRIMERIE

DE HUZARD-COURCIER, RUE DU JARDINET, N° 12

NOUVELLES

SÉANCES NAUTIQUES,

OU

TRAITÉ ÉLÉMENTAIRE

DU

VAISSEAU DANS LE PORT;

Par P.-M.-J. DE BONNEFOUX,

CAPITAINE DE FRÉGATE, SOUS-GOUVERNEUR DU COLLÉGE ROYAL DE MARINE.

CET OUVRAGE EST SUIVI D'UN APPENDICE CONTENANT :

1°. Un VOCABULAIRE Français-Anglais de Termes de Marine; 2°. Un CHOIX de Commandemens employés à bord, avec la Traduction Anglaise; 3°. Un RECUEIL Français-Anglais de Phrases Nautiques.

« Un Vaisseau est une Machine digne d'admiration ;
» c'est la plus belle des inventions humaines. »
VIAL DU CLAIRBOIS, *Essai Géométrique et
Pratique sur l'Architecture Navale.*

PARIS,

BACHELIER, SUCCESSEUR DE MADAME Vᶜ. COURCIER,

LIBRAIRE POUR LES SCIENCES ET LES MATHÉMATIQUES,
Quai des Grands-Augustins, n°. 55.

1827.

AVANT-PROPOS.

CET ouvrage a été spécialement composé pour l'instruction des jeunes gens qui se destinent à embrasser la carrière de la Marine, et pour leur donner quelques notions sur la *Construction*, le *Lancement*, l'*Arrimage*, l'*Installation*, l'*Armement* et le *Grément* d'un vaisseau.

Quelque temps auparavant, j'avais publié d'autres *Séances Nautiques* dont le but était d'exposer aux Élèves des Compagnies des Ports où j'avais servi, quelles étaient à la mer les diverses Manœuvres du Vaisseau, et j'avais été guidé dans ce travail par un Officier supérieur très-éclairé. Je n'ai pas eu le bonheur de pouvoir profiter de ses conseils dans ces *Nouvelles Séances* : je n'ai pu faire preuve que d'un zèle égal; mais cependant je me suis servi du même plan autant que je l'ai trouvé praticable; et c'est, avec l'analogie du sujet, ce qui m'a engagé à conserver à-peu-près le même titre, et à adopter de semblables divisions et sub-divisions de matières. Il est cependant re-marquable que le *Traité Élémentaire du Vaisseau dans le Port*, qui aurait paru de-voir précéder le *Traité Élémentaire du Vaisseau à la mer*, l'ait au contraire suivi; on en voit la cause dans les positions diverses où le service m'a placé pendant l'intervalle de mes campagnes.

Ces deux volumes auraient peut-être dû ne faire qu'un seul et même ouvrage; il a fallu qu'ils fussent composés suivant un ordre de temps inverse pour qu'il n'en fût pas ainsi; mais en y réfléchissant, on pourra trouver quelque avantage à ce qu'ils soient séparés, puisque l'un d'eux peut avoir une utilité plus générale que l'autre : ainsi les personnes qui peuvent désirer cette séparation seront sa-tisfaites, tandis qu'il est facile aux autres de posséder les deux parties à-la-fois.

Dans ce nouveau traité, il ne m'a pas été possible de supposer, comme dans le précédent, que les Termes et le Langage de Marine fussent connus ; il m'a fallu tout expliquer, afin que tout pût être compris : pour en faciliter encore davantage l'intelligence, et quoique j'aie la preuve que, tel qu'il est, il ne s'y trouve rien d'incompréhensible pour qui n'a jamais vu d'arsenal ni de vaisseau, des planches auraient peut-être paru convenables ; mais j'ai cru que c'eût été compliquer l'ouvrage, en entraver la lecture, et accroître les frais sans un but bien fondé. Que l'on pense en effet, que dans les ports et autres établissemens maritimes, il est facile de trouver un guide, de s'y pourvoir de Modèles, Planches ou Dessins, d'y exécuter des Figures sur des Tableaux, et qu'il suffit par conséquent qu'un Traité comme celui-ci indique un Plan, un Ordre, des Sujets, un Texte à développemens, pour que l'ouvrage s'étudie avec fruit, et pour que ceux qui l'auront une fois bien étudié, puissent toute leur vie comprendre le Livre, et soient à même de s'en rappeler les détails, sans consulter de nouveau les Modèles, les Dessins, dont au surplus ils peuvent garder des copies.

Ainsi, pour les jeunes gens qui, avec quelque succès, voudraient s'instruire des élémens de notre Art à l'aide de ce Traité, il sera à-peu-près impossible, j'en conviens, qu'ils n'aient pas à consulter leurs Anciens dans la carrière, et à visiter les Chantiers, les Ateliers, les Cales de Construction et les Vaisseaux; mais pour eux encore, les déboursés seront moindres; et ce qui est plus important, ils acquerront par là plus d'instruction que s'ils n'avaient étudié que sur les figures que nous aurions pu insérer ici: Dans tous les cas, un Dictionnaire de Marine, et un tel livre est généralement muni de planches, doit suppléer à ce qu'on croirait pouvoir manquer à notre ouvrage sous ce rapport; or un Dictionnaire de Marine est toujours indispensable à un jeune Marin.

Sous un autre point de vue peut-être plus étendu, nous ne possédons encore pour les savans, pour les curieux, pour les personnes des autres professions, aucun traité tellement élémentaire, que notre langage de mer soit suffisamment expliqué, que l'ordre des matières soit assez convenablement distribué pour être à la portée de ceux qui n'ont pas l'habitude de la navigation. Nous sommes pourtant arrivés au moment où la marine acquiert dans l'enceinte des Chambres Législatives en France, comme parmi toutes les classes de la société, une faveur chaque jour de plus en plus marquée; ce serait donc sans doute remplir un but noble et utile, afin d'éclairer et par conséquent d'accroître cette protection, que de tracer avec assez de clarté pour être compris des hommes étrangers à notre état, le tableau des opérations du Vaisseau, que de dérouler sous leurs yeux les détails de cette imposante construction. J'ai senti mon insuffisance; mais il n'a pas dépendu de moi de ne pas être dominé par le désir d'essayer d'y parvenir; car tel est l'empire d'une pensée généreuse, que je n'ai peut-être pas tracé une ligne de ce tableau, je n'ai pas fait une seule de ces arides recherches qui m'étaient indiquées par le sujet, sans entendre une voix intérieure m'inviter à ce but, et me dire : « Il est plus que temps de propager chez nos compatriotes les connaissances nautiques; il faut faire comprendre la Marine; il faut la mettre à la portée de tous : chacun doit apporter son tribut, et par elle bientôt la France achèvera d'atteindre à tous les genres de gloire et de prospérité ! » Il serait bien flatteur pour moi d'avoir contribué à cet élan : servir à l'instruction de nos débutans, c'est un grand résultat, ce serait beaucoup de l'obtenir; mais pouvoir être lu des hommes qui désirent nous connaître, serait une douce récompense. Puissé-je, pour eux, avoir commencé à rendre notre langue intelligible, avoir donné de claires descriptions !

Tel est l'ouvrage, tel en est l'esprit : si je suis parvenu à le rendre quelque peu digne d'estime, c'est que j'ai cherché la route à suivre dans les conseils des officiers les plus éclairés, et dans les écrits des auteurs les plus judicieux.

« *Lorsqu'on se borne aux propositions vraiment élé-* » *mentaires des Sciences, il ne faut que s'occuper de* » *l'arrangement qui les lie le mieux les unes aux au-* » *tres, les rend plus évidentes et plus faciles à retenir.*

» Essai sur l'Enseignement......, LACROIX. »

Cet ouvrage est suivi d'un Appendice contenant : 1°. Un VOCABULAIRE Français-Anglais de Termes de Marine; 2°. Un CHOIX de Commandemens employés à bord, avec la Traduction Anglaise; 3°. Un RECUEIL Français-Anglais de Phrases Nautiques.

NOUVELLES
SÉANCES NAUTIQUES,

ou

TRAITÉ ÉLÉMENTAIRE

DU VAISSEAU DANS LE PORT.

SEANCE PREMIERE.

Considérations générales sur les Corps flottans.

Un *Vaisseau*, chef-d'œuvre de l'esprit humain, est une construction en bois, de forme oblongue, et dont les deux moitiés longitudinales sont parfaitement symétriques. Un vaisseau est destiné à contenir tout ce qu'exige un long voyage : il est armé pour la guerre ; il est préparé aux tempêtes, et, tel que nous le considérerons, il doit se mouvoir par l'impulsion d'un agent extérieur.

C'est sur la mer que l'on verra cette machine prodigieuse ; c'est le *Vent* qui lui donnera cette impulsion : et pendant que l'eau cède et se sépare en obéissant à la pression produite par l'effort du vent, c'est la différence en plus de la densité de ce premier fluide à celle de l'air, qui lui fournit des points de résistance suffisans pour se diriger et pour se maintenir dans une assiette favorable. Nous allons examiner quelques-uns des rapports généraux que ces corps ou ces fluides peuvent avoir entre eux.

L'*Eau* est un liquide dont les molécules n'ont aucune

1

adhérence entre elles ; parfaitement mobiles, ces molécules, dès qu'elles sont sollicitées au mouvement, peuvent rouler ou glisser les unes contre les autres ; mais la
cause venant à cesser, la masse agitée se remet en équilibre, et les molécules qui la composent reprennent le
niveau, qui est une suite nécessaire de leur facilité à se
déplacer, ainsi que de cette tendance universelle des
corps vers le centre de la terre, que l'on désigne sous
le nom de *force centripète* ou de *pesanteur*, et qui peut
être considérée comme agissant sur un seul point de ces
mêmes corps, appelé *centre de gravité*.

D'après cet exposé, si, dans l'intérieur d'une masse
d'eau, on plonge un corps de forme quelconque, et
qu'on l'abandonne à lui-même, mais en le plaçant de
manière que le centre de gravité de ce corps, pour que
celui-ci conserve sa position et reste en équilibre autour
de ce centre, soit sur la même verticale que le centre de
gravité de l'eau déplacée, il est aisé de comprendre qu'a-
lors les couches du liquide qui seront situées au-dessous,
opposeront à ce corps une résistance qu'il doit vaincre
pour descendre vers le fond. Si donc le corps a un poids
égal à celui du volume d'eau qu'il déplace, ou s'il n'a
pas plus de tendance que ce volume vers le centre de la
terre, on conçoit qu'il doit remplacer identiquement
ce même volume et occuper la même position que lui.
En effet, puisque le volume d'eau déplacé était en équilibre, la résistance des couches d'eau inférieures était
égale au poids de ce volume, et le corps que nous supposons le remplacer en volume et en poids, doit éprouver la même résistance de la part de l'eau.

Si, par conséquent, le corps pèse plus ou moins qu'un
volume d'eau égal au sien, la résistance de l'eau ne dépen-

dant que du volume du corps, et s'exerçant de bas en haut dans une direction verticale opposée à celle de la force centripète, cette résistance fera toujours perdre au corps une partie de son poids égale à celui du volume d'eau déplacé. D'après cela, on peut considérer un corps plongé dans l'eau comme poussé de haut en bas par son propre poids, et de bas en haut par la résistance de l'eau, c'est-à-dire par une impulsion équivalente au poids du volume d'eau que déplace le corps.

Il s'ensuit évidemment que si le corps pèse plus que la masse d'eau déplacée, il tombera, non pas avec toute la force de son poids, mais seulement avec celle de son excédant sur le poids de l'eau déplacée ; si le corps est au contraire plus léger, la résistance de l'eau le soulèvera avec une force égale à l'excédant du poids de l'eau déplacée sur celui de ce même corps.

Dans ce dernier cas, lorsque le corps plongé est plus léger que l'eau déplacée, il s'élève nécessairement jusqu'à ce qu'il soit en partie au-dessus de la surface de l'eau. Par l'effet de cette ascension, la quantité d'eau déplacée diminue dès que le corps commence à s'émerger, et conséquemment aussi, dans cette circonstance, la force qui élève le corps : il doit donc arriver un instant où le poids de l'eau déplacée est égal au poids du corps ; celui-ci cesse de s'élever, et il se trouve dans les conditions où il peut flotter.

Sans doute on aura déjà pressenti et compris que si un corps, par la légèreté de ses parties, a la propriété de ne pouvoir couler de lui-même, et si on lui donne une forme et une position qui le douent de la plus grande *stabilité* qu'il puisse acquérir sur l'eau, c'est-à-dire de la plus grande tendance à se redresser de lui-même et à

reprendre une position voulue en cas d'inclinaison, ce
corps pourra être creusé par sa partie supérieure, et que,
devenant par là plus léger, il s'émergera davantage. Il
est facile d'en conclure même que si l'on met dans ce
corps les parties extraites ou d'autres parties plus pe-
santes, le corps ne s'abaissera au-dessous du point primitif qu'autant que le poids de ces dernières excédera
le poids des parties extraites ; et qu'enfin d'une matière,
quelque pesante qu'elle soit, on pourra former une machine flottante en lui donnant une forme concave et une
position telles, qu'elle parvienne à déplacer un volume
d'eau assez considérable, pour que le poids de ce volume
d'eau égale ou surpasse le poids de cette machine creusée. Dans cette hypothèse, et pour plus d'exactitude,
nous devrions ajouter, au poids de la machine creusée,
celui de l'air renfermé depuis le fond de la machine
jusqu'au plan du niveau de l'eau qui la supporte.

Il est cependant une remarque à faire : si la machine
creusée dont nous venons de parler est construite en bois
ou en substances qui pèsent moins que pareil volume
d'eau, et que l'eau s'y introduise, soit en pénétrant à
travers les parties immergées, soit dans le cas où la machine creusée s'inclinerait suffisamment, alors celle-ci
s'enfoncerait dans l'eau, mais elle ne pourrait disparaître tout-à-fait qu'autant qu'elle serait chargée de poids
étrangers, qui, avec son volume, composeraient un nouveau volume plus pesant qu'un pareil volume d'eau. Au
contraire, si la machine creusée est construite en fer,
en bois fondrier, ou en général avec des matières qui
pèsent plus que pareil volume d'eau, dès que l'eau y aura
pénétré, celle-ci, comme dans l'autre cas, remplacera
l'air contenu ; mais la machine creusée perdra la pro-

priété que lui donnait sa forme concave, et elle se préci-
pitera vers le fond. Nous supposons la profondeur de
l'eau suffisante.

Ces conditions nous font sentir la nécessité de donner
à la machine en question, ou à tel autre corps façonné
d'une manière analogue et que l'on expose sur l'eau, une
construction ou des qualités qui lui procurent beaucoup
de stabilité. Il ne suffirait pas en effet qu'une pareille construction pût flotter ; il serait sans doute indispensable,
étant supportée par des molécules aussi mobiles que
celles de l'eau, que, si la position dans laquelle cette
construction flotte avec le plus d'avantage pour maintenir son ouverture aussi élevée que possible, venait à
changer d'une quantité même assez considérable, elle y
revînt après une suite d'oscillations, ou qu'elle fût solli-
citée à tendre constamment alors à y revenir.

Telles sont les différences qui résultent du changement
qui peut exister dans l'état d'un corps solide exposé à
l'action des eaux tranquilles. Nous allons les résumer,
en supposant que l'on place ce corps sur l'eau sans effort, c'est-à-dire sans lui communiquer aucune tendance
à plonger.

Si le corps est plein, il ne se maintiendra à la surface qu'autant que sa pesanteur sera moindre que celle
de pareil volume d'eau : en ce cas on peut le creuser par
sa surface supérieure, et remplacer les parties extraites
par d'autres substances, mais sous la condition que le
poids du tout n'excède jamais celui du volume d'eau déplacé. Nous sous-entendons ici, toutes les fois qu'il n'en
est pas question, le poids de l'air compris au-dessous du
plan du niveau des eaux tranquilles ou dormantes.

Si le corps est creusé par sa partie supérieure, et qu'on

laisse à l'air de remplacer les parties extraites, le poids
de l'air étant moyennement à celui de l'eau comme 1 est
à 790, c'est-à-dire donnant une différence beaucoup
plus grande que celle qui existe entre les poids de l'eau
et de tout solide plus pesant sous un même volume, on
pourra, en atténuant et réduisant les parois d'un corps,
quelque pesant qu'il soit, lui donner la propriété de se
maintenir sur l'eau.

Enfin, si le corps, étant creusé, vient à perdre sa stabilité et à être soumis à l'introduction de l'eau, il en sera
enveloppé, il y perdra la propriété que lui donnait sa
forme; il n'y déplacera que le moindre volume possible,
et il coulera si alors le poids des parties adhérentes surpasse le poids de pareil volume d'eau. Les premières
notions de statique suffisent pour démontrer qu'un corps
flottant ne peut être doué de quelque stabilité qu'autant
que son centre de gravité est plus bas que celui du volume d'eau déplacé; c'est une condition dont, au moyen
de poids, il est facile de douer les corps creux et flottans.

Le *Bois*, par sa force, par sa flexibilité, par sa durée,
par ses qualités variées, est la substance qui se prête le
mieux à la construction des vaisseaux; et c'est en combinant sa pesanteur avec celle de l'eau, avec celle des
matières que doit contenir le bâtiment, et avec la légèreté de l'air qui doit en remplir les vides, que l'on est
parvenu à créer des corps flottans d'une très-grande
stabilité, et d'une capacité qui pourvoit à toutes les né-
cessités. Le poids de l'eau de mer est évalué, dans la
pratique, à 72 livres le pied cubique; ce poids, par la
latitude moyenne de 45", est de $\frac{1}{58}$ de plus que celui de
l'eau distillée.

D'après les considérations où nous venons d'entrer, il est facile de se convaincre que, lorsqu'il y a un déplacement dans l'eau, le *Creux* qui s'y forme tend à être rempli non-seulement par les molécules latérales, mais encore par celles qui sont le plus au fond du *Creux*; les premières sont sollicitées vers ces *Points* par l'action de la force centripète, les autres par l'excès de poids et de pression qu'elles éprouvent de la part des colonnes voisines : cet effet s'appelle la *Poussée verticale des eaux*. Et lorsqu'un corps flottant occupe une place permanente dans l'eau, il empêche, par sa présence, les parties latérales de l'eau de s'y précipiter; les pressions horizontales opposées se détruisent; et l'on peut le considérer comme supporté par le seul effet des diverses poussées verticales qu'il est évidemment permis de supposer réunies en une seule verticale faisant fonction de *Pivot*, sur lequel le corps flottant, abandonné à la seule action de la pesanteur, repose en équilibre.

Sur la direction de ce pivot, il est évident qu'il existe un point situé dans l'intérieur du corps flottant (lequel point est son centre de gravité), par lequel on peut supposer que le corps étant suspendu, ce même corps se trouve également en équilibre; et que, si dans telle direction possible, prise hors de ce point, une force nouvelle ou accidentelle vient agir sur le corps, celui-ci acquerra des mouvemens de *Rotation* ou d'*Inclinaison*, et que ces mouvemens auraient encore lieu, si le corps se trouvait soumis en même temps à l'influence d'une impulsion translatrice qui le solliciterait à glisser sur l'eau, parallèlement à lui-même ou dans une direction horizontale.

Nous déduirons de ce qui précède une nouvelle conséquence, c'est que, pendant que le corps sera soumis à l'action de l'impulsion translatrice, si l'une des moitiés du corps plongées dans l'eau vient à recevoir une augmentation de surface qui altère l'égalité de résistance que chacune d'elles présentait alors à l'impulsion qui leur faisait fendre le fluide, il en résultera que cette augmentation de surface sera pour le corps une nouvelle cause de rotation autour du point de suspension.

Montrons actuellement que ces principes peuvent s'appliquer à l'objet qui sert de but à nos méditations ; mais il faut que nos idées s'agrandissent ; il faut que nous offrions tout d'un coup à l'esprit ce qu'a lentement produit le génie persévérant de l'homme ; il faut enfin que pendant un instant nous considérions un ensemble tout créé et prêt à se mouvoir.

Le simple morceau de bois que nous avons creusé, l'impulsion translatrice que nous avons imaginée, la force accidentelle à laquelle nous avons eu recours, le surcroît de surface que nous avons supposé, vont devenir des objets dont nous ignorions tout-à-l'heure les qualifications. Voyons en effet, dans nos descriptions, un *Bâtiment* construit sur la plus grande échelle, composé de pièces énormes parfaitement jointes ou liées l'une à l'autre ; voyons la science, la grâce, la beauté de ses formes ; assujettissons sur la base qui paraît si frêle de cet immense édifice, des flèches qui porteront à leur tour des bannières de toile susceptibles de se présenter au vent sous tous les angles possibles, de se plier à volonté, de se réduire, ou de se soustraire à son action ; remarquons que ce bâtiment est extérieurement muni, à l'une de ses extrémités, d'une machine qui, par un surcroît de résistance habilement ménagé à un côté quelconque, sert à le faire tourner ou à le diriger ; et alors nous substituerons aux noms timides dont nous venons de nous servir, les mots imposans .de *Vaisseau*, de *Vent*, de *Mâts*, de *Voiles* et de *Gouvernail*. Voilà où vont se rattacher actuellement toutes nos idées ; mais avant d'examiner les développemens que ces principes peuvent acquérir dans le champ que nous allons parcourir, nous devons, pour procéder avec ordre, définir quelques termes qu'il importe d'abord de connaître : bientôt nous prendrons le vaisseau lorsqu'on en pose la première pièce sur le lieu de sa construction, et nous le suivrons jusqu'au moment où, prêt à prendre la mer, nous devrons revenir à ces mêmes principes, et montrer leurs applications les plus importantes ou détailler quelques-unes de leurs conséquences.

SÉANCE II.

Définitions essentielles.

Après que nous aurons placé sur le terrain la première pièce du vaisseau, nous ferons l'analyse des travaux de sa construction et de son lancement. Ces travaux, en passant sous notre examen, ne seront cependant pas décrits avec la précision qui pourrait convenir à un élève ingénieur. Nous ne donnerons, et dans un ouvrage élémentaire qui n'a pas ces objets pour but unique, nous croyons ne devoir présenter que l'ensemble des opérations les plus utiles, les plus nécessaires, les plus favorables à une intelligence suffisante du système en général, et les moins sujettes à être soumises, soit aux recherches des problèmes que les personnes du métier tiennent encore en discussion, soit aux essais quelquefois louables des novateurs.

Les définitions que nous avons annoncées dans le premier chapitre, des termes qui reviennent le plus souvent sous la plume ou dans le discours, vont précéder l'ensemble de ces opérations : elles prépareront l'esprit, elles le soulageront par avance dans la longue nomenclature que nous aurons sous les yeux; elles nous mettront à même de donner des explications, avec moins de ces interruptions qui nuisent souvent à la clarté; et lors même que les points que nous traiterons les premiers, paraîtront n'avoir avec les termes préalablement définis aucune analogie directe, nous prions de remarquer qu'il peut se présenter, au sujet de ces points, tels développemens, telle conversation qui en rendent la connaissance fort avantageuse.

La *Carène* d'un vaisseau est la partie extérieure de ce vaisseau qui est plongée dans la mer considérée dans un état de tranquillité parfaite, et le vaisseau étant dans son assiette. La ligne supérieure qui entoure le bâtiment, et qui termine sa carène en suivant l'intersection de l'eau sur laquelle il flotte, en d'autres termes, la ligne de charge que le niveau de l'eau trace sur la carène, s'appelle *Ligne de Flottaison*. Cette ligne, qui ne sort pas de l'horizon, peut servir de direction à un *Plan*, qu'on appelle aussi *de Flottaison*; la trace de la ligne de charge sur la carène pouvant varier suivant la quantité et la distribution des poids contenus dans le vaisseau, la ligne et le plan de flottaison changent aussi; mais dans cette variation il est une assiette, il est une position qui est la meilleure et dont la recherche est délicate et difficile.

Toutes les parties du vaisseau placées dans l'eau au-
dessous du plan de flottaison prennent encore le nom
d'*OEuvres-vives*; et toutes celles qui sont au-dessus de
ce plan s'appellent *OEuvres-mortes* ou *Accastillage*.

Les *Moitiés Longitudinales* du vaisseau sont les deux
parties symétriques et égales, placées à droite et à gauche du plan vertical qui passe par l'axe de la pièce de
bois qui sert de base à la construction, et sur laquelle on
peut supposer le vaisseau sur le terrain où il a été bâti,
susceptible de se tenir en équilibre ou *Droit*, comme
le disent les marins.

La *Quille* est la pièce de bois, la base dont nous venons de parler; elle se compose, en raison de sa grande
longueur, de plusieurs pièces qui forment un seul et
unique assemblage en ligne droite, sur lequel le vaisseau porte effectivement dans le lieu de sa construction;
la quille est doublée, dans sa partie inférieure, d'une
Fausse-Quille, qui est une autre réunion de pièces
moins épaisses que celles de la quille. Il y en a autant
dans la partie supérieure; ce nouvel assemblage se nomme
Carlingue, et quoique ces trois pièces soient bien distinctes, on les désigne souvent ensemble sous le nom
général de quille. Cette base, en se relevant vers le devant, ou l'avant, ou la *Proue* du vaisseau, s'appelle
Étrave, et vers l'arrière ou la *Poupe*, *Étambot*. Nous
verrons plus loin qu'entre la quille et la carlingue, on
place quelquefois une pièce de renfort, appelée *Contre-
quille*. L'étrave est une pièce courbante; l'étambot forme
un angle rectiligne avec l'extrémité de la quille. La
moitié longitudinale qui se trouve sur la droite, en re-
gardant l'avant, prend le nom de *Tribord*, l'autre celui
de *Babord*. Le chargement du vaisseau doit être uni-

formément distribué des deux côtés, ou bords, car
chaque moitié se désigne aussi par la qualification de
Bord. Le mot de *Bord* est encore souvent le synonyme
de vaisseau ou de bâtiment. En marine, bâtiment signifie
en général vaisseau, construction fermée par en haut ou
pontée et destinée à prendre la mer.

D'après ce qui précède, on voit que le *Centre de Gravité du Vaisseau* doit se trouver dans le plan vertical
que nous avons dit séparer les deux moitiés ou bords,
et qu'on appelle *Plan d'Élévation de la Carène*, lorsqu'il ne sort pas des œuvres-vives. Le centre de gravité
est, comme nous l'avons vu, le point par lequel passe
la direction du poids total du vaisseau, quelle que soit
la position de celui-ci ; il fait partie de cette ligne représentant la résultante des poussées verticales à laquelle
nous avons assigné les fonctions de pivot ; il est enfin le
point par lequel on peut supposer le vaisseau suspendu,
et prêt à recevoir l'action de forces ou d'impulsions tendant à lui imprimer des mouvemens de rotation ou d'inclinaison. C'est à compter du centre de gravité en allant
vers l'étrave que commence l'avant, et en allant vers
l'étambot que commence l'arrière du vaisseau pour le
manœuvrier ; mais le constructeur prend ce point de
distinction à partir de ce que nous désignerons être le
maître-couple.

Quelques personnes trouvent utile de désigner encore un centre sous le nom de *Centre de Volume*.
C'est le point où serait le centre de gravité du volume
d'eau déplacé, si cette eau se substituait à la carène.
Nous adopterons cette dénomination.

Si le vent frappe le vaisseau d'un bord, ce *Bord* s'appelle celui *du Vent*, et il peut par conséquent être à tri-

bord ou à babord suivant les circonstances ; l'autre bord
est celui *de sous le Vent.* Si le *Vent* agit perpendiculairement à la direction de la quille, il est dit être *Du
Travers* ; s'il souffle de l'avant, il est dit être *Debout* ; s'il
souffle de la poupe, il est dit *Vent-Arrière* ; s'il souffle
de 22° 3o', ou de deux rumbs de l'avant du travers, il
est dit *Du Plus-Près.* Dans toutes les autres directions
entre le plus-près et le vent-arrière, c'est le *Vent Largue.* Le vent du travers est donc une des directions du
vent largue. Entre le plus-près et le vent debout, c'est
un vent contraire plus ou moins debout. Le bord d'où
vient le vent s'appelle encore le *Bord des Amures,* et
un vaisseau naviguant avec un vent du plus-près pour se
rapprocher de l'origine du vent, ou d'un point pris dans
la direction du vent du côté d'où il souffle, est dit courir
un *Bord* ou des *Bords,* lequel mot est dans ce cas-ci le
synonyme de *Bordée ;* la bordée est celle de tribord ou
de babord, suivant que le vent vient de la droite ou de
la gauche du bâtiment. Un navire ou bâtiment au plus-
près, est soumis à une translation latérale nommée *Dérive,* qui altère la route directe, et dont nous ferons voir
la cause dans la dernière séance de cet ouvrage.

Nous ne parlerons pas ici de la rose des vents, ou de
la boussole, souvent appelée *Compas,* ni de ses divisions.
Ces détails concernent les professeurs d'hydrographie
ou de navigation.

Si l'avant du vaisseau dans sa route s'approche de la
direction du vent, on dit que le vaisseau *Vient* ou *Lance
au Vent,* ou qu'il *Loffe ;* s'il s'en éloigne, on dit qu'il
Abat ou qu'il *Arrive.* Un vaisseau qui a de la facilité à
loffer, s'appelle *Ardent ;* s'il en a à arriver, on l'appelle *Mou.* Tout mouvement que le navire fait en tour-

nant, mais involontaire ou de courte durée, s'appelle un *Lan*. Il ne faut pas confondre ce terme avec *Élan*; celui-ci est une tendance circulaire, souvent donnée par le manœuvrier pour que le vaisseau franchisse un point voulu, qu'il n'aurait peut-être pas atteint sans cet élan : un vaisseau a un élan, on l'y laisse persévérer; mais il fait un lan, et l'on s'attache à le corriger : un vaisseau qui s'élance vers un bord ne pourrait être que très-difficilement arrêté pendant ce mouvement, tandis que celui-ci qui lance n'a qu'une tendance courte, momentanée, facile à détruire. Le lan peut être considéré comme une oscillation irrégulière et inévitable, en ce qu'elle provient de l'action des forces et des résistances extrêmement variables, auxquelles le vaisseau est soumis pendant sa route, et qui tendent sans cesse à se mettre en équilibre.

La direction du vent s'appelle quelquefois le *Lit du Vent*; on sait qu'un *Rumb de Vent* est l'angle de 11° 15′ compris entre deux des 32 *Airs de Vent* principaux; c'est-à-dire que l'air de vent est la direction proprement dite de l'un de ces 32 airs de vent : ce sont donc deux objets très-distincts. Rumb de vent a pour synonyme *Quart*, mot fort usité dans la marine, sur-tout pour exprimer la moité d'un rumb ou de 11° 15′, qu'on appelle alors *Demi-Quart*. Certaines personnes écrivent aire de vent, et en font un féminin; mais malgré l'autorité de quelques dictionnaires, nous maintiendrons ce substantif au masculin, et nous demanderons pour nous justifier, si jamais on a entendu à bord une phrase pareille à quelqu'une des suivantes : « Votre aire-de-vent était-elle favorable ? — Vous couriez à une dangereuse aire-de-vent. etc. » Nous en dirons autant du mot *Air*, qui signifie souvent vitesse du navire, et que quelques dictionnaires écrivent pareillement *Aire*, ou même *Erre* (du verbe *Errer*), et font féminin. Je maintiendrai également ce mot au masculin, pour me conformer à l'usage des marins, souverain maître en pareille question, et je poserai encore les phrases suivantes, en demandant si elles ne choquent pas l'oreille de tout navigateur : « Aviez - vous une bonne aire ? — Votre aire était-elle détruite ? etc. » Aire signifie surface ; un vaisseau porté par un grand élan parcourt ou balaie une aire ou une surface considérable, et ici ce mot est féminin ; mais il n'est pas synonyme de vitesse.

Le *Vaigrage* est le revêtement intérieur du vaisseau ; les planches ou pièces de bois qui servent de revêtement extérieur s'appellent en général *Bordages*, ainsi que celles qui forment les planchers des divers étages du bâtiment. La partie supérieure de ces étages se nomme *Pont*, et quand on dit simplement le pont, on a en vue celui qui est le plus élevé de tous, en n'y comprenant pas la partie de pont qui recouvre un étage partiel plus élevé que celui dont nous parlions tout-à-l'heure, qui s'appelle *Dunette*, et où se loge le commandant.

Le *Lest* est la partie du chargement du vaisseau, qui est en fer ; il se compose de lingots en forme de parallélipipèdes rectangles du poids de 50 ou 100 livres ; on les appelle *Gueuses* ; elles occupent les parties inférieures du vaisseau.

Le vaisseau, tel que nous le considérons ici, a trois *Mâts* verticaux, ou qui le sont à-peu-près quand il est droit, et par cette raison nommés verticaux ; il a aussi un mât incliné à l'horizon, de 20 à 25°, qui saille par-dessus la *Figure* du vaisseau, laquelle est supportée par

la partie supérieure la plus saillante d'un système de
charpente qui se lie à l'étrave, et qui s'appelle *Guibre*.
La figure du vaisseau est une pièce de sculpture qui, ordinairement, a quelque analogie avec le nom du vaisseau.
Les mâts sont surmontés de deux et quelquefois trois
autres mâts ; le mât incliné de l'avant et tous les mâts
verticaux portent des pièces de bois appelées *Vergues*,
qui y sont suspendues horizontalement par leur milieu :
elles sont maintenues à leurs extrémités par des cordages
ou manœuvres appelés *Balancines*, qui partent de la
tête de leurs mâts. Les vergues peuvent tourner dans le
sens horizontal autour de la surface antérieure du mât,
et glisser le long de ces mâts, à l'aide de colliers qui les
embrassent, qui les empêchent de s'écarter, et qu'on
nomme *Racages* et *Drosses*. Les cordages qui servent à
élever les vergues ou les voiles s'appellent *Drisses*; ceux
qui servent à les faire tourner ont le nom de *Bras*, et
ils se fixent ou se capèlent, d'un côté, aux bouts de la
vergue, en dedans des balancines ; de l'autre, ils aboutissent sur le pont, en allant, du bout de la vergue,
passer dans une poulie fixée ou frappée sur quelque partie
du bord ou du mât voisin. Les mâts sont fixés tribord et
babord, et vers la direction de l'arrière, par des cordages nommés *Haubans* et *Galhaubans* ; les *Étais* tiennent la mâture par l'avant : ces cordages sont capelés sur
la tête de ces mâts, et fortement tenus au bord, soit directement, soit par communication. Le point où porte
le pied du mât se nomme *Emplanture*, et l'angle que le
hauban fait avec le mât se nomme *Épatement*; plus il y
a d'épatement, plus le mât est solidement tenu, et nous
ferons ici une nouvelle distinction entre épatement et
Empâture, que l'on confond quelquefois : celle-ci est

une réunion de deux pièces de bois qui servent à fortifier la carène.

Le mât incliné sur l'avant s'appelle le *Beaupré*. Des
trois mâts verticaux, celui qui est au milieu s'appelle
le *Grand-Mât*; sur l'avant de celui-ci est le *Mât de Misaine*, et sur l'arrière, c'est le *Mât d'Artimon*. Les
vergues, ainsi que nous l'avons vu, sont portées par les
mâts, et elles servent, à leur tour, à porter les *Voiles*
dites *carrées*, à les développer, ce qu'on nomme *Larguer*, *Déferler* ou *Établir*, comme aussi à en réduire la
surface et les *Plier*, *Ferler* ou *Serrer*. Les vergues et les
voiles tirent, en général, leurs noms de ceux des mâts
qui les portent; nous entrerons plus tard dans ces détails; et l'action des bras qui présentent plus ou moins
les voiles établies à l'impulsion du vent, est ce qu'on
nomme *Brasser*, ou, en certains cas, *Orienter*.

Une voile est en *Ralingue*, lorsque le plan de sa surface étant dans la direction du vent, celui-ci ne frappe
que sur une corde appelée ralingue, qui sert d'encadrement à la voile, et donne aux bords extérieurs
de la toile les moyens de résister à la force du vent.
Dans cette position, la voile ne fait que *Battre*, *Ralinguer*, *Barbeyer* ou *Faseyer*. Si le vent frappe sur
la surface antérieure d'une voile, elle a le vent *Dessus*, ou elle est *Coiffée*, ou bien *Masquée*; dans le
cas contraire, elle a le vent *Dedans*, ou elle est *Pleine*
ou bien *Éventée*. Quand le bâtiment marche de l'arrière
à l'avant, il *Va de l'Avant*; au contraire, il *Cule* ou
Va de l'arrière; s'il *Va du Travers*, il est *En Dérive*.
Par analogie, l'arrière s'appelle aussi le cul du navire,
et l'avant, le nez; et si un vaisseau a de la tendance à
plonger par le nez, on dit qu'il est *Canard* ou qu'il

Canarde. Si, en marchant, il est incliné d'un bord, on dit qu'il *Est à la Bande* sur ce bord ; si, par l'effet combiné du vent et de l'agitation des vagues, il se redresse de ce bord, qu'il tombe sur l'autre bord, et alternativement, il *Roule* ; si c'est l'avant qui s'incline ou plonge, puis se relève pendant que l'arrière s'immerge, il *Tangue*, et de là les mots de *Roulis* et de *Tangage*. Les mâts et les voiles dits de l'avant, ou situés sur l'avant du centre de gravité, sont ceux de misaine et de beaupré ; ceux dits de l'arrière sont du grand-mât et du mât d'artimon. Lorsque les voiles sont autant brassées que possible, celles des vergues les plus basses se fixent ou se tendent par en bas sur deux points du vaisseau. On appelle *Point* ou *Dogue d'Amure*, celui du vent ; et *Point d'Écoute*, celui dessous le vent. De là vient aussi la dénomination d'être tribord ou babord-amures, suivant que les voiles sont orientées avec un vent venant de tribord ou de babord.

Le mouvement de rotation que l'on donne au gouvernail autour de ses points de suspension, lesquels sont fixés extérieurement sur l'étambot, se transmet au moyen d'une *Barre* dite *de Gouvernail* qui entre dans le vaisseau, et qui se trouve placée horizontalement quand le vaisseau est droit. Cette barre se meut à l'aide de *Réas* (rouets), de poulies, d'un cordage appelé *Drosse*, et d'une *Roue* dite aussi de *Gouvernail*, où cette drosse s'enroule sur le pont. C'est à la roue que les hommes font l'application de leur force.

Tout ce que nous venons de dire, et tout ce dont nous traiterons dans le cours de cet ouvrage peut ou pourra s'appliquer, en général, à tous les bâtimens ; mais il y aura un rapport plus direct avec le vaisseau de 80 canons, à deux ponts ou étages complets au-dessus de la flottaison, appelés *Batteries*, et ayant les 3 mats verticaux dont nous venons de parler. Ces vaisseaux s'appellent généralement *Vaisseaux de Quatre-vingts*, ou même *Quatre-vingts* tout court. Les canons qui sont sur les ponts y sont disposés, partie sur l'arrière, partie sur l'avant, et il ne s'en trouve de surplus que dans les cas particuliers ou dans les constructions les plus modernes. Il est des vaisseaux à deux ponts dont les dimensions étant un peu moins forcées, ne permettent d'y placer que 74 canons, ou, en général, 74 pièces d'artillerie; on les appelle *Soixante-Quatorze* ou *Vaisseaux de Soixante-Quatorze*. Les vaisseaux qui ont trois batteries couvertes s'appellent *Trois-Ponts* ou *Vaisseaux à Trois Ponts*. Ils portent de 90 à 130 canons. Une *Frégate* n'a qu'une batterie couverte : il en est de même d'un *Vaisseau Rasé*; celui-ci est un vaisseau que sa vétusté ou sa détérioration dans ses parties élevées, ou ses mauvaises qualités attribuées à trop d'élévation dans les poids, ont fait raser d'une batterie. La *Corvette* ne diffère de la frégate que parce qu'elle a de plus petites dimensions, et qu'elle porte moins de canons ou de caronades (nouvelle espèce de canons); ordinairement ce nombre n'excède pas 26, et autrefois un pareil bâtiment était une petite frégate. Il y a cependant des corvettes qui n'ont pas leur batterie couverte par un pont; toutes leurs bouches à feu sont rangées à découvert, en batterie dite *à Barbette*, c'est-à-dire non discontinuée d'un bout du pont à l'autre.

On distingue les frégates entre elles par leur rang, et il en est de même des corvettes, suivant le nombre de leurs bouches à feu. On désigne aussi une frégate,

une corvette, par le calibre ou poids des boulets
des pièces à feu de sa batterie ; ainsi une frégate de 24,
de 18 est une frégate portant dans sa batterie, de l'artillerie du calibre de 24 ou de 18 ; mais il faut encore
spécifier si ce sont des canons ou des caronades. On construit actuellement des frégates de 40 à 60 bouches à
feu ; les petites corvettes n'en ont que 18 ; les calibres
usités sont ceux de 36, 30, 24, 18, 12, 8, 6 et 4.

Ainsi que les corvettes à batterie non couverte, les
vaisseaux, les frégates ont quelquefois leur batterie de
dessus le pont, à barbette. Le vaisseau espagnol à trois
ponts la *Santissima Trinidada* a même été vu par nous
à Cadix, présentant quatre rangées complètes de canons ;
mais on juge ici que l'extrême élévation d'un poids aussi
considérable est trop nuisible à la durée de la construction.

Tout navire qui a trois bas mâts verticaux surmontés
d'une petite plate-forme appelée *Hune,* peut être nommé
Bâtiment à trois Mâts, ou simplement *Trois-Mâts.* Ceux
qui n'ont qu'un ou deux bas mâts, ont des noms divers
que l'usage fait bientôt connaître. Par *Voile,* on entend
quelquefois, au figuré, un bâtiment quelconque.

Nous aurons probablement plusieurs occasions de revenir sur un grand nombre de ces désignations, en traitant des points dont ces objets font partie intégrante, et
nous ajouterons alors de nouveaux développemens ou
des considérations plus étendues ; nous rappellerons seulement ici que nous ne nous en sommes préalablement
occupé, que pour ne pas avoir à interrompre le cours
de nos descriptions, par l'explication de termes qui
peuvent se présenter.

SÉANCE III.

I. Des Bois propres à la Construction.—II. Des Chantiers, des Cales et des Formes ou Bassins de construction. — III. Remarques sur la Configuration générale des Bâtimens.

I. Quoique nous devions supposer que les arsenaux sont pourvus de tous les bois qui sont nécessaires à la construction d'un vaisseau, nous n'en croyons pas moins utile d'entrer dans quelques particularités à cet égard.

Le chêne est regardé comme le bois le plus propre à construire un bâtiment; c'est l'arbre le plus remarquable de nos contrées par sa hauteur, sa grosseur, sa force et sa durée. On trouve en lui plusieurs contours, plusieurs coudes qui le rendent très-précieux pour des pièces de formes irrégulières : les forêts de la France sont visitées pour en faire la recherche scrupuleuse; ceux qui paraissent réunir les conditions requises sont désignés; ils sont abattus au moment voulu, c'est-à-dire à l'âge de quatre-vingts, cent ans et même au-delà; ils sont transportés dans les arsenaux; ils y subissent un dernier examen où l'on juge en définitive de leur qualité, et après lequel on les classe suivant les convenances qu'ils peuvent offrir.

La force et la disposition à long-temps durer, qui sont les qualités les plus désirables, se rencontrent dans les bois les plus pesans, considérés lorsqu'ils ont atteint un état de desséchement complet; et parmi les plus pesans, il faut choisir ceux dont les fibres sont le plus

belles et le plus nombreuses. Alors, une coupe faite à
un chêne, par exemple, au moyen d'un trait de scie qui
en traverse le tronc, annonce que la végétation a été
heureuse, lorsque, vers le milieu, une couleur paille
s'éclaircit en se rapprochant de la partie extérieure, que
les pores sont petits et les fibres saines; une apparence
roussâtre, une porosité considérable annoncent un bois
gras, jeune ou sans vigueur; une teinte foncée, des
fentes ou gerçures qui partent même du cœur de l'arbre,
décèlent, au contraire, un bois qui a trop vieilli sur
pied.

Indépendamment de ces considérations qui font connaître si ces arbres, lors de leur coupe, avaient atteint
l'âge qui leur garantissait le plus de qualités, il en est
quelques autres qu'il est plus difficile d'apprécier, en ce
qu'elles tiennent à des causes éventuelles, telles que
d'avoir été exposés à des pluies abondantes; à des vents
tenaces et violens; à l'introduction de l'eau de la pluie
dans le cœur par l'effet de branches cassées ou coupées;
à une sécheresse continue; à une gelée, à une neige pro-
longées; à un dégel trop brusque; à un vice de terrain
ou d'exposition; à des blessures accidentelles : de pareils
arbres peuvent avoir une défectuosité intérieure; une
déliaison de fibres ou de couches ligneuses, mais que
l'on ne reconnaît souvent qu'en les débitant pour les
détails d'exécution : alors il ne faut pas hésiter, la pièce
doit être classée pour d'autres objets, ou même rebutée
de l'arsenal. Cependant les loupes, les nœuds, les veines
attaquées ne sont pas toujours des signes de défectuosité
générale; la gravité de ces défauts peut être reconnue à
la sonde; et avant d'accepter une pièce ainsi affectée, on
a pu juger en la dépouillant un peu à l'herminette, ou

en y introduisant une vrille ou une tarière, si la force en
sera altérée quand elle aura acquis la forme à laquelle
on a l'intention de l'assujettir.

Ces bois doivent être placés dans les ports jusqu'au
moment de les mettre en œuvre, et ils y doivent
être conservés à l'abri du soleil, du vent, de la pluie et
autres effets de la température, qui occasionnent détérioration ou gauchissement. Un des meilleurs moyens
d'y parvenir est de les tenir plongés en grosses piles,
pendant une année, dans de l'eau salée ou saumâtre; le
sel pénètre le bois, l'empêche d'ailleurs de s'échauffer,
et lui procure, par la suite, une durée double. Il est à
désirer que les bassins ou fosses où l'on garde ainsi les
bois, soient préparés de manière que l'eau de mer qui
y est contenue soit dégagée de tout amalgame terreux,
et sur-tout exempte de vers marins. Il est même des
pays où l'on marine le bois, en le recouvrant, par un
temps humide et brumeux, d'une couche épaisse de sel :
ces procédés le dégagent promptement de sa sève, et le
rendent, en très-peu de temps, propre à être mis en œuvre. On fait aussi usage de hangars et de magasins pour
y placer et conserver les bois de construction.

Quand une pièce est nécessaire et qu'elle a reçu de
l'ouvrier le travail qui découvre de nouvelles parties à
l'air, on y laisse cette pièce exposée quelque temps, pour
s'assurer qu'elle n'acquerra aucune déformation, pour y
remédier en ce cas-là, avant de la mettre en place, et pour
prévenir l'influence que cette pièce, trop fraîchement
fixée, aurait, par un reste d'humidité, sur celles dont
elle doit toucher la surface. On a sur-tout soin de la fa-
çonner de manière à ménager tellement les couches ligneuses, qu'elles puissent opposer le plus de résistance

dans le sens de l'effort le plus grand qu'elles auront à
supporter ; car c'est du nombre et de l'épaisseur de ces
couches que dépend évidemment la force du bois. Il arrive enfin que, pour conserver au bois toute sa vigueur,
on évite d'en trancher les fibres par le travail, et on lui
donne les contours désirés en l'assouplant, en le courbant
par des procédés physiques et mécaniques. On peut obtenir ainsi des effets surprenans et une grande économie
dans la construction, car certaines pièces peuvent être
fort rares et fort coûteuses; et même, pour prévenir les
cas où ces pièces viendraient à manquer, on a cherché
et trouvé un système de charpente qui offrît l'avantage
de n'exiger que très-peu de bois de fortes dimensions. Une
frégate de 60 bouches à feu, exécutée d'après ce procédé,
et actuellement à la mer, justifie en tous points les espé-
rances de son constructeur; et un vaisseau de 90 canons
s'édifie suivant les mêmes plans, qui, malgré quelques
inconvéniens et peut-être avant peu, seront d'autant plus
généralement adoptés, qu'il paraît qu'à bord de ces bâtimens, l'arc de la quille sera beaucoup diminué, puisque
les efforts excédans des extrémités y sont transmis, par
un mode de liaison dont tel est le but, aux points centraux qui devront supporter tout l'ensemble : la suite de
la séance nous fournira l'explication de l'arc de la quille
dont nous venons de parler.

L'ormeau, par sa ténacité ou la cohésion de ses parties;
le hêtre, qui se distingue par sa flexibilité ; le sapin,
dont la légèreté, la facilité de le mettre en œuvre sont re-
connues ; quelques autres bois qui ont des qualités également précieuses, entrent aussi dans les parties de la construction, suivant les ressources diverses qu'ils présentent.
Dans certaines colonies, on trouve le cèdre qui l'emporte

sur le pin, le sapin et diverses autres espèces de bois mous. L'ormeau peut encore servir pour les pompes, les affûts, les caisses, les poulies, les leviers d'artillerie; le gaïac s'utilise en rouets de poulies et en rouleaux ; c'est avec le peuplier que l'on fait les sculptures ou qu'on adoucit les frottemens; avec le hêtre, le noyer, le sureau, que l'on confectionne les modèles, etc.

II. L'endroit où l'on porte et rassemble les bois bruts qui doivent être façonnés pour la construction du vaisseau, s'appelle *Chantier;* il doit avoisiner la *Cale* de construction, qui est le lieu où le navire se bâtit. On appelle aussi quelquefois chantier le terrain où doit se construire le vaisseau, mais le mot de cale paraît bien préférable pour cet objet.

Les conditions qui constituent une cale sont : 1°. la contiguïté à un lieu du port, où il y ait assez de profondeur d'eau et de largeur pour recevoir le vaisseau, et pour que la vitesse qu'il acquerra pendant le lancement puisse être amortie avant d'avoir atteint l'autre rive; 2°. une pente, que l'expérience a fait fixer à environ un pouce par pied (sur une longueur de 300 pieds), afin que le vaisseau, dans son lancement, puisse surmonter les effets du frottement sans acquérir une vitesse dangereuse; 3°. une consistance dans le terrain, suffisante pour supporter sans affaissement ce poids énorme qui le surchargera; et l'on parvient à donner cette consistance, quand elle n'existe pas, en enfonçant dans le sol de longs piquets sur la tête desquels on établit des pièces de bois horizontales et croisées. Pareillement si le terrain ne possède pas la pente voulue, c'est avec de semblables grillages ou autres ouvrages analogues de charpentage exhaussés au-dessus du sol, que l'on réussit à

se la procurer. Il est en outre désirable que la direction
de la longueur d'une cale soit celle de la ligne Nord-et-
Sud, afin que l'action du soleil sur les bois de construction soit égale de chaque côté, quand ces bois ont été
mis en place. Cependant, il est aussi possible que les
vents pluvieux frappent plus souvent ou plus particulièrement un des deux côtés du vaisseau, et, en tout cela, il
est utile de consulter les localités.

La partie de la cale sur laquelle le bâtiment doit être
construit s'appelle simplement la *Cale*. Il est une autre
partie nommée *Avant-Cale*, qui ne le supporte que momentanément pendant qu'il se rend à l'eau; elle s'avance
sous l'eau, et son utilité est de soutenir le vaisseau sur
le prolongement incliné de la cale, depuis son départ
jusqu'au moment où la profondeur de l'eau dans laquelle
il pénètre est suffisante pour le faire flotter; et comme
l'eau, dès l'instant qu'elle commence à envelopper le
navire, tendra par sa résistance à l'arrêter, on a dû,
pour surmonter cette résistance et pour conserver l'uniformité de l'accélération du mouvement, augmenter un
peu l'inclinaison de l'avant-cale dans sa partie inférieure,
et de manière à ce qu'elle possède toute celle qu'exige le
lancement : malgré ces raisons, on essaie aujourd'hui
de ne plus donner de surcroît d'inclinaison à l'avant-
cale, à cause d'une secousse qu'elle cause au vaisseau,
et qui, quoique légère, peut ébranler les liaisons; d'ailleurs, il en devient plus facile de remonter un vaisseau
sur la cale, quand on a cette grande opération à exécuter.

Lorsque la cale a acquis la pente et la consistance
nécessaires, on y place transversalement, et de 6 en 6
pieds de distance, diverses piles nommées *Tins*, sur les-

quelles la quille doit reposer. Les pièces supérieures
qui composent ces tins sont de plus en plus courtes ; elles
ont toutes un pied d'équarrissage, et elles sont surmontées
chacune d'une autre pièce de bois de même largeur que
le tin, mais seulement de 3 à 4 pouces d'épaisseur : le
bois de cette dernière pièce doit être de refente aisée, car
il faut, au besoin, pouvoir en faire la soustraction. Le
tin voisin de l'eau doit supporter l'extrémité arrière
de la quille, et comme il faut nécessairement un appareil
pour lancer le vaisseau, ce tin doit avoir une hauteur totale d'environ 2 pieds. La surface supérieure de tous ces
tins doit être comprise dans un même plan, un peu moins
incliné que celui de l'avant-cale. Les pièces qui composent chaque pile sont maintenues par des gardes en bois,
ou planches clouées, qui les croisent ; et on les assujettit encore par des arcs-boutans. L'opération de placer les
tins s'appelle *Tinter*.

Cette inclinaison de cale serait inutile, si le vaisseau
était construit dans une *Forme*, ou, ce qui revient au
même, dans un bassin de construction. On appelle de
ce nom un vaste ouvrage en maçonnerie creusé en terre,
à la portée du port, et tel qu'en ouvrant ou fermant une
porte, on puisse, soit effectuer une communication avec
les eaux extérieures, soit isoler le bâtiment à sec. On se
contente, dans ce cas-là, de donner au plan dont il est
question une direction à-peu-près horizontale, et comme
un vaisseau a toujours un peu plus de hauteur de construction sur l'arrière que sur l'avant ; comme aussi il
plongera plus par cette même partie arrière, qui est la
plus fine, lorsqu'il sera porté par l'eau, et qu'on n'a pas
toujours pu donner aux portes des bassins une ouverture
en profondeur, suffisante pour cette augmentation de

construction sur l'arrière, on mettra quelques poids sur
l'avant du bâtiment quand il sera construit, pour faire
conserver à la quille, lorsqu'elle flottera, cette position
horizontale qui facilitera la sortie du bassin. Il est même
rare qu'on achève entièrement les parties élevées d'un
vaisseau dans une forme. Le navire étant ainsi plus léger qu'il ne devrait l'être, quand il sort du bassin, une
moindre quantité d'eau suffit pour cette sortie. Lorsque
la construction est arrivée au point désiré, on introduit
l'eau dans la forme; le navire flotte, la porte s'ouvre,
et avec des cordages, des poulies, des cabestans, on le
tire ou hale dans le port; on ferme ensuite les portes
après avoir laissé l'eau s'écouler avec les marées, ou
bien on la puise ou rejette avec des machines hydrauli-
ques, et le bassin se trouve vide. Par des moyens analogues, on amènerait ainsi dans les formes, des vaisseaux
à radouber; on les réparerait et on les ramènerait dans
le port. Pour des réparations peu considérables, pour
des bâtimens de moindre dimension, lorsqu'on se trouve
dans un port dépourvu de formes, il est d'autres manières de procéder dont nous aurons occasion de citer
quelques-unes.

Les bassins de construction sont ordinairement cou-
verts; la plupart des cales où l'on bâtit des vaisseaux le
sont aussi; on voit même des pays où ces établissemens
sont entourés de murs et garantis, autant que possible,
de l'influence et de l'action du changement de temps,
de saison et de température : on ne voit pas en effet qu'on
puisse prendre trop de soin d'une construction aussi importante que celle d'un vaisseau, et dans laquelle un
vice peut avoir des suites très-coûteuses et très-funestes,
sur-tout quand on réfléchit qu'il arrive quelquefois à un

bâtiment de passer plusieurs années en construction. Dans de pareils bassins, sur une cale même non couverte, un vaisseau se conserve beaucoup mieux qu'à flot ; aussi ne peut-on trop multiplier ces lieux de construction, afin qu'en temps de paix on puisse y laisser plusieurs vaisseaux presque achevés, sans pour cela être privé de la faculté d'en pouvoir construire un plus grand nombre.

III. Nous voici parvenus au moment d'édifier, et de disposer et placer toutes les parties qui donnent au vaisseau la figure qui lui convient. On conçoit que dans l'origine, cette figure a dû être fort grossière. Chaque peuple, vivant sur le bord de la mer, a dû être tenté de parcourir cet élément, et chacun a inventé une combinaison différente. Les troncs d'arbre ont sans doute été le premier essai chez toutes les nations, et les pirogues, les canots, les chaloupes de toutes dénominations leur ont succédé. Quelle que soit la diversité dans les besoins, dans les lumières de ces nations, on remarque dans toutes leurs constructions une figure dominante; mais malgré cette ressemblance générale dont on retrouve aussi des traits dans nos plus grands vaisseaux, le pas était immense pour parvenir à ceux-ci, et il n'appartenait qu'aux nations civilisées de le franchir. Quoi qu'il en soit, ce point de contact entre les constructions de tous les peuples, et ainsi que l'ont remarqué plusieurs esprits attentifs, *Romme* sur-tout, excellent observateur, et l'un des plus éclairés d'entre eux; ce point de contact, disons-nous, porte le caractère de la configuration de ceux des poissons qui réunissent au plus haut degré la force, la grosseur et l'agilité. L'arête est figurée par la quille; les côtes et leurs liaisons, les moyens de se diriger, tout paraît reproduit, et l'on a ajouté ce qui, dans

des dimensions aussi gigantesques que celles de nos
vaisseaux, était nécessaire pour chercher à conserver la
forme que l'on a adoptée, pour donner à cette construction une hauteur et des garanties qui la missent à l'abri
de l'introduction des vagues; pour en fortifier les contours contre la pression de l'eau, le choc de la mer et
l'effet du poids de la charge; enfin, pour maintenir,
autant que posssible, la quille dans la direction qu'elle
avait sur les tins, ou pour prévenir une tendance de ses
extrémités à se rapprocher l'une de l'autre en dessous
du navire; car cette tendance produit un *Arc*, c'est-
à-dire une déformation à laquelle la quille n'est que trop
sujette, qui nuit essentiellement à la conservation du
bâtiment : et peut-être n'est-il pas inutile de faire remarquer ici qu'on a observé que cet arc, lorsque le vaisseau commence à flotter, acquiert une flèche moyenne
de 5 pouces, et que l'on cherche quelquefois à y obvier
en creusant ou abaissant les pièces supérieures des
tins du milieu, de manière que la quille, en portant dessus pendant la construction, fasse elle-même un arc opposé à celui qu'elle doit contracter après la mise à flot, et
dont la flèche soit également de 5 pouces. Dans le sens
contraire à celui de l'arc dont nous venons de parler, on en
a remarqué, au bout d'un certain temps, de moins longs
qui s'appellent *Contr'arcs*, et qui sont occasionnés par le
poids des mâts verticaux, joint à celui de leurs cordages,
et par l'effet de la tension des haubans. On croit qu'on
pourrait diminuer ces contr'arcs, en faisant appuyer le
pied de ces mâts sur une pièce de bois qui reposerait par
ses extrémités en deux points de la carlingue, dont
elle serait, dans ses parties centrales, éloignée de quelques pouces : ainsi la pression des mâts serait divisée, et

supportée par deux points de la quille assez distans l'un de l'autre. Non-seulement on fait quelquefois raser la surface supérieure des tins par un plan convexe pour obvier à l'arc ; mais on adopte la même disposition pour la cale elle-même où se construit le bâtiment : dans ce cas-ci, c'est pour faciliter le lancement ou la mise à l'eau du vaisseau.

Ainsi, l'on a tout combiné pour l'installation des mâts, des vergues, des voiles, du gouvernail ; pour les circonstances de la route à faire ; pour les cas de mauvais temps ; pour la disposition des poids ; pour l'approvisionnement ; pour les appareils de la guerre et pour le logement. L'élégance, la beauté, l'aspect militaire, tout s'y trouve réuni ; et c'est cet admirable tableau dont nous allons essayer de donner l'esquisse : mais nous ne devons jamais perdre de vue que malgré tout ce que l'art et l'expérience ont pu dicter et prescrire, le problème de la meilleure construction n'est pas encore résolu, qu'il n'est peut-être pas de nature à l'être, et que l'ingénieur semble souvent abandonné à un tâtonnement dont la théorie et le temps n'ont pu jusqu'ici dissiper tous les doutes.

SÉANCE IV.

I. Définition du Problème de la Construction, et Détails sur le Devis, sur les Plans, ou sur l'ensemble des opérations de la Construction. — II. De la Quille et de l'Etrave. — III. De l'Etambot et de l'Arcasse.

I. Les constructeurs qui ont fait exécuter les vaisseaux des grandes dimensions actuelles, le plus anciennement

construits, étaient, à n'en pas douter, fort peu pourvus
de ces connaissances théoriques si utiles, et d'ailleurs si
répandues aujourd'hui. Leur tact et leur expérience,
aidés d'un grand esprit d'observation, leur permirent
cependant d'atteindre à des limites au-delà desquelles il
ne sera peut-être pas donné d'aller désormais. Quant aux
dimensions, elles pourront évidemment être altérées
sous quelques rapports; mais les longueurs et les grosseurs des bois, la profondeur des rades ou des ports,
l'arc de la quille, la faiblesse de l'homme paraissent in-
terdire aucun accroissement à ces dimensions. Au surplus, quelle que soit la grandeur du bâtiment, on peut,
d'une manière générale, définir le problème de sa construction, et c'est ainsi qu'il suit qu'on l'a posé : « Con-
» naissant le nombre d'hommes et de canons qu'un navire
» doit porter, la quantité de munitions de toute espèce
» qui seront mises à son bord, la profondeur de la mer
» dans les parages qu'il doit fréquenter, enfin la desti-
» nation spéciale de ce bâtiment; déterminer les dimen-
» sions et la forme qu'il faudra lui donner pour satis-
» faire à toutes ces conditions. »

C'est du nombre des bouches à feu d'un bâtiment de
guerre, que l'ingénieur conclut sa longueur, sa largeur
et la hauteur des œuvres-mortes; les autres données
servent à assigner la configuration que doivent affecter
les principales sections aux divers plans dont nous allons parler.

Ces sections sont très-multipliées, et l'on parvient
ainsi à montrer la continuité des contours des surfaces
extérieures du vaisseau; mais avant de mettre la main à
l'ouvrage, l'ingénieur doit encore calculer le poids entier du bâtiment et de tout ce qu'il contiendra : il cal-

culera, d'autre part, le poids du volume d'eau que déplacera la partie du navire située au-dessous du plan proposé ou projeté de flottaison en charge, et il ne procédera à la construction qu'autant qu'il y aura accord dans ses calculs : ainsi il sera certain que son bâtiment aura une ligne d'eau en charge sinon très-favorable, au moins qui pourra convenir, et une hauteur de batterie suffisante pour qu'on puisse se servir des canons du plus fort calibre pendant les temps et les agitations de la mer les plus ordinaires. Il reste alors au constructeur un calcul très-important à faire et très-délicat, celui de savoir si son vaisseau, ainsi combiné, aura une stabilité suffisante, et il en déduira quelle sera la quantité de lest à embarquer, et quelle sera sa position à bord.

Le *Plan*, ou, pour m'exprimer comme les marins, le *Devis* de construction du vaisseau, précède donc toute opération, et ce n'est qu'après de mûres méditations qu'il est arrêté. Toutes les parties en sont dessinées exactement, en prenant une échelle de 3 à 4 lignes par pied : ainsi ce dessin renferme le plan d'élévation ou le *Plan Diamétral,* sur lequel sont marquées les projections de toutes les pièces latérales importantes. Au surplus, ce plan ne diffère du plan d'élévation de la carène, que nous avons déjà défini, qu'en ce qu'il parcourt toute la hauteur du vaisseau; il partage donc le bâtiment entier en deux moitiés longitudinales. La hauteur de la quille, la largeur de l'étrave, celle de l'étambot sont figurées sur le plan d'élévation. On trouve dans ce dessin plusieurs sections parallèles au plan de flottaison, dites *Horizontales* ou à *Vue d'oiseau,* et plusieurs autres sections verticales, perpendiculaires au plan de flottaison et à-la-fois au plan d'élévation, sur-tout celle qui contient la plus grande largeur du vaisseau, laquelle, avec le plan de flottaison, sont les deux objets les plus importans de la carène. Ces dernières sections se nomment *Latitudinales* : sur le même dessin, sont enfin figurées la poupe, la proue, leurs sculptures, et l'on y trouve projetées toutes les parties des œuvres-mortes. La note des dimensions des mâts, des vergues et des voiles accompagne le devis, qui représente enfin tous les calculs relatifs au déplacement, à la stabilité, au centre de voilure, à l'échelle de solidité, ainsi que l'échantillon des bois ou leurs dimensions.

Ces dessins sont développés dans une grande salle, appelée des *Gabaris,* terme qui, en marine, signifie patrons ou modèles. Ils y sont copiés, expliqués, étendus jusqu'à leur grandeur naturelle. Cette copie doit donner aux maîtres charpentiers et aux ouvriers l'idée de l'exécution du vaisseau, dont ils se rappellent le souvenir en la consultant, et qu'ils parviennent à retracer par des procédés très-ingénieux, en se servant de planches faciles à tailler, à découper et à assembler; de règles droites ou pliantes, garnies de cordes ou fils qui les fixent suivant une ligne voulue; de fausses équerres dont les branches peuvent former tous les angles en tournant autour du sommet; de compas ordinaires, à verge, ou courbes; de fils-à-plomb, de niveaux, et autres moyens analogues assez exacts, mais qu'on ne peut bien concevoir qu'en les voyant employer. La géométrie descriptive dont on enseigne aujourd'hui les élémens parmi la classe des ouvriers des ports, introduira sans doute bientôt de grands perfectionnemens à ces travaux.

Les parties principales qui composent le vaisseau sont

le plus souvent formées de plusieurs pièces qu'il faut
adenter, lier et joindre ensemble avant de les monter
sur la cale. Ces travaux sont faits dans le chantier, où
leur exactitude, leurs liaisons, leurs positions respectives sont éprouvées sur des tins particuliers ; quelquefois même on essaie les pièces sur toutes les faces pour
mieux s'assurer de leur régularité : elles sont soutenues
par des gardes ; les trous pour les chevilles sont percés ;
mais à cause du poids qui en résulterait, on n'y fait pas
d'assemblage fixe. On ne place que celles de ces pièces
qui donnent seulement des ouvrages assez légers pour
être facilement transportés et montés sur la cale ; plus
tard on enfoncera ces chevilles, et elles le seront toutes
de dehors en dedans, où on les virolera. De même, quand
ces pièces sont rendues à la cale, elles sont montées avec
des poulies, des cabestans ou treuils et autres moyens
mécaniques ; elles sont fixées au lieu voulu, et on les fait
soutenir ou supporter par des étançons, qui sont appelés
Acores, en marine : ceux-ci sont en grand nombre, ils
reposent sur des soles en bois : on les empêche de glisser, en quelque sens que ce soit, avec des coins et des
morceaux de bois en forme de coussins, appelés *Taquets*, et souvent le terrain sur lequel ils sont placés,
est renforcé par un ouvrage en maçonnerie. Les adens
que l'on pratique aux extrémités des pièces de bois
pour les mieux lier les unes aux autres, se nomment
Écarts.

Ces préparatifs compris, nous n'avons plus à nous
occuper que du nom, de la figure, et de la place de
chacune des pièces principales.

II. La *Quille* est maintenue dans la position qu'on lui
donne sur la cale, par des taquets nommés à *Grain-*

3.

d'orge, qui sont cloués sur les tins; elle a la forme d'un parallélipipède rectangle, qui a pour épaisseur ou chute le $\frac{1}{128}$ de la longueur principale du vaisseau, et pour largeur le $\frac{1}{136}$ de cette longueur. La première pièce de la quille sur l'avant se relève en se courbant, pour commencer l'*Étrave*, et elle s'appelle *Ringeot* ou *Brion*; sa largeur est celle de la quille : on laisse à son collet toute l'épaisseur que le bois permet, et la branche qui fait partie de la quille conserve toute l'étendue possible ; on apporte enfin une attention particulière à ce qu'aucune liaison des pièces qui composent la quille ne tombe à l'endroit sur lequel devra reposer un mât : Tribord et Babord de la quille et dans toute sa longueur, on pratique une excavation ou rainure, appelée *Rablure*, dont le bord supérieur effleure l'arête supérieure de la quille. Cette rainure figure un angle dièdre de 60°., dont le sommet est dans l'intérieur de la quille; l'ouverture en est égale à l'épaisseur des bordages qui doivent couvrir la partie inférieure de la carène, et elle servira de soutien à ces bordages : sa profondeur est les $\frac{2}{3}$ de cette ouverture.

Les autres pièces de l'étrave, dénomination générale sous laquelle on comprend quelquefois toute cette partie de la construction, ont la même largeur que la quille, mais elles ont plus d'épaisseur; nous y remarquerons le *Massif*, placé moitié dans la gorge du ringeot, moitié sur la partie supérieure de la quille, avec laquelle il sert à consolider celui-là. La *Contr'Étrave* commence sur le massif, avec lequel elle se lie, et elle se compose de deux pièces se relevant l'une au-dessus de l'autre, et qui serviront d'appui à l'étrave proprement dite, composée aussi de deux parties surmontant le ringeot. En avant de l'étrave est encore une pièce qui va se perdre dans le ringeot par un écart, on la nomme *Taquet de Gorgère*; elle s'élève jusqu'à la hauteur du premier pont (c'est le premier qu'on rencontre au-dessus de la flottaison); son épaisseur, à partir de cet écart, va en augmentant jusqu'à être double de celle de l'étrave. Enfin, sur le taquet de gorgère repose le *Taille-Mer*, qui s'élance en présentant un contour élégant, et sur l'avant duquel on fixera une statue en bois, qu'on appelle la *Figure* du vaisseau : le nom du taille-mer et sa position indiquent que c'est lui qui fendra les vagues au-dessus de la flottaison. Le taquet de gorgère et le taille-mer prennent ensemble le nom d'*Éperon*. L'éperon est encore réuni au corps du vaisseau par des *Lisses*, des *Aiguilles*, des *Dauphins*, pièces qui, avec quelques autres d'agrément, donnent beaucoup de grâce à cette partie du bâtiment. Toute la charpente qui se trouvera en saillie sur l'avant de l'étrave se nomme *Guibre*.

III. A l'autre extrémité de la quille, nous poserons l'*Étambot*, l'*Arcasse* et les pièces qui en dépendent. L'étambot est d'une seule pièce de même largeur que la quille; on laisse au bois le plus d'épaisseur qu'on peut y trouver, sur-tout au point de contact avec la quille. Cette pièce va supporter une construction bien différente de l'étrave. Celle-ci, destinée à ouvrir le chemin au vaisseau, doit offrir la plus grande solidité: c'est là que la mer, séparée, brisée et rejetée au loin, retentira avec fracas; c'est là que se feront le plus sentir les commotions et les tangages. L'arrière, au contraire, en sortant de l'eau, où il faut qu'il ait beaucoup de finesse pour laisser au gouvernail qui y sera fixé tous les avantages d'une impulsion plus directe, paraîtra dans un vaste développement utile pour l'artillerie, et brillant de sculptures, de peintures et d'ornemens ; c'est l'endroit le plus agréable du bâtiment, c'est là que seront les logemens les plus commodes, et dans leur voisinage le plus beau local pour l'exercice de la promenade.

La quantité dont l'étrave peut s'écarter de la verticale élevée à l'extrémité de la quille s'appelle *Élancement ;* l'étambot, non plus, ne surmonte pas ordinairement la quille à son extrémité sous un angle droit, et ce nouvel angle, qui tend à allonger les ponts supérieurs du vaisseau, se nomme *Quête.* L'étambot est intérieurement lié à la quille par plusieurs pièces, appelées *Massifs*, et, sur celles-ci sont fixées deux pièces courbes, nommées *Estains,* qui s'écartent latéralement, une de chaque bord, en figurant un Y régulier un peu plus incliné sur l'arrière du bâtiment. Les estains sont liés entre eux et à l'étambot par plusieurs barres transversales, qui se courbent plus ou moins dans le sens horizontal vers leurs extrémités, afin de soutenir les estains en les prenant à divers points de leur hauteur. Les estains sont surmontés de deux *Allonges* qui continuent la figure de l'Y : quelquefois même en se rapprochant sous la forme d'un *v* régulier, comme on le verra pour d'autres pièces analogues appelées *Couples.* Les allonges dont nous venons de parler sont appelées *Allonges de Cornière.* La barre la plus basse des estains est le *Fourcat d'ouverture.* L'étambot a une rablure pareille à celle de la quille : il a également des entailles pour recevoir chaque barre ; aussi le fortifie-t-on par une pièce appelée *Contre-Étambot intérieur,* destinée à recevoir ces entailles : les barres en ont de pareilles pour y correspondre et pour faire supporter par chacune de ces pièces la diminution de force qu'en éprouverait le montant de l'étambot. La longueur du bâtiment, dite *Principale*, se mesure à la flottaison, depuis la rablure de l'étrave jusqu'à celle de l'étambot.

Le fourcat d'ouverture seul n'a pas d'entailles comme les autres barres ; il a un tenon de 3 pouces, que l'étambot reçoit dans une mortaise dont il est pourvu. Le nombre de ces barres est indéterminé : la plus haute s'appelle *Barre d'Arcasse* ; celle qui est au-dessous, est la *Lisse d'Hourdi* ; puis vient la *Barre de Pont* ; entre celle-ci et le fourcat d'ouverture, on appelle toutes les autres, *Barres d'Écusson*. C'est à la hauteur du fourcat d'ouverture que le contour des lignes d'eau commence à s'éloigner sensiblement du plan diamétral. L'épaisseur des estains et des barres est les $\frac{5}{6}$ de celle de la quille, excepté pourtant celle de la lisse d'hourdi, qui a tout le bois que donne la pièce. La flèche de la courbure verticale de cette lisse est le $\frac{1}{57}$ de sa longueur, et celle de la courbure horizontale en est le $\frac{1}{36}$. En effet, la plupart de ces pièces sont courbées dans ces deux sens ; la courbure horizontale est telle que le renflement est extérieur. Il en est de même de la barre de pont et des autres courbes du *Tableau* de la poupe, c'est-à-dire de la surface arrière. Toute courbure d'une pièce de bois, en marine, se nomme *Bouge*.

La barre d'arcasse a sa face inférieure garnie d'une pièce de bois qui obvie à l'affaiblissement causé par une entaille faite à sa partie supérieure. Cette entaille facilite le jeu de la barre de gouvernail, qui sort par cet endroit du vaisseau dans le but de faire tourner cette machine. La largeur de la barre d'arcasse est celle de la quille ;

mais elle n'a que le tiers de sa hauteur. La barre de pont
est à la hauteur du premier pont. Les barres d'écusson
inférieures, prises deux à deux, une de chaque bord,
à la même distance de la quille, font, à leur point de
réunion sur l'étambot, un angle assez aigu, dont l'ouverture, ainsi que celle de toutes les barres, sera nécessairement tournée du côté intérieur du vaisseau. C'est
cet angle qui détermine la finesse de l'arrière des fonds
du navire. Il est probable que dorénavant la barre d'arcasse sera supprimée.

Ces pièces, qui composent ce qu'on appelle généralement l'*Arcasse*, sont fort difficiles à établir dans la position
voulue, et l'on y porte beaucoup de soin. Le pied de
l'étambot a de plus un tenon, qui s'introduit dans une
mortaise à l'extrémité de la quille. Les massifs et autres
pièces courbes ou coudées, qui consolident cette partie, et
qui vont même jusqu'au fourcat et au-dessus à l'intérieur
des barres, sont fortement assujettis et chevillés dans tous
les sens. Quelques-unes des chevilles qu'on y emploie
sont dentelées sur les arêtes, ce qui les fait nommer *Chevilles à Grilles*.

SÉANCE V.

1. Des Couples. — Définition de la Rentrée. — Des Mailles. —
De l'Acculement des Varangues. — Des Apôtres. — Des Faux-
Côtés. — II. Du Parage. — III. Des Clefs. — De la Carlingue. —
Des Marsouins.

I. Sur la quille nous poserons les *Couples* du vaisseau :
ce sont des courbes transversales comme les estains, et

qui déterminent les divers contours de la carène. D'abord, considérant l'arrière, les parties inférieures des couples s'élèvent presque comme celles des estains ; en se rapprochant du milieu de la longueur de la quille, elles prennent plus de renflement dans ces mêmes parties ; l'on arrive ensuite au milieu ou au ventre du bâtiment : là le couple, en s'écartant de la quille, a une courbure à peine sensible ; de ce point en allant vers l'avant, les parties inférieures se redressent un peu, mais beaucoup moins sensiblement que sur l'arrière. L'avant recevra de violens coups de mer, il fendra un jour le fluide avec une vitesse considérable : ainsi, nous le répétons, sa construction, sa forme doivent avoir plus de force que la partie opposée.

Chaque couple s'étend donc tribord et babord, et ces pièces, en se relevant, achèvent de montrer quelle sera la capacité du vaisseau, et quelle sera la figure de cette capacité ; quelquefois au-dessus de la flottaison, et en se prolongeant dans les œuvres-mortes, chaque branche du couple conserve une position verticale ; quelquefois ces branches se rapprochent l'une de l'autre assez considérablement : ce rapprochement se nomme *Rentrée*. Chacune de ces constructions a des avantages et des inconvéniens, et chacune aussi a des partisans, mais qui paraissent aujourd'hui s'accorder à l'emploi d'un terme moyen. L'équarrissage des couples va en diminuant de bas en haut, afin d'alléger le poids des œuvres-mortes, d'accroître la stabilité, et d'ailleurs parce que l'artillerie dans les hauts est d'un calibre, d'un poids moindres, enfin parce que les efforts n'y sont pas aussi grands.

Le nombre des couples est indéterminé ; plus on les rapproche, plus le vaisseau est solide : il arrive encore

qu'en les multipliant, et qu'en garnissant leurs vides
par de nombreux couples dits de *Remplissage*, on ne
laisse plus d'espace inoccupé entre le bordage et le vaigrage : alors on dit que le vaisseau est à *Mailles Pleines*.
La *Maille* d'un vaisseau, c'est-à-dire l'intervalle entre
deux couples voisins, est de 3 à 4 pouces à la flottaison, et
de 5 ou 6 en s'élevant ; on rend ainsi les boulets bien moins
funestes, et l'on a souvent avancé avec raison que depuis
la flottaison jusqu'à 8 pieds de profondeur, et même dans
la batterie basse, le vaisseau devait être aussi impéné-
trable que possible à l'effet du canon. L'épaisseur totale
du côté ou de la *Muraille* d'un vaisseau s'appelle son
Échantillon ; et il paraît encore que sous le rapport de
la stabilité, et comparativement aux frégates, l'échantillon a un peu trop de faiblesse à bord des vaisseaux ; en
en forçant les dimensions, peut-être aussi y aurait-il trop
de désavantage sous le rapport de la cherté, et de l'augmentation de poids.

En Angleterre les mailles sont souvent remplies d'un
ciment composé de deux parties du ciment dit *Romain*,
de *Parker*, et d'une partie de sable de mer ; on y insère
des briques, et les expériences que l'on a faites à ce sujet tendent à prouver que ce remplissage, qui remplace
un air privé de circulation, contribue beaucoup à conserver les bois.

Il faut avoir soin d'ailleurs qu'entre les couples ou
dans les murailles, il ne reste ni ne tombe aucune saleté,
sciure ni cause d'obstruction pareille quelconque qui
pourrait se réduire en putréfaction et attaquer les couples
voisins : et pour rendre les bois moins susceptibles de
se vicier soit par cette cause, soit par le contact d'une
pièce de bois destinée à s'appliquer contre la première.

on en couvre les surfaces d'un mélange tel que d'huile et de goudron : ainsi l'humidité a moins de prise pour décomposer la substance des bois. Quand le vaisseau est construit, on combat encóre cette humidité, à l'aide de ventilateurs, soufflets, poêles et autres moyens propres à renouveler l'air dans les parties inférieures du vaisseau; ce qui en outre, contribue beaucoup à y entretenir la salubrité.

Le couple est entaillé en dessous de manière à être posé par le milieu sur pareille entaille faite à la quille, ou plutôt à une pièce de 4 pouces environ d'épaisseur, appelée *Contre-Quille*, et qui fait corps avec la quille jusque aux massifs où elle cesse : cette pièce n'est cependant pas généralement adoptée ; mais alors elle est disposée dans le même but que le contr'étambot. La quille et la contre-quille doivent toujours fournir ensemble, en épaisseur ou hauteur, au moins le $\frac{1}{128}$ de la longueur principale du bâtiment ; ce qui, comme nous l'avons vu, est la dimension de la hauteur de la quille. Le plan des couples centraux s'élève perpendiculairement à la quille, d'où chacune de leurs branches part en s'arrondissant. L'entaille par laquelle le couple repose sur la quille est pratiquée dans sa première partie, qui est la partie du milieu du couple appelé *Varangue* ; celle-ci s'étend tribord et babord de la quille, et elle est surmontée de *Genoux* et d'*Allonges*.

Les varangues qui ont le moins de renflement sont dites, en marine, avoir le plus d'*Acculement* ; c'est-à-dire que la différence d'acculement des varangues est la mesure de la finesse des fonds du vaisseau. On appelle *Acculement d'une Varangue* l'élévation de son extrémité audessus du plan horizontal passant par la partie supérieure de la quille ; mais il faut supposer ici que la longueur de cette varangue est la moitié de la largeur du navire, mesurée à l'endroit correspondant au lieu de ladite varangue.

On ne mentionne ordinairement, dans le devis remis au capitaine après la construction, que l'acculement de la varangue la plus plate, qui est celle du maître-couple, parce que les extrêmes ayant toujours, à peu de chose près, le même acculement, celui de cette varangue plate dénote le plus ou le moins de finesse des fonds du vaisseau. Cette finesse, qui, au premier abord, paraîtrait devoir donner au navire beaucoup de facilité à fendre le fluide, présente beaucoup de désavantage quand elle est outrée, sous le rapport de la stabilité et de la capacité, qui, à leur tour, rétroagissent sur la marche. Il est encore ici un terme moyen auquel on doit également s'assujettir, et dont la mesure est cependant indéterminée. L'assemblage des varangues sur la quille d'un bâtiment en construction porte le nom de *Petit Fond*.

On voit, d'après ce qui précède, que chaque couple se compose de plusieurs parties principales : d'abord on y remarque deux suites de pièces parallèles, qui se prolongent en se doublant d'épaisseur et en se consolidant mutuellement ; elles sont disposées de manière que les deux pièces voisines d'une suite se touchent par leurs extrémités, à la hauteur de la demi-longueur d'une pièce de l'autre suite. Dans la suite double, nous remarquerons : 1°. la varangue, qui se pose sur la quille par son milieu, et il y en a de plates, d'acculées, de demi-acculées. Le talon de la varangue, qui en est la pièce entaillée, est ordinairement un morceau de rapport, à cause de la difficulté de trouver des bois convenables, et on le désigne spécialement sous le nom de *Talonnier* ; 2°. les genoux, qui se divisent en genoux de fond appartenant aux varangues les plus renflées, et en genoux de revers, dont la concavité est tournée en dehors, et qui surmontent les varangues de l'avant et de l'arrière; 3°. enfin, les allonges, dont les écarts croisent ceux des genoux, et dont le nombre en hauteur va jusqu'à 3 et 4 par chaque branche de couple. Le premier genou de chaque bord est supporté par une pièce de bois un peu moins longue que la varangue qui double celle-ci du côté de la quille, et qui s'appelle *Demi-Varangue*. La dernière allonge prend le nom d'*Allonge de Revers*, à cause de sa forme évasée sur-tout vers l'arrière du bâtiment ; elle est doublée dans sa moitié supérieure par une pièce de bois appelée *Bout d'Allonge*. Les allonges qui appartiennent de chaque bord à l'étrave, qui sont placées assez près l'une de l'autre pour s'entretoucher, et qu'on fait du meilleur bois, s'appellent, les deux plus voisines de l'étrave, *Apôtres*; et les autres, *Allonges d'Écubier*. Le contour de cette partie du bâtiment, qu'on nomme tantôt la *Joue*, tantôt l'épaule, exige que, dans toute leur hauteur, ces pièces soient moins larges sur leur face intérieure que sur l'extérieure ; cette coupe produit ainsi une voûte couchée qui sert à la solidité de l'avant du bâtiment. Par opposition à la joue, on trouve, sur l'arrière, la fesse du vaisseau ; et lorsque les varangues appartiennent à des couples extrêmes où l'acculement est considérable, elles prennent le nom de *Fourcats*; ceux-ci se font ordinairement de deux pièces.

Le couple de la plus grande largeur du bâtiment s'appelle *Maître-Couple*, et sa varangue se nomme *Maîtresse-Varangue*, ou quelquefois *Varangue Plate*; si

cependant elle avait beaucoup d'acculement, on l'appellerait *Varangue de Fond*. Les autres couples sont nommés *Couples de Levée*, et dans les intervalles se trouvent
ceux de remplissage, ordinairement au nombre de deux,
entre deux couples de levée. Cependant on appelle en
particulier *Couple de coltis* celui qui est le plus de l'a-
vant ; il se trouve à la jonction de la quille avec l'étrave ;
c'est sur l'avant de ce couple que commencent les allonges d'écubier. Le plan du couple de coltis s'écarte quelquefois vers l'avant, du parallélisme à celui du maître-
couple d'une quantité de 20°. : ce dévoiement lui procure
plus de solidité contre les vagues, et son allonge, ayant
une grande sortie, donne de la saillie et de la force à
deux pièces, appelées *Bossoirs*, dont nous parlerons par
la suite ; elle rend encore l'abordage plus aisé, laisse
plus d'espace pour la manœuvre sur le pont, et sert à
rejeter les lames, qui, sans cette résistance, se brise-
raient par-dessus le bord. On désigne aussi par le nom
de *Couple de Grand-Lof* celui qui tient le milieu entre
l'étrave et le maître-couple. Sur l'avant et sur l'arrière,
sont enfin quelques couples de levée, qu'on appelle
Dévoyés ou *Élancés*, parce que, comme le coltis et les
estains, ils s'écartent un peu du parallélisme au plan du
maître-couple ; on obvie par là à une perte de bois, et à
un affaiblissement assez considérable des pièces qui garnissent l'avant. Les estains sont le dernier couple vers
la poupe, nous l'avons déjà dit, et nous avons fait connaître en même temps que c'était vers l'arrière du plan
du maître-couple qu'était la direction de leur élancement. Au surplus, il est sous-entendu que quand nous
parlons du plan du maître-couple ou de toute autre
pièce, nous voulons dire le plan qui passe par le mi-

lieu, ou par l'axe de ladite pièce. Les dénominations de coltis et de grand-lof commencent à devenir moins usitées et moins connues.

Quand les couples ont été montés sur la quille, où ils sont garnis de taquets, on les assujettit provisoirement ensemble à la distance exigée, par des ceintures de 4 à 5 pouces d'équarrissage qui vont de l'arrière à l'avant, et qu'on appelle *Lisses*; il y en a de plusieurs sortes, telles que les lisses d'exécution ou autres, et elles servent encore à faciliter le travail et la mise en place des couples de remplissage. On maintient aussi l'ouverture des couples par le moyen d'une planche dite d'*Ouverture*, qui a 3 pouces d'épaisseur, et qui est clouée sur l'extrémité des branches avec des clous à taquet. Ceux-ci sont ainsi nommés, parce qu'entre leur tête et la planche, on peut mettre un morceau de bois qui s'oppose à leur entier enfoncement; au besoin, ce morceau de bois se refend, se soustrait, ce qui donne prise pour retirer le clou. On met aussi d'autres planches d'ouverture, à divers points de hauteur du couple. Les acores sont placées sous les lisses, dont elles reçoivent l'arête inférieure dans une dent qu'on pratique à leur tête. Les lisses ne sont pas adentées entre elles, elles tiennent l'une à l'autre par des gardes. Pour établir ces lisses on dresse des échafauds, et l'on en place en général par-tout où les travaux le demandent. Il est essentiel de rendre toutes ces parties solides et immuables, car les deux bords d'un vaisseau doivent être absolument symétriques, sous peine d'avoir un *Faux côté*; c'est-à-dire un côté sur lequel le bâtiment penchera quand il sera à flot, ou qui par suite de ce défaut sera disposé à lancer dans un sens, et deviendra inégalement sensible à l'action du gouvernail ou des voiles sur

l'un et l'autre bord ; ce sera une suite inévitable du déplacement du centre de gravité, qui ne se trouvera plus dans
le plan d'élévation : car il faudra alors, pour corriger ce
défaut, plus de poids du chargement d'un côté que de
l'autre. Le faux côté peut provenir non-seulement d'une
dissemblance dans les formes des deux bords, mais encore
de l'altération de poids différente que peuvent éprouver
certaines parties de la construction, suivant leur exposition au soleil, à la pluie, ou aux vents les plus forts, sur-
tout si le vaisseau reste long-temps sur la cale : en ce
cas, l'inconvénient est moins grave.

II. Quand la position des couples a été vérifiée ou
rectifiée, on s'occupe à *Parer* le vaisseau : cette opération consiste à tendre un long cordeau de l'avant à l'arrière, et à diverses hauteurs ; il faut alors enlever toutes
les arêtes des bois, toutes les parties en plus que les
charpentiers peuvent avoir laissées, et souvent à dessein ;
il faut enfin que par-tout le cordeau touche sans interruption tout le contour de cet assemblage de couples
qu'on appelle *Membrure*. On doit avoir soin en parant
le vaisseau, de ne pas altérer les courbures extérieures
du plan ou devis ; car c'est de leur exactitude que dépen-
dront probablement, à la mer, les principales qualités
du navire. On parera aussi l'intérieur du vaisseau pour
l'application du vaigrage, et par des moyens analogues.

III. Quoique nous n'ayons encore formé qu'une espèce
de squelette ; cependant le vaisseau a déjà acquis une figure sensible, et quand les couples sont en place, il est
dit monté en *Bois tors*. Il nous reste à consolider, fermer et
revêtir cet ouvrage ; mais il est utile en ce moment, et par
la suite si le service le permet, de laisser écouler quelque temps avant de continuer la construction ; les bois

se durciront ainsi à l'air, et ils se détérioreront moins par la suite. En traitant des moyens de consolidation, nous citerons d'abord les *Clefs*, la *Carlingue* et les *Marsouins*.

Les clefs sont des morceaux de bois introduits entre deux couples voisins ; elles sont un peu plus épaisses que la maille, et elles ne peuvent pénétrer jusqu'à la partie inférieure du vaisseau, qu'au moyen d'une coulisse pratiquée entre chaque paire de couples du même bord ; elles sont encore assez épaisses pour ne pouvoir glisser le long de cette coulisse que sous l'effort de coups de masse. Leur base a la largeur de la contre-quille, et leur longueur est un peu moindre que l'encolure de la varangue, ou que la distance de sa face supérieure à celle de la contre-quille ; toutes les clefs ont en outre une cannelure pratiquée sur la face posée vers l'extérieur, afin que les eaux qui s'introduisent à travers les joints des bordages, ou celles que le bâtiment peut renfermer, aient la faculté de circuler librement, et de se rendre, au besoin, dans les bassins où seront les pieds des pompes. Ces clefs sont en grande partie chassées jusqu'à la quille ; d'autres, de 3 à 4 pieds de longueur, sont établies à la hauteur des extrémités supérieures des varangues, et elles prennent le nom de *Clefs d'Empâture.* Enfin, on en place encore en plusieurs endroits, même entre les élancés et entre les barres qui composent l'arcasse. On voit que le but principal des clefs est de s'opposer au rapprochement de deux pièces voisines de la construction : on propose pourtant de supprimer les clefs inférieures, et de remplir les fonds des bâtimens jusqu'à la hauteur des extrémités supérieures des varangues, soit en laissant à celles-ci des dimensions suffisantes pour s'entretoucher, soit en in-

troduisant une pièce de remplissage entre ces mêmes
varangues.

La carlingue s'étend de l'avant à l'arrière, et elle
croise tous les couples dans leur milieu. La largeur de
la carlingue vers le milieu de sa longueur excède d'un
tiers celle de la quille, et aux extrémités elle lui est
égale. Les écarts de la carlingue ne doivent jamais être
immédiatement au-dessus de ceux de la quille, mais al-
terner avec eux dans toute la longueur. La carlingue
contribue à diminuer l'accroissement de l'arc de la quille,
dont nous avons eu occasion de parler.

Enfin, pour réunir plus fortement au corps du vaisseau l'étrave et l'arcasse, qui tendent, par leur poids, à
l'abandonner, et qui au contraire, quand le fluide agit
sur ces pièces, ont besoin d'être suffisamment contre-
buttées dans l'intérieur, on a imaginé les marsouins :
celui de l'avant a de plus fortes dimensions que l'extrémité de la carlingue, dont il est le prolongement; il
s'élève jusqu'au premier pont en couvrant l'écart de l'é-
trave, et on le trouve sur la carlingue au-delà du lieu
désigné pour le pied du mât de misaine, quelquefois
jusqu'au cinquième couple de levée; on lui donne toute
l'épaisseur que le bois permet, et l'on augmente souvent
sa largeur par des pièces collatérales; dans la partie supérieure, la largeur des marsouins se réduit à celle de
l'étrave, et aux extrémités, son épaisseur diminue d'un
tiers. Le marsouin de l'arrière a une destination analogue; il a à-peu-près les mêmes dimensions, et il s'élève
jusqu'à la barre de pont en croisant les barres d'écusson.

SÉANCE VI.

I. Des Vaigres. — Des Porques. — II. Des Baux. — De la Tonture.
— Des Écoutilles et des Panneaux. — Des Épontilles et des
Étances. — Des Barrots. — Des Hiloires. — III. Dénominations
des Espaces généraux compris au-dessous et au-dessus des
Ponts.

I. Les *Vaigres* recouvrent intérieurement les branches des couples ; elles les croisent perpendiculairement.
Elles y sont fixées par des clous et elles contribuent encore à les maintenir dans leurs positions respectives. La
première rangée ou *Virure* de vaigres que l'on place est
à la hauteur de l'extrémité supérieure des varangues ;
ces vaigres s'appellent d'*Empâture* : c'est là que se termine ordinairement, en hauteur, le lest ou chargement
en fer destiné à donner de la stabilité au vaisseau. Un
plan horizontal doit pouvoir raser la face supérieure des
vaigres d'empâture, et ce plan se trouve à-peu-près à 30
pouces, mesurés verticalement au-dessus de la carlingue.
L'épaisseur de ces vaigres est de 5 à 6 pouces, et leur
largeur de 9 à 10. Au-dessus, se trouve la virure des
vaigres dites d'*Acotar* ; elles ont un pouce de moins
d'épaisseur, mais on leur laisse toute la largeur du bois.
Elles sont entaillées en biseau vis-à-vis de chaque
maille, de manière qu'un morceau de planche introduit
dans le vide de ces mailles vienne se poser sur cette
échancrure, dans la situation d'un plan incliné, et empêcher les débris ou ordures, qui peuvent tomber des

4.

parties supérieures du vaisseau, de descendre entre les membres jusqu'au fond : cette planche inclinée se nomme *Acotar* ; elle traverse jusqu'au bordage extérieur, et, intérieurement, elle ne déborde pas la varangue. Aujourd'hui, l'on supprime quelquefois les acotars, et l'on y substitue des clefs qui paraissent les remplacer avec avantage.

La partie inférieure du vaisseau est ensuite vaigrée, et ces vaigres se nomment *Vaigres de Fond* ; mais on ne cloue pas la virure qui touche la carlingue : celle-ci a le nom de *Parclose*. On veut par là se réserver la faculté de visiter un canal qui élonge la carlingue et de le nettoyer, pour faciliter l'écoulement des eaux jusqu'au pied des pompes. La parclose s'applique contre la carlingue ; elle dépasse un peu le bord supérieur de la vaigre de fond qui l'avoisine, et elle est simplement assujettie à celle-ci par des clous à taquet. Il est cependant utile d'avertir que, depuis quelque temps, on introduit la méthode de supprimer encore les vaigres d'acotar et les parcloses, que cette dernière vaigre est alors à demeure comme les autres, et que les eaux arrivent aux pompes par un canal compris entre la carlingue et un liteau cloué sur le vaigrage.

Au-dessus de ces vaigres, on établit de nouveaux couples ; ceux-ci s'appellent *Porques* ; leur milieu s'entaille, se pose sur la carlingue, et il se cheville avec elle et avec la quille. Les porques ont à-peu-près les mêmes dimensions que les autres couples ; elles se composent, comme eux, de varangues, de genoux et d'allonges, mais elles sont moins multipliées. Quelquefois une autre allonge, du nom d'*figuillette*, se surajoute à chaque porque et se prolonge jusqu'au premier pont. On place principalement ces porques près de la charpente qui avoisine le pied des mâts, et qu'on appelle leur *Emplanture*. On a proposé d'établir diagonalement les porques intermédiaires, afin de les lier ainsi avec un plus grand nombre de couples ou de *Membres*; sur quoi nous ferons observer que la dénomination de membres s'adopte plus particulièrement pour un petit bâtiment, où souvent ces pièces sont d'un seul morceau. Il est important de concevoir et de retenir les définitions exactes de tous ces termes; il n'est que trop fréquent de voir des marins exercés dans la manœuvre, commettre, à cet égard, d'étranges bévues dans leurs discours. Les porques sont garnies de fortes chevilles à boucles, qui servent à fixer l'extrémité des câbles ou autres gros cordages; on trouve de pareilles boucles sur la muraille du bâtiment.

II. Les *Baux* d'un vaisseau représentent les poutres de nos maisons, et, comme elles, ils supportent les planchers ou *Ponts* des étages ou *Batteries*; mais au lieu d'être droits, ils sont arqués ou bombés, pour offrir plus de résistance au poids qu'ils supporteront, pour que le recul des canons soit moins considérable et leur remise en batterie plus facile, enfin pour rendre l'écoulement des eaux plus prompt. Indépendamment de cette courbure qui en résulte pour les ponts, ceux-ci en ont une autre, qui est destinée à donner de la grâce, et à faciliter encore l'écoulement des eaux, mais que l'on a poussée quelquefois à l'excès; par l'effet de ce second arc, qu'on appelle *Tonture*, le pont, dans le sens de sa longueur, se relève vers l'étrave et vers l'étambot, et il est moins exposé à l'introduction de l'eau extérieure par l'avant et par l'arrière. L'utilité des baux ne se borne pas à ces objets, ils réunissent encore étroitement les

couples du vaisseau d'une branche à l'autre du bord opposé, car ils sont placés transversalement dans le sens de
la largeur du bâtiment, et ils préservent sa forme de
l'altération dont les menacent l'action intérieure de la
charge et celle des vagues, qui l'assaillent au dehors.

L'équarrissage des baux du premier pont est égal à
l'épaisseur de la quille ; cependant ceux qui sont sur
l'arrière du mât d'artimon sont un peu moindres. Quelquefois les baux sont d'une seule pièce, et quelquefois
de deux ou plusieurs bien liées ensemble ; d'autres fois
pour donner au pont la renflure qu'on lui destine, on
place sur des baux droits des pièces de bois plates en
dessous et circulaires en dessus. Les extrémités des baux
sont taillées en queue d'aronde ; ce qui empêche la muraille du vaisseau de s'éloigner ou de se rapprocher du
plan diamétral. Avant d'établir les baux, on consulte le
devis, afin de voir où sera la place des mâts, des cabestans, des ouvertures, appelées écoutilles, pour les communications entre les ponts, et d'autres objets également
importans qui doivent se trouver entre deux baux.
Le nombre, le lieu des *Écoutilles* est très-variable et
très-indéterminé ; chaque amélioration dans le système
d'approvisionnement, d'armement ou de construction,
doit en effet amener une nouvelle distribution : nous
ne décrirons donc pas toutes ces ouvertures ; une visite
à bord instruira plus que tout ce que nous pourrions en
dire, et il nous suffira de citer la grande-écoutille, très-
souvent et très-improprement nommée le *Grand-Pan-
neau :* elle est en avant du grand-mât ; le bau arrière
de cette écoutille est éloigné du centre de ce mât du $\frac{1}{15}$
de la longueur principale du vaisseau : la longueur de
son ouverture est une fois et un tiers celle des plus

grandes futailles, caisses ou pièces à eau, et sa largeur est le $\frac{1}{6}$ de la largeur principale du bâtiment. Le *Panneau* est la couverture en bois qui sert à fermer une écoutille : il y en a de pleins, il y en a à grillage, ou dits à *Caillebottis*.

Pour fortifier le portage des baux, on fixe à l'avance, et intérieurement, à la hauteur voulue une ceinture en bois nommée *Bauquière* ; elle a dans la première batterie, que nous avons en ce moment plus particulièrement en vue, la largeur de la quille et la moitié de son épaisseur. Au-dessous de cette ceinture, est une vaigre appelée *Serre-Bauquière*, épaisse et large comme la bauquière, endentée et goujonnée avec elle. Ces baux, qui supportent les ponts, lesquels seront chargés de formidable artillerie, auront besoin, à cause de leur longueur, d'étançons au-dessous, et ceux-ci se nomment *Épontilles*.

On trouve sous les ponts, des baux de plus petites dimensions, appelés *Barrots* : les uns seront pour les *Gaillards*, ou extrémités en longueur du pont supérieur ; les autres, nommés encore en ce cas-ci *Baux*, sont pour le *Faux-Pont* ou plancher inférieur, placé au-dessous du niveau des eaux, destiné à porter les rechanges ou provisions, et non à être chargé d'artillerie ; d'autres enfin, appelés *Barrottins* ou *Lattes*, se trouvent dans les batteries entre deux baux ou *Faux Baux* ; les baux sont liés entre eux, en dessous et à leur milieu par des bordages épais, nommés *Hiloires renversées*, qui y sont entaillés, et sous lesquels s'appliquent les étances et les épontilles. On appelle faux-baux, des baux plus courts qui correspondent aux écoutilles, aux étambrais des mâts ; ces pièces ont à-peu-près la grosseur des baux à leur bout vers le bord ; mais ils sont amincis à l'autre bout pour se raccorder à l'épaisseur des entremises ou des pièces qui forment les côtés et l'encadrement des écoutilles et des étambrais, ou petites ouvertures pratiquées dans les ponts, dont nous verrons bientôt l'utilité.

On appelle en général *Hiloires*, des bordages de renfort qu'on trouve en plusieurs parties de la construction. Il est aussi d'autres hiloires renversées, appelées *Gouttières Renversées*, qui consolident le faux-pont, et d'autres qui lient les barrots des appartemens les plus soignés avec la muraille du vaisseau ; on rend ainsi ces logemens plus libres qu'en y employant de grosses courbes, comme nous verrons qu'on le fait en général pour les baux des batteries. Les *Hiloires Droites* sont quatre bordages du milieu du plancher d'un pont, cloués, comme tous les autres, sur les baux, et dans le sens de la longueur du bâtiment ; mais ces hiloires ont plus d'épaisseur que les autres bordages du pont, afin de pouvoir être entaillées sur les baux, et de présenter plus de solidité pour des boucles en fer qu'on y établit, et qui sont destinées au service de l'artillerie, et aux besoins du gréement ou de la manœuvre. Les hiloires ont même assez d'épaisseur pour déborder un peu en hauteur les bordages ordinaires des ponts. Enfin, on appelle souvent encore du nom d'hiloires les *Surbaux* ou pièces de bois qui surmontent les baux, et qui ferment l'entourage des écoutilles. Les premières hiloires renversées, dont nous avons parlé, ont, pour le premier pont, les $\frac{3}{4}$ des dimensions semblables de la quille.

Les épontilles, qui correspondent à l'extrémité d'une écoutille, servent d'échelles en plusieurs endroits ; elles sont entaillées sur deux arêtes, et à l'aide de ces coches et d'un cordage pour se tenir, appelé *Tire-Veille*, on

communique dans plusieurs endroits de l'intérieur du
vaisseau où il n'est pas convenable de placer une échelle
ou un escalier : ces épontilles s'appellent *Étances à
Marches.*

Avant d'établir les barrots du faux-pont, on vaigre
depuis la serre-bauquière jusqu'à la ligne du faux-pont ;
par-tout ces vaigres se touchent, excepté pourtant la première et la seconde virure au-dessus du faux-pont. Ce
léger intervalle sert à aérer le bois des couples, et il peut
aussi diriger dans les recherches d'une voie-d'eau. La
largeur et l'épaisseur de ces vaigres, dites de remplissage,
diminuent depuis la serre-bauquière jusqu'à celle qui est
sous le faux-pont ; celle-ci sert elle-même de bauquière
au faux-pont : elle n'a plus que six pouces d'épaisseur
sur un pied de largeur, et elle est entaillée pour recevoir
les extrémités des barrots, que l'on travaille en queue
d'aronde comme celles des baux. Si, vers l'avant, les
façons du vaisseau, c'est-à-dire la nature des surfaces
courbes de sa muraille, empêchent les vaigres de se bien
présenter pour recevoir les barrots du faux-pont, on
cloue sur les vaigres un bordage, qu'on appelle du nom
général de *Fourrure*, et qui sert de bauquière. On vaigre ensuite entre le faux-pont et la vaigre d'acotar, et
on laisse ici plusieurs mailles de 2 pouces, ou deux
vides de 6 à 7 pouces, l'un entre cette dernière et celle
qui la surmonte, l'autre deux virures plus haut ; mais
ces mailles ou ces vides ne règnent pas dans toute la virure ; le quart de la longueur principale, soit de l'avant,
soit de l'arrière, est vaigré en plein. Les vaigres vont
encore en diminuant d'épaisseur jusqu'à celle d'acotar,
où cette dimension doit être pareille pour celle-ci et
pour celle qui vient la surmonter. La virure de vaigres

au-dessous de chaque bauquière, se lie à celle-ci et à la virure immédiatement inférieure par des entailles dites à crémaillère.

III. C'est ainsi que l'on place ou prépare les poutres ou soutiens des planchers ou des ponts, et ceux-ci formeront les étages ou batteries que nous allons désigner : 1°. la *Cale*, entre la carlingue et le faux-pont; on y placera le lest, l'eau, le vin, le bois, les câbles, etc.; elle a ordinairement de 22 à 24 pieds de hauteur ou de creux. Le *Creux* se mesure de la quille à la corde de l'arc formé par la face supérieure du maître-bau; 2°. l'*Entrepont*, où l'on mettra les rechanges et approvisionnemens, et où seront logées et couchées plusieurs personnes; il a de 4 à 5 pieds de hauteur; 3°. la *Batterie Basse* ou première batterie, où se trouvera l'artillerie la plus forte; 4°. la *seconde Batterie*, qui servira pour les canons du moyen calibre; ces batteries ont de 5 pieds 4 pouces à 5 pieds 10 pouces de hauteur, comptée entre le pont inférieur et les baux; cette hauteur se nomme, par conséquent alors, hauteur sous-barrots; 5°. enfin la *Dunette*, qui ne va guère que depuis l'arrière jusqu'au mât d'artimon, et où se loge le commandant du vaisseau.

Nous avons vu que le dessus du pont supérieur de la seconde batterie s'appelait *Pont* proprement dit; il se divise en *Gaillard d'Arrière*, *Gaillard d'Avant* et en *Passe-Avants*; les gaillards portent l'artillerie la plus légère, qu'on appelle batterie des gaillards; ils sont les parties extrêmes et pleines de la longueur de ces ponts; et les passe-avants se trouvent tribord et bâbord d'une vaste ouverture pratiquée dans le pont, appelée *Parc*, et destinée à loger à la mer la chaloupe, qui y repose sur des tins ou chantiers, et quelques autres embarcations plus ou moins légères : ce parc est entre le grand-mât et le mât de misaine ; on voit que les passe-avants servent de passages ou de galeries pour communiquer d'un gaillard à l'autre.

Cette installation de parc, et quelques autres que nous venons de décrire, se trouveront encore long-temps dans notre marine ; car tous les vaisseaux un peu anciens ont été construits ainsi, et c'est par cette raison que nous les avons mentionnées. Actuellement, les passe-avants sont liés entre eux par des barrots ou baux entiers, qui traversent le bâtiment dans sa largeur, et qui s'assujettissent contre les murailles par leurs extrémités ; comme les autres baux, ils sont recouverts de bordages, qui en forment un pont continu, excepté seulement dans une petite partie qui est à caillebottis pour donner de l'air aux moutons et aux volailles que l'on place au-dessous, dans la batterie haute. Par suite de cette disposition, les embarcations, emboîtées les unes dans les autres quand il y aura nécessité, se trouvent placées à la hauteur des gaillards sur cette nouvelle partie de pont ; mais on peut les séparer sur deux rangs, et il reste encore assez de place pour y faire mettre en dehors et le long de ces mêmes embarcations, les mâts, vergues et autres pièces de rechange qu'on appelle généralement du nom de *Drôme*. L'avantage principal qu'on retirera de cette nouvelle installation, sera d'avoir la seconde batterie désencombrée des embarcations, et de la pouvoir tenir plus convenablement et plus militairement disposée pour le service de l'artillerie. Nous verrons plus loin que l'on établit actuellement deux entreponts, l'un au-dessus de l'autre, dans l'intérieur du vaisseau. Les batteries sont réellement aussi des entreponts : mais ce nom est spécia-

lement réservé à celui ou à ceux qui sont au-dessous de
la première batterie, et que quelques personnes appellent,
sans doute à tort, du nom de faux-pont. Au-dessus de la
dunette, c'est-à-dire sur son pont, nous verrons aussi que
le *Couronnement* ou l'extrémité supérieure du tableau de
la poupe excédera à peine ce même pont ; il en sera de
même de la muraille du vaisseau ; on n'y trouvera que
des lisses portées sur des montans, et qui y serviront de
garde-fous. Près du couronnement seront établies quelques petites armoires basses ou caissons, pour recevoir
avec ordre les pavillons de nations ou de signaux.

Les baux doivent encore être espacés de manière à ne
pas se trouver au-dessus des *Sabords* ou embrasures
pour canons. Le *Grand-Bau* ou le *Maître-Bau* d'un
bâtiment est celui du premier pont qui traverse le couple le plus ouvert, dans le plus grand écartement de ses
branches ; c'est ce point qui détermine la partie forte ou
renflée, dite le *Fort* du vaisseau, et qui se trouve à-
peu-près à la flottaison. Le grand-bau est la mesure de
la plus grande longueur du navire ; car celle-ci se
compte de dehors en dehors des couples sans y comprendre l'épaisseur des bordages extérieurs, et son lieu
est généralement un peu en avant du milieu de la longueur principale. C'est ce bau ou du moins sa longueur
qui sert d'unité de mesure, de terme de comparaison,
d'échelle en un mot, pour fixer les dimensions des mâts,
vergues, etc.

Plusieurs des parties de la construction dont nous venons de parler, ont encore besoin d'être fortifiées, et nous
allons exposer comment on y parvient.

SÉANCE VII.

I. Des Guirlandes. — Des Courbes de liaison des baux. — De la
Fourrure de gouttière. — Des Gouttières et des Dalots. — Des
Arcs-boutans et des Entremises. — II. Des Bittes. — III. Des
Emplantures, des Étambrais, des Pompes et de l'Archi-
pompe. — IV. Des Cabestans.

I. Sur le contour intérieur de l'avant, on entaille par
leur milieu plusieurs courbes sur la contre-étrave : une
à la hauteur du premier pont, une nouvelle à celle du
faux-pont, et deux autres plus bas ; mais les branches
de ces dernières, au lieu d'être horizontales, se relèvent
un peu, à cause de l'équerrage : ces courbes se nomment
Guirlandes, et elles sont chevillées sur les allonges et
sur l'étrave. Celle du premier pont a toute la force du
bois, sa hauteur est égale à la largeur de la quille ;
elle repose sur la tête du marsouin. Les autres guirlandes
ont des dimensions un peu plus faibles. On voit sur l'é-
tambot des courbes intérieures analogues, et qui servent
de liaison entre l'arcasse et le corps du vaisseau ; quelques-unes y sont placées obliquement et s'appellent
Écharpes.

On place de nouvelles courbes horizontales à chaque
extrémité de la barre de pont, pour lier cette barre avec
le bâtiment, et de pareilles aux extrémités des baux des
ponts ; elles s'accolent par une branche à la face latérale
avant ou arrière de la barre ou du bau ; l'autre branche

se fixe sur le vaigrage, et elles empêchent le bau de sortir
de la bauquière ; indépendamment de ces courbes horizontales, il en est d'autres qui ont aussi pour but la consolidation des baux : une des branches de celles-ci s'applique également sur une des faces latérales du bau, et
l'autre descend quelquefois perpendiculairement au pont,
et quelquefois obliquement, afin de tenir à un plus grand
nombre de couples, ou pour ne pas gêner le service de
quelque canon. Les dimensions de ces courbes sont les
$\frac{3}{4}$ de celles des baux, et comme leur forme les rend souvent très-difficiles à trouver, on façonne pour les remplacer des courbes d'assemblage en bois et en fer, ou
encore des pièces de fer qui, sous la même figure, ont
de moindres dimensions, et qui par conséquent laissent
plus d'espace vide entre les ponts ; elles ont cependant le
désavantage d'offrir des liaisons moins solides, et de s'affaiblir plus promptement que celles en bois, tant à cause de
la rouille qui peut les attaquer, que de la rupture de la
tête des chevilles ou du gauchissement dont leur rigidité
peut les rendre susceptibles par suite des divers efforts des
baux et des ponts. Les barrots du faux-pont ont leurs extrémités retenues par des courbes en fer : une branche
en est appliquée sur la surface supérieure, l'autre se
cloue verticalement sur la muraille. Quelques barrots des
extrémités n'ont cependant que des taquets cloués au bord
sous leur portage. Les courbes des baux contribuent à
unir ceux-ci au corps du vaisseau ; elles partagent les
secousses qu'ils ressentent quand on sert les batteries, et
elles contiennent celles-ci pendant les mouvemens du
bâtiment. Si l'on ne peut empêcher qu'un bau n'avoisine
trop un sabord, on dévoie la branche de la courbe, ou
bien encore c'est le cas d'employer une courbe en fer.

On peut remplacer ces courbes par des taquets en bois garnis de ferrures qui composent un tout solide et élégant.

Une nouvelle ceinture nommée *Fourrure de Gouttière*, entaillée en queue d'aronde pour embrasser chaque extrémité supérieure du bau, et s'enchaînant souvent aussi avec la courbe de liaison du bau, règne encore de l'avant à l'arrière de la batterie basse, de sorte que chaque bau se trouve mordu par ses bouts entre la bauquière et la fourrure de gouttière, qui se nomme aussi *Tiers-Point*. Celle-ci s'applique sur la muraille du vaisseau, et son équarrissage est les $\frac{3}{4}$ de l'épaisseur de celle de la quille. Deux rangs de bordages de pont accompagnent cette fourrure et sont cloués sur les baux ; ils ont 3 pouces de plus d'épaisseur que les bordages ordinaires du pont, ils sont entaillés à queue d'aronde avec les baux, et ils se nomment *Gouttières*. Les écarts de ces pièces se croisent, comme nous l'avons remarqué pour d'autres cas, et cette mesure est constamment observée dans tous ceux qui sont analogues. C'est dans ces pièces que seront percés les *Dalots* ; ceux-ci sont de grands trous ronds, inclinés, qui traversent la muraille du vaisseau et qui servent à l'écoulement des eaux des ponts vers la mer ; ils sont intérieurement revêtus en plomb ; les deux de chaque bord qui sont par le travers des pompes, sont carrés et plus grands que les autres. Il est incontestable que c'est par les dalots, et à cause de l'humidité qu'ils laissent pénétrer, que la plupart des couples d'un vaisseau sont attaqués et pourris ; on ne saurait donc porter trop d'attention à leur doublage en plomb, et l'on n'a pas cru devoir trop multiplier les précautions à cet égard : ainsi les eaux descendent des ponts supérieurs jusqu'à la première batterie, en passant par des orgues ou tuyaux verticaux

où ils se dégorgent dans les dalots, toujours percés en
mailles pour ne pas affaiblir les murailles. Ces tuyaux
sont enveloppés d'un encaissement en planches, qui les
garantit du choc des corps étrangers ; des clapets en
cuivre qui s'ouvrent par le poids de l'eau venant de l'intérieur, et qui se ferment par leur propre poids, bou-
chent enfin l'orifice extérieur des dalots.

Tout rapprochement des extrémités des deux baux
voisins du même pont, étant prévenu par ces moyens
ou de semblables, on a garanti les parties intermédiaires
des mêmes baux, d'une tendance pareille, au moyen
d'*Arcs-Boutans* et d'*Entremises*, que l'on place perpendiculairement à leur longueur et qui, comme on voit,
font l'office de clefs. Les arcs-boutans du premier pont
ont pour équarrissage l'épaisseur du bordage du pont ou
les $\frac{7}{24}$ de l'épaisseur de la quille, et ils s'introduisent par
leurs extrémités dans des mortaises ou des coulisses de
deux baux voisins. L'entremise s'appuie seulement sur
les baux ; mais comme son extrémité est en sifflet ou biseau, et que vers les points d'appui, l'arête du bau est
également abattue en biseau, il s'ensuit que l'entremise
reste aussi au niveau du bau, et qu'on peut la placer ou
la déplacer avec facilité ; sa hauteur est de 6 pouces, et
sa largeur est celle du bois. On trouve aussi des entremises pour terminer l'ouverture des écoutilles et pour soutenir leurs hiloires, pour border ces mêmes écoutilles ainsi
que l'emplacement des mâts ou du cabestan, et pour contenir plus fortement encore les extrémités des baux. Le premier rang d'entremises s'établit de chaque bord parallèlement aux gouttières ; on ne laisse d'intervalle que celui qui
sera nécessaire aux charpentiers, pour placer les chevilles,
qui traverseront à-la-fois gouttière, fourrure, couple et

bordage. A la moitié de cet intervalle est une rangée
d'arcs-boutans ; entre le milieu du pont et la ligne des
entremises, se trouve une autre rangée d'arcs-boutans,
et enfin une dernière au milieu des baux, mais seulement
entre ceux sous lesquels on a placé une hiloire renversée.

II. On s'occupera actuellement de l'établissement, dans
la première batterie, de plusieurs pièces ou objets utiles
à la navigation, et l'on commencera, sur l'avant du mât
de misaine, par les bittes qui sont destinées à attacher ou
à amarrer les gros cordages ou *Câbles* que l'on emploie
à retenir le vaisseau dans une position voulue, en fixant
ces câbles soit à un point pris à terre, soit à une pièce
de fer armée de becs, appelée *Ancre*, et qui est mordue
dans le terrain du fond d'une rade, d'un port ou de tout
lieu appelé *Mouillage*. On remarque dans les bittes deux
montans, qui s'élèvent à 4 pieds au-dessus du premier
pont dans un plan parallèle à celui du maître-couple ;
leur pied descend à 12 pouces au-dessous du faux-pont ;
la tête a l'épaisseur de la quille, la face arrière du second bau en arrière du mât de misaine appuie les montans par leur avant, et dans l'autre sens, ceux-ci s'en-
taillent dans un faux barrot avoisinant. L'effort quelquefois très-considérable des câbles, dont l'action sollicite
toujours les bittes de l'arrière à l'avant, nécessite de plus
un fort taquet, taillé en console, appliqué sur la face
antérieure de chaque montant, jusqu'à une hauteur de
3 pieds au-dessus du premier pont, et dont la branche
horizontale s'entaille avec tous les barrots de l'avant, en
s'étendant jusqu'à la guirlande du pont. Les montans
sont éloignés l'un de l'autre du diamètre de l'étambrai
du mât de misaine : on appelle *Étambrai* l'ouverture
circulaire qu'on laisse dans les ponts pour le passage des

5

mâts, pompes, etc. Les taquets des montans se rapprochent un peu vers leurs extrémités antérieures, de sorte qu'ils n'interceptent plus qu'une distance égale au diamètre du mât de misaine, lequel a 10 pouces à-peu-près de moins que celui de l'étambrai. Les chevilles qui unissent les taquets aux baux ou barrots les plus voisins des bittes, portent à leur tête de grosses boucles garnies de *Cosses* (sortes d'anneaux), afin qu'à l'aide de ces boucles et de forts cordages nommés *Bosses*, on puisse saisir le câble par plusieurs points. Une pièce de bois horizontale, nommée *Traversin*, croise les montans des bittes en s'entaillant d'un pouce sur leur face arrière : l'équarrissage en est d'un pouce de moins que la largeur des bittes ; et en longueur le traversin dépasse les bittes de 20 pouces de chaque côté. Quatre crochets placés sous la face latérale des bittes, et deux taquets à queue cloués aux bittes sous le traversin, maintiennent celui-ci ; enfin la tête des montans est garnie d'une barre de fer mobile appelée *Paille de Bitte*, qui servira à empêcher le câble de se *décapeler*, c'est-à-dire de se démarrer en passant par-dessus la tête de la bitte. On voit, par ce qui précède, que ce sont le traversin et les montans qui servent à tourner et amarrer le câble, afin qu'il tienne le vaisseau. On émousse les arêtes des bittes pour qu'elles n'endommagent pas les câbles, et l'on garnit la face arrière du traversin d'un coussin de bois tendre, dont la face extérieure ou arrière est demi-cylindrique, afin de préserver les câbles, et en même temps le traversin lui-même, des effets du frottement ; ce coussin se remplace quand il est détérioré. Quelquefois pour être plus maître du câble quand il faut en *Filer*, c'est-à-dire en lâcher dehors à l'appel de l'ancre lorsqu'elle résiste à un effort violent, on place un nouveau rang de bittes sur l'arrière du mât de misaine. On pourra trouver aussi d'autres bittes ou bittons en divers endroits du vaisseau, mais de bien moindres dimensions et pour des besoins particuliers : auprès des mâts, sur le pont de la seconde batterie ou des gaillards, par exemple, afin d'y pouvoir tourner et amarrer des cordages employés dans les manœuvres.

III. La position des étambrais des mâts a été consultée et désignée en quelque sorte quand on a placé les baux. Nous avons vu que c'étaient des ouvertures circulaires pratiquées dans les ponts, dont les plus considérables servaient à l'introduction de la partie inférieure des bas mâts. Le pied de ces mâts repose sur une base appelée *Emplanture* et quelquefois, mais il me semblé improprement, carlingue. Il ne doit, en cette partie correspondante de la quille, se trouver aucun écart. Une varangue de porque et une autre varangue isolée forment les deux côtés transversaux de l'emplanture du grand mât. Deux autres pièces appelées *Flasques*, d'une épaisseur égale à celle de la moitié de la quille et dont la hauteur en est les $\frac{3}{4}$, achèvent l'enceinte en s'introduisant au moyen de coulisses à queue d'aronde dans les deux varangues transversales qu'elles dépassent en hauteur. Cette enceinte, qui constitue l'emplanture, forme un berceau ou une cavité pyramidale dont l'ouverture supérieure est les $\frac{10}{12}$ de l'épaisseur de la quille, tandis que l'inférieure n'en a que les $\frac{3}{4}$; ces $\frac{10}{12}$ déterminent donc la plus grande distance des faces intérieures des flasques, mais celle des varangues est bien plus considérable, elle va jusqu'à 6 pieds; et elle permet d'incliner la mâture soit vers l'avant, soit vers l'arrière, suivant que les besoins du vaisseau ou sa marche, à laquelle cette inclinaison peut contribuer, mettent dans le cas de le desirer ; et comme la distance des flasques est suffisante pour contenir le pied du mât qui est taillé en conséquence, il s'ensuit que pour parvenir au même but dans le sens de la quille, il faut garnir de forts coins tout l'intervalle qui se trouve entre les varangues et le pied du mât, lorsque celui-ci a été placé au point voulu. Les flasques sont latéralement fortifiées par de gros taquets qui ont les dimensions des varangues. Les étambrais sont d'une figure à-peu-près circulaire, ils se pratiquent en entaillant les entremises, et quelquefois les bois de remplissage que l'on établit à cet effet sur ces mêmes entremises. Les étambrais du grand-mât sont avoisinés par quatre petits étambrais pour le passage du corps des pompes.

L'emplanture et l'étambrai sont semblables pour le mât de misaine ; seulement celui-ci n'est pas entouré de petits étambrais particuliers, car il n'y a pas de pompes dans son voisinage : l'emplanture du mât d'artimon, au pied duquel on a supprimé les pompes, depuis qu'on est parvenu à augmenter l'action de celles qui avoisinent le grand-mât, diffère de celle des mâts précédens, en ce que ce mât ne descend pas jusqu'à la cale, et qu'il repose sur une *Sole* ou forte pièce de bois entaillée d'un pouce et demi sur deux barrots voisins du faux-pont. La largeur de la sole est les $\frac{3}{4}$ de l'épaisseur de la quille et son épaisseur n'est que les $\frac{4}{5}$ de cette dernière dimension. Une hiloire renversée est au-dessous de la sole, et cette hiloire est supportée par une forte étance ; la sole est garnie d'une mortaise qui en a les $\frac{5}{12}$ de l'épaisseur et qui sert d'emplanture. Quelques personnes désirent que l'emplanture du mât d'artimon, ait lieu sur la carlingue comme celle des autres mâts verticaux. Il pourrait ainsi à la rigueur remplacer le mât de misaine, en cas de perte de celui-ci, et si le mât d'artimon, lui-même, venait à être cassé dans sa partie élevée, on pourrait représenter la même hauteur, en replaçant alors l'emplanture sur le faux-pont.

Le mât de beaupré n'étant pas verticalement situé, il lui faut une installation particulière. Deux montans ou flasques verticales se fixent sur la face avant des baux du premier et du second pont qui bordent l'étambrai du mât de misaine, et ces montans sont entaillés avec ces baux : leur épaisseur est les $\frac{7}{12}$ de celle de la quille, et leur largeur, de tribord à bâbord, en est les $\frac{4}{5}$ de l'épaisseur. Ils se réunissent par leur épaisseur, et ils présentent, au pied du mât (lequel arrive dans la première batterie), une ouverture carrée dont le côté est un peu moindre que le diamètre du mât. Il est évident que cette disposition empêche tout jeu latéral et tout mouvement de l'avant à l'arrière : le pied du beaupré est taillé pour s'appuyer à plat sur deux coussins qui débordent les flasques sur l'arrière et sur l'avant ; mais avant d'établir ces coussins, on met en avant des flasques une entremise parallèle aux baux pour recevoir les bouts de bordages qui doivent recouvrir l'intervalle des taquets des bittes depuis la guirlande jusqu'aux flasques. On voit aussi deux nouveaux montans établis dans la première batterie, en avant de ceux-ci, pour maintenir le mât en un autre point de sa longueur. Quand le beaupré est placé, on assure plus particulièrement sa position et celle de ces montans en clouant des bordages sur leur face intérieure ; les entremises du second pont achèvent de contenir étroitement la partie inférieure du beaupré. Dans les vaisseaux à trois ponts, le pied du mât repose

sur le second pont, et les flasques ou montans se trouvent entre le second et le troisième pont.

En dehors des flasques de l'emplanture du grand-mât,
se trouveront les pieds des *Pompes* au nombre de quatre;
leur ouverture supérieure est dans la batterie basse, et
elles descendent jusqu'au bordage qui recouvre extérieurement les couples. Ces pompes sont ou aspirantes, dites
Royales, ou *A Chapelet*, ou *A Double Piston*. Il y aura
en outre à bord une pompe fixée à l'étrave pour y pui-
ser de l'eau de mer, et une pompe portative, dite d'*Incendie*, soit pour agir en cas de feu, soit pour arroser à
volonté les diverses parties du vaisseau. Autour des
pompes royales, au moyen de forts montans ou de planches épaisses, on construit quatre cloisons qui forment
le retranchement appelé *Archipompe*, dont la largeur
est la septième partie de celle du vaisseau, et qui sert à
garantir le corps des pompes du choc des corps contenus
dans la cale, que le roulis, le tangage ou tout autre
mouvement peut déplacer, aussi bien qu'à faciliter la
visite, la réparation ou le changement de ces pompes.
Sur l'avant de l'archipompe, on forme ou construit de
plus deux cloisons latérales, et une transversale éloignée
de 3 pieds de l'archipompe, et l'on établit ainsi un com-
partiment, appelé *Puits*, où se casent, dans de nouveaux compartimens, les boulets du vaisseau, chacun avec
ceux de son calibre : sur les ponts, et près des pièces
à feu, on pratiquera aussi de petites cases appelées *Parcs-
à-Boulets*, pour les besoins éventuels de la batterie. Au
lieu d'employer le puits dont nous venons de parler à
loger des boulets, on y peut placer le câble en fer ou
Câble-Chaîne, dont actuellement les vaisseaux sont
pourvus, et même se ménager, dans cet espace, un re-

tranchement pour loger quelques pièces de rechange du gouvernail ou des pompes, dont nous allons désigner la place qu'on leur donne à bord de quelques bâtimens. Quand cet emplacement sert au câble-chaîne, il y a un écoutillon percé dans le faux-pont et dans le pont de la batterie basse pour le passage de ce câble. Le centre de ce dernier écoutillon est sur la ligne qui va du montant des bittes au cabestan; un plan amovible réunira les côtés extérieurs de ces écoutillons et servira de conduite au câble-chaîne.

Il n'y a pas long-temps encore que l'archipompe régnait non-seulement dans la cale, mais encore dans l'entrepont, où elle occupait, sans utilité, beaucoup d'espace et nuisait à la libre circulation de l'air. On trouve encore, à bord de quelques bâtimens, un nouveau puits, qui s'appuie sur l'avant de celui qui contient les boulets, et se termine, en forme de prisme triangulaire, à l'épontille arrière de la grande écoutille : celui-ci sert à loger les corps des pompes de rechange, ou autres ustensiles qui sont relatifs à leur service, et les différentes pièces du gouvernail de rechange.

IV. L'emplanture du *Grand-Cabestan* est à-peu-près pareille à celle du mât d'artimon : ce cabestan se place entre le grand-mât et le mât d'artimon; sa mèche descend jusqu'au faux-pont, où, par son pied, elle porte sur une plaque de fer d'un pouce d'épaisseur, de 6 de largeur, qui est entaillée dans la sole de son emplanture; le bord supérieur et intérieur de la mortaise est d'ailleurs entouré d'un cercle en fer pour supporter les effets du frottement. Cette installation a pour but de faciliter les mouvemens de rotation du grand-cabestan, qui, comme on sait, est une machine propre à soulever de grands

poids ou à exercer de grands efforts. Le grand-cabestan est
double quand il reçoit l'application des barres sur deux
ponts différens, immédiatement placés l'un au-dessus de
l'autre. La même mèche réunit ces deux parties du cabestan qui sont séparées par un pont ou tillac, et elle
descend jusqu'à l'emplanture qui est placée dans le
faux-pont, ainsi que nous venons de l'exposer. Le petit-
cabestan sera établi sur le gaillard-d'avant. On a proposé
d'embarquer un cabestan volant ou facile à transporter,
à bord de chaque vaisseau. Dans les cabestans les plus
modernes, la mèche est en fer; ils sont pourvus d'un mécanisme qui fait remonter le câble à mesure qu'il s'enroule sur le bas du cabestan. Ils peuvent encore être
construits de manière à ce que cet effet se produise na-
turellement assez bien. Leur tête est recouverte d'une
feuille de cuivre, et il y a un double rang de barres, soit
à la cloche supérieure à bord des vaisseaux, soit à l'inférieure à bord des frégates. Les barres du cabestan se
placent, quand on ne s'en sert pas, sur des étriers en
fer, et horizontalement entre les baux. Les cabestans sont
pourvus d'arrêts ou *Linguets* soit ordinaires, soit à crémaillère en fer, et qui les empêchent de céder ou de dévirer sous les efforts du câble.

SÉANCE VIII.

1. Bordage du faux-pont et du premier pont. — II. Du Magasin
général, des Soutes, Fosses, Galeries, Postes, Chambres et
autres Emménagemens de l'Entrepont et de la Cale. — Des
Hublots. — III. De la Poupe. — IV. Des Sabords. — V. Analogie de Travaux entre la seconde batterie et la première.

1. Le faux-pont et le premier pont sont alors bordés
ou garnis de leurs bordages , lesquels, dans le sens de
la longueur, sont cloués sur les baux , excepté pourtant
ceux qui forment le faux-pont un peu en avant de la grande
écoutille : ceux-ci ne sont pas cloués , afin de donner
la facilité de disposer des matières , ou d'arrimer au-dessous de cette partie , et d'y placer, tourner en rond ou
lover les câbles, ou bien enfin d'y faire des recherches
au besoin. C'est probablement l'amovibilité de ce petit
nombre de bordages qui s'étendaient beaucoup au-delà
dans les constructions anciennes, qui a fait donner à ce
plancher le nom de faux-pont, car le mot *Faux*, en
marine , précède généralement un terme, pour désigner
une ressemblance ou une analogie de forme , de place
ou d'utilité avec le mot principal. Les installations les
plus récentes permettent même de clouer par-tout dans
l'entrepont, tous les bordages sur leurs baux, et nous
verrons aussi plus loin qu'elles donnent lieu à l'établissement du nouvel ou faux-entrepont dont nous parlions
vers la fin de la séance VI.

II. On fait ensuite , dans l'entrepont et dans la cale ,

au moyen de montans ou de cloisons, des distributions convenables, telles que compartimens ou emménagemens appelés magasins, soutes et fosses, couloirs ou galeries, et enfin postes et chambres. Plusieurs vaisseaux ont récemment adopté dans l'entrepont, ou même au-dessous, l'installation précieuse d'un *Magasin* appelé *Général*, où la plupart des objets de rechange ou qui peuvent être utiles à la mer, en cas de perte, dommage ou détérioration, sont classés, distribués et entretenus. Dans les *Soutes*, on place ordinairement les poudres, les munitions et cordages de rechange, les voiles, etc., et le biscuit ou pain de mer, ainsi que les légumes ou les espèces pareilles de vivres, qu'on désirerait cependant ne plus voir embarquer nulle part, que renfermés dans des caisses en fer, ou au moins dans des boucauts, afin de les préserver de l'atteinte de l'humidité, ou des rats, des souris et des insectes. Les objets moins délicats se mettent dans la cale, et ceux qui doivent cependant avoir un emplacement plus soigné ou plus particulier, s'arriment dans des *Fosses*. La fosse aux câbles, par exemple, est une plate-forme faite en croûtes ou planches grossières, établie sur la partie supérieure du chargement de la cale, aux environs de la grande écoutille. Quelques-unes de ces soutes sont revêtues en planches, d'autres le sont en plomb, et notamment les soutes aux poudres, au sujet desquelles on doit quelques détails, et qui sont au nombre de deux.

Les cloisons des soutes aux poudres sont doubles, les planches qui les composent sont fortes, embouvetées et clouées sur deux faces de montans ou cabrions, lesquels s'élèvent depuis les vaigres jusqu'au faux-pont. Il s'ensuit que ces cabrions se trouvent masqués par ces planches, et qu'il règne entre ces deux suites de cloisons parallèles une tranche d'air qui isole l'humidité, et qui en préserve assez efficacement l'intérieur de la soute. Le vide de la suite double de ces cloisons la plus voisine de la cale à l'eau, est même rempli par une maçonnerie en briques, et le bordé extérieur de toutes est recouvert en tôle pour obvier, autant que possible, aux accidens du feu. La cale à l'eau sépare ordinairement les deux soutes aux poudres, dont l'une est sur l'avant, et l'autre sur l'arrière. Les bordages de revêtement, les plates-formes et le plafond des soutes aux poudres sont calfatés et re-couverts d'une feuille mince de plomb laminé qui ar-rête encore l'humidité du dehors, et qui peut retenir dans la soute, l'eau à l'aide de laquelle on peut désirer de noyer les poudres en cas d'incendie. On procure du jour à ces soutes par des ouvertures coniques pratiquées dans une des cloisons, et garnies d'un verre lenticulaire, en dehors duquel correspond une lampe à quinquet portée par un suspensoir à double charnière, et placée au foyer d'un réflecteur argenté. On ménage enfin dans les cloisons latérales de ces soutes autant d'ouvertures qu'il y a, dans le vaisseau, de calibres différens d'artil-lerie, ou autant qu'il y a de batteries en cas d'unifor-mité de calibre.

On trouve encore à bord d'autres emplacemens sur lesquels nous insisterons moins, tels que Cambuses ou lieux de distribution de vivres ; Armoires très-vastes qui servent de magasins d'habillement, Caveaux pour provisions, Offices, etc. Ces emplacemens sont re-vêtus en plomb ou lambrissés ; on cloue aussi quelque-fois des Prélats (toiles peintes ou goudronnées) autour des soutes, puits et fosses au charbon, au sable ou au-

tres substances qui pourraient occasionner les mêmes
inconvéniens. Ces prélats empêchent les parties les plus
fines de ces substances de s'échapper, et, suivant le cours
des eaux qui s'infiltrent dans le vaisseau, d'aller engager les pompes, ce qui serait un accident fort grave. Il
est toujours plus convenable de revêtir ces fosses ou puits
en feuilles minces de plomb laminé.

La *Galerie* est une cloison que l'on montait sur le
faux-pont, à quelque distance de long en long de la muraille du vaisseau, à 5 ou 6 pieds environ : elle servait, sur-tout pendant un combat, à visiter intérieurement l'état de la flottaison et à pouvoir remédier à une
voie-d'eau occasionnée en cette partie par un boulet ou
par tout autre accident. Les installations actuelles permettent généralement qu'on atteigne le même but, en
supprimant cette galerie qui faisait perdre beaucoup
d'espace, et qui devenait un foyer d'insalubrité par le
défaut de circulation de l'air, et par le séjour de my-
riades d'insectes qui s'y réfugiaient; à cet effet, des
chambres et des couloirs garnissent le pourtour de l'entrepont, et elles se communiquent toutes par des portes
qui, étant ouvertes au besoin, rétablissent une sorte de
galerie.

Les *Postes* de l'entrepont sont les locaux destinés à certaines personnes qui doivent vivre habituellement ensemble à bord. Tels sont ceux des Élèves, des Chirurgiens,
des Maîtres, des Malades, etc. Les *Chambres* qui s'y trouvent et qui sont situées le long de la muraille du vaisseau,
sont pour quelques premiers maîtres-chargés, c'est-à-
dire pour ceux des chefs particuliers de l'équipage qui
ont une comptabilité à tenir, et même pour plusieurs
personnes de l'état-major qui s'y trouvent bien plus com-

modément logées que dans les batteries, depuis que
l'embarquement de l'eau dans les caisses en fer, au lieu
de barriques, laisse tant d'espace disponible; et depuis
sur-tout qu'on a percé, sans qu'il en résultât rien de
fâcheux pour la solidité de la construction, et de bout
en bout, des hublots qui permettent d'éclairer ou d'aérer ces chambres. On appelle *Hublot* une petite ouverture d'environ un pied carré, revêtue en plomb, et pratiquée dans la muraille du bâtiment, afin de procurer
intérieurement du jour ou de l'air. Quelques-uns sont
clos à demeure, au moyen d'un verre lenticulaire très-
fort et mordu dans le bois; d'autres ont un petit châssis
garni d'une vitre très-épaisse, et que l'on ferme dès que
la mer grossit un peu. On trouvera aussi d'autres hublots
percés au milieu des *Mantelets* (volets ou portes des sabords) de la batterie basse : ils y peuvent donner du
jour ou de l'air quand on est contraint de fermer les
sabords; et même en mettant la volée et la bouche du
canon dans l'alignement du hublot, il est possible, pendant un mauvais temps, d'y passer le refouloir, et de
charger le canon par en dehors, en laissant le mantelet
abaissé.

La plupart des cloisons des chambres sont à jalousies
dans leur partie supérieure, et, de plus, susceptibles
de se démonter. Au-dessous des hublots de ces chambres
seront intérieurement de petits bassins en plomb, pour
recevoir l'eau qui pourrait s'introduire par les joints.
Ces bassins se videront au moyen de petits robinets. Nous
ne décrirons pas minutieusement le lieu de tous les Emménagemens dont nous venons de parler, car ce même
lieu est très-variable; et avec bien plus de raison que nous
ne l'avons dit en parlant des écoutilles, nous nous conten-

terons de faire observer qu'une visite à bord en apprend
plus que la description la plus étendue, et que ces installations sont continuellement subordonnées aux améliorations sans cesse renaissantes qui s'introduisent dans le
système de l'armement et de l'approvisionnement.

III. La *Poupe* est une construction saillante, établie
sur l'arrière, que l'on orne de sculptures, de termes,
de figures emblématiques, de croisées, de corniches,
de balustrades, de culs-de-lampe, etc.; on y ajoute
souvent une galerie, et deux cabinets qui débordent latéralement, appelés *Bouteilles*. Dans l'intérieur seront
les appartemens du commandant du vaisseau, la salle
de l'état-major, appelée *Grand' Chambre*, et le logement de quelques officiers; mais ces logemens dans les
batteries ne sont plus que provisoires; leurs cloisons
sont de simples toiles peintes, faciles à démonter; il
n'y a plus aucun meuble d'attache, et les véritables
chambres des officiers, ainsi que nous venons de le voir,
sont dans l'entrepont. On a toujours regardé comme
désavantageux, particulièrement pendant un combat ou
un mauvais temps, d'avoir à bord une partie aussi faible que la poupe, aussi ouverte aux boulets, aussi ac-
cessible aux vagues, aussi mal assise sur l'eau; et l'on a
présenté divers plans pour y obvier, tout en conservant
l'agrément et la commodité. Il est probable que de grands
changemens vont s'introduire dans cette partie, et nous
nous contenterons d'en faire connaître les détails principaux actuels.

La poupe s'appuie sur la lisse de hourdi; elle s'édifie
sur des montans, dont plusieurs sont élevés verticalement, et à une distance respective qui ménage les ouvertures des croisées, et celles de quelques sabords des-

tinés à placer en cet endroit des canons dits de retraite.
Les montans placés et entaillés sur les extrémités de la
lisse, s'appellent de *Cornière;* ceux-ci ont plusieurs
courbures pour arriver aux façons du devis; il peut
même se présenter d'assez grandes difficultés d'exécution
à vaincre en ce point, où intervient presque uniquement
le goût de l'ingénieur. La principale de ces courbures a
pour but de donner à la poupe, la saillie vers l'arrière
qu'on lui destine; de faux montans consolident quelquefois cette construction. Le dessous de la saillie s'appelle
la *Voûte,* et les montans compris entre ceux de cornière,
sont les montans de voûte; leurs prolongemens sont les
montans de poupe, et ils s'élèvent jusqu'à l'extrémité
supérieure de la poupe, qui se compose d'une courbe
fort gracieuse, dite *Couronnement.* Les montans de
voûte ne vont pas en hauteur au-delà du second pont :
au niveau de ce même pont, du gaillard-d'arrière et du
pont de la dunette, on établit des plates-bandes circulaires et horizontales : une corniche de 8 à 9 pouces d'é-
paisseur embrasse les pieds de tous les montans, et s'oppose à leur écartement. Toutes ces pièces ne forment un
seul et même assemblage, que lorsque le travail du
vaigrage, du bordage, des bauquières, des fourrures,
sera terminé dans toutes les batteries. Le tracé de cette
partie du bâtiment se faisait autrefois en grand secret,
et d'ordinaire avec beaucoup de tâtonnemens; depuis
Monge, et la propagation de la géométrie descriptive, les
jeunes contre-maîtres, ou chefs de travaux et d'ouvriers,
exécutent ce tracé, et sont pour la plupart capables de le
diriger.

IV. La place des sabords est alors fixée dans la batterie
basse; ils seront disposés très-symétriquement de chaque

bord, ils seront également espacés, et leur ouverture
sera quadrangulaire. La face inférieure de leurs embrasures devra faire partie d'un plan qui sera parfaitement parallèle au pont dans toute sa longueur ; entre ce
plan et la fourrure de gouttière, on appliquera deux
virures, nommées *Bretonnes*, plus épaisses d'un pouce
que leurs voisines ; on formera ensuite les sabords, pour
chacun desquels on a dû ménager une place entre deux
couples, lesquels en seront les faces latérales. Il ne restera donc qu'à travailler la face supérieure et l'inférieure ; la pièce d'en haut s'appelle *Sommier*, elle s'en-
taillera en biseau dans les faces latérales des montans,
et elle aura la demi-épaisseur de celle de la quille. Le
seuillet inférieur des sabords doit recouvrir non-seulement la tête des allonges correspondantes, mais aussi
l'épaisseur de la vaigre et du bordage ; il ne sera donc
posé que quand le vaisseau aura été vaigré et bordé ; ces
seuillets sont taillés en biseau comme les sommiers, mais
en sens opposé, et ils sont introduits dans une coulisse
de dedans en dehors. Les sabords de la première batterie
sont les seuls qui seront fermés par des mantelets, lesquels tournent autour de leur bord supérieur sur des
gonds, et se lèvent ou s'abaissent pour s'ouvrir ou se
fermer au moyen de cordages, appelés *Itagues*, fixés sur
des boucles qui sont extérieurement au bas des mantelets,
et qui rentrent dans l'intérieur de la batterie basse, en
rasant la face inférieure du second pont. Le mantelet
fermé, est reçu dans une feuillure qui est, ainsi que le
mantelet, garnie de *Frise* (morceaux d'étoffe de laine),
pour empêcher l'introduction de l'eau de la mer. Les
sabords des batteries supérieures étant très-peu et très-
rarement sujets à ce dernier inconvénient, n'ont pas de

mantelets, mais seulement des châssis volans, quelquefois pleins, quelquefois vitrés, qui d'ailleurs garantissent les batteries de la pluie ou d'un air trop vif. Ceux-ci
embrassent la volée des canons qui les traversent : ces châssis sont nommés *Faux Sabords* ; le nom de Faux Mantelets leur conviendrait bien mieux. Les gonds du mantelet
sont forgés ; ils se trouvent à l'extrémité de deux barres
de fer plates, croisant le mantelet de haut en bas dans
sa face extérieure, et terminées par les deux boucles
des itagues ; ces barres de fer s'appellent *Pentures*. Les
mantelets sont formés de bouts de bordage en demi-épaisseur, fortement cloués sur d'autres bouts de bordage en
demi-épaisseur, qu'ils recouvrent transversalement. La
lisse de hourdi qui se termine à la tête des estains, sert de
seuillet aux sabords de la batterie basse. La barre d'arcasse, à bord des anciens vaisseaux, en fait les sommiers.
Le nombre des sabords d'un vaisseau est distribué suivant le nombre de canons qu'il doit porter, et il y a de
plus deux sabords par batterie, pour les canons de retraite
dont nous avons parlé ; deux, correspondans sur l'avant
pour canons dits de chasse, et quelques autres sur la
dunette pour artillerie tout-à-fait légère ; les sabords de
retraite et de chasse ne sont donc pas habituellement armés ; ce sont les pièces les plus voisines de la batterie
qu'on y roule, au besoin, sur leurs affûts : le nombre
des sabords est pratiqué en conséquence. Nous avons
déjà vu que les mantelets des sabords étaient percés de
hublots ; on y trouve encore un trou rond, garni d'un
verre lenticulaire qui sert à donner de la clarté, quand
le hublot est dans le cas d'être fermé. A bord des frégates, les mantelets se composent de deux parties horizontales et distinctes. Le dessus des sabords est garni

extérieurement d'une tringle courbée en bois, appelée *Croissant*, servant à détourner les eaux qui peuvent couler le long des bordages du bâtiment.

Comme les sabords d'une batterie, afin de laisser plus de liaison au vaisseau, et pour diminuer la facilité qu'auraient, pendant un combat, les flammèches d'un canon d'être repoussées en dedans du bord par le vent, sont directement au-dessus ou au-dessous d'un entre-deux de sabords d'une autre batterie, il s'ensuit que plusieurs allonges de couples doivent être interrompues et avoir de nouveaux points d'appui ; ici elles les trouvent sur les sommiers dont nous venons de parler. Quand les montans de ces allonges seront placés, on appliquera en dedans du vaisseau la bauquière du second pont qui, à cause de la rentrée et de quelques difficultés que celle-ci apporte à cet égard, ne sera définitivement fixée que lorsque les baux seront distribués et établis ; elle rase le bord supérieur des sabords. Comme il ne doit pas y avoir de serre-bauquière, les pièces qui composent la bauquière sont jointes par écart, et leur épaisseur n'est que les $\frac{2}{3}$ de celle de la quille ; elle est même un peu diminuée auprès de l'ouverture des sabords, où cependant on lui donne, au milieu, un renfort circulaire sur lequel le canon appuiera sa volée en certaines circonstances ; ce renfort s'appelle *Fronteau de Volée*.

V. Après avoir parlé de ces dispositions, nous allons passer aux travaux de la seconde batterie ; mais nous omettrons tout ce qu'il y a d'analogue avec la première, et qui ne présente de différence avec elle que celle des dimensions. La nature des choses indique en effet qu'elles doivent être plus faibles et que les moyens de consolidation doivent être moins multipliés. Par exemple, les baux n'y ont pour épaisseur que les $\frac{5}{6}$ de celle de la quille, et leur queue d'aronde n'est engagée que de quelques pouces dans la bauquière.

Nous présumons qu'il a été facile de remarquer que les dimensions de la quille servaient d'unité de mesure pour tout ce qui concerne la construction; nous avons déjà fait l'observation que c'est la longueur du maître-bau que l'on consulte dans le même but, pour la mâture et pour les cordes que l'on emploie directement ou indirectement à la manœuvre, et qui constituent ce qu'on appelle le *Gréement*. Ces rapports ont été désignés par la pratique ou par l'expérience, et l'on doit pressentir combien il existe de circonstances qui peuvent les faire varier; on ne doit donc les considérer, dans les traités de construction et de gréement, que comme un exposé de la règle du moment dont il s'agit. Cette cause pourrait bien être toujours un obstacle à la perfection de tout ouvrage qui n'aurait pour but que la fixation de ces rapports et des mesures de chaque partie composante.

SÉANCE IX.

I. Installations particulières de la seconde batterie et des gaillards.—II. Et accidentellement de la Poulaine, des Écubiers, des Cuisines, de l'Hôpital, de la Gatte. — III. De la Sainte-Barbe. — IV. Des Bossoirs et des Porte-Haubans.

I. En faisant abstraction de la diminution dont nous avons déjà parlé dans les dimensions et dans le nombre des pièces ou des parties des ponts qui surmontent le premier, les différences les plus notables sont celles que nous allons décrire.

Des écoutilles sont placées au-dessus de la tête des bittes, et de celle du gouvernail qui sera suspendu sur ferrures à l'étambot, et dont l'extrémité supérieure de la mèche, qui forme la tête, se trouvera un peu au-dessus du second pont. Ces écoutilles exigent l'emploi d'entremises.

Nous avons vu que le mât de beaupré était incliné à l'horizon et que son emplanture se trouvait dans la première batterie ; cette disposition nécessitera, dans le second pont, une ouverture ou un étambrai elliptique. Pour cette ouverture, on aura encore recours à deux entremises ; elles s'étendent depuis la guirlande jusqu'aux deux montans destinés à contenir le pied de ce mât, et elles sont plus fortes que les précédentes : on leur donne de 12 à 14 pouces de largeur sur 5 ou 6 d'épaisseur. Leur distance est le diamètre du mât.

Sur l'extrémité arrière du pont, on trouvera un barrot entaillé vis-à-vis des montans de poupe, lié au vaisseau par des courbes horizontales qui s'étendent sur les vaigres, et qui est destiné pour les sabords de retraite ; il a toute la largeur du bois, et pour épaisseur le $\frac{1}{3}$ de celle de la quille. Ces sabords ont leur ouverture entièrement tournée vers l'arrière du navire, et ils font partie de la poupe.

La bauquière placée dans le second pont, destinée à soutenir les barrots des gaillards, n'a de largeur que les $\frac{5}{6}$ de celle du second pont et les $\frac{3}{4}$ de son épaisseur. Son champ supérieur n'est éloigné que de 6 pouces de la ligne des gaillards, et elle s'étend depuis l'étrave jusqu'aux montans des cornières. Les dimensions des barrots des gaillards sont les $\frac{2}{3}$ de celles des baux du premier pont.

et leur distribution est à-peu-près correspondante à celle
des baux du second pont, sur-tout relativement à ceux
qui bordent les étambrais des mâts ou du cabestan et les
écoutilles.

II. Deux sabords de chasse et deux portes, dites d'é-
peron, sont souvent percés dans les allonges des écu-
culiers ; les portes servent pour la communication de la
seconde batterie avec la *Poulaine* : celle-ci est une plate-
forme à caillebottis placée entre la muraille de l'avant
du vaisseau et l'extrémité supérieure des parties sail-
lantes de la guibre ; elle suit le contour des *Écharpes* ou
Herpes : les écharpes sont des lisses courbées et sulp-
tées, qu'on nommait autrefois *Aiguilles de l'Éperon*, et
qui prennent depuis divers points des joues d'un vaisseau jusque sur le bout de l'éperon. Il y a deux écharpes
de chaque bord, et, entre elles, une lisse à-peu-près
pareille, nommée *Boudin*. La poulaine commence au
coltis, dans le niveau des seuillets de sabord de la seconde batterie. Il paraît que la plate-forme de la poulaine va être élevée et portée à la hauteur du gaillard
d'avant ; ainsi elle sera moins exposée à l'effet des vagues,
et elle permettra le facile établissement de quatre sabords de chasse, deux au-dessus, deux au-dessous. Cette
plate-forme est destinée à divers besoins ou usages de
propreté de l'équipage ; deux lisses à hauteur d'appui
terminent la poulaine du côté de la mer.

L'éperon est en outre lié de chaque côté au corps du
vaisseau par deux autres lisses courbes à-peu-près pareilles aux écharpes, mais qui seront placées au-dessous ;
on les nomme *Dauphins*, et quelquefois, mais improprement, *Jottereaux* : nous verrons plus tard quelle est
la véritable signification de ce dernier mot. C'est au-

dessus des dauphins, à la distance, en hauteur, de 6 à 8 pouces du premier pont, que sont percés deux *Écubiers* de chaque bord. Les écubiers sont des trous ronds dont le grand axe est dirigé vers les faces du montant correspondant des bittes, ils sont revêtus en plomb, et d'un diamètre de 16 à 18 pouces, c'est-à-dire assez grand pour que le câble d'un vaisseau y puisse passer librement, garni d'un *Paillet* (natte en cordage) dont on l'enveloppe pour le préserver du frottement. Le centre du premier est à une distance égale au $\frac{1}{2}$ éloignement des bittes, du plan diamétral du vaisseau, et l'intervalle de deux écubiers de même bord est égal aux $\frac{2}{3}$ de leur diamètre. En dehors, on place un coussin en bois tendre, tel que le peuplier, pour que le frottement soit adouci. On a proposé des sabords qui pourraient recevoir des canons de chasse, au lieu des écubiers qu'on est obligé de boucher à la mer quand on a dépassé et serré les câbles : indépendamment de quelques inconvéniens, celui, par exemple, de laisser difficilement alors au besoin, quand on est à la voile, les câbles *Étalingués* (amarrés ou attachés aux ancres), peut-être cette partie a-t-elle besoin de trop de solidité pour permettre presqu'à la flottaison une ouverture aussi grande que l'exige un sabord, dont le canon ne pourrait d'ailleurs servir que fort rarement à cause de l'agitation de la mer en cet endroit. Les bouchons des écubiers s'appellent *Tapes* ; ils sont en bois tendre.

Ainsi que la poupe, l'avant est la partie qui a éprouvé le plus de modifications et de changemens depuis que l'on construit des vaisseaux de guerre : actuellement, il est encore orné comme elle de sculptures et d'emblèmes qui le rendent très-agréable à l'œil, et la figure du vaisseau, qui se trouve en avant de tout et au-dessous du beaupré, y ajoute un nouvel embellissement : les lisses supérieures de cette partie dite d'éperon, viennent se réunir des deux bords en faisceau dans une seule pièce de bois qui reçoit leurs extrémités, et à laquelle la figure est adossée; cette pièce de bois s'appelle *Gibelot*. On appelle encore *Digon* ou *Flèche* les pièces qui composent le taille-mer en avant de l'étrave, au-dessus de la gorgère; et *Capucine,* la courbe qui sert à lier l'éperon avec l'étrave; il est encore probable que des innovations notables ayant pour but d'utiliser toute cette partie de l'avant pour l'attaque et la défense, sont aussi sur le point de s'introduire dans sa construction; ainsi nous n'entrerons pas dans de plus grands détails à cet égard.

C'est sous le gaillard d'avant que s'établissent les *Cuisines,* ce qui nécessite quelques ouvertures pour tuyaux de cheminées, quelques boucles sur le pont pour les y pouvoir fixer ou assujettir, et quelques revêtemens en tôle sur les ponts ou tillacs. La mèche du petit cabestan s'appuie par son pied sur le pont de la seconde batterie, et passe sur l'avant des cuisines. Les cuisines varient aussi beaucoup dans leur forme, et cela tient aux nombreux progrès qui restent probablement encore à faire, dans les moyens les plus simples et les plus propres à obtenir le plus d'effet possible d'une moindre consommation de combustible. Aujourd'hui, elles se composent d'une grande caisse en tôle, divisée en plusieurs compartimens pour le feu, les chaudières, les casseroles, les fours, etc. Il est aussi question de les établir dans l'entrepont, et plusieurs bâtimens, qui l'ont essayé, s'en sont loués sous le rapport de la propreté dont il est si utile de ne pas priver une batterie, de

la facilité qui en résulte pour le jeu des pièces d'artillerie, de l'espace qu'on utilise d'une manière bien plus
avantageuse, et enfin de la salubrité qui provient de
cette circulation et de ce renouvellement dans l'air de
l'entrepont, suite nécessaire de l'action d'un foyer de
chaleur. Quelques-unes de ces cuisines contiennent de
petits fours, mais il y a aussi des *Fours-à-Pain* plus
considérables qui peuvent se placer sur le faux pont, et
dont la cage est également en fer; d'autres se placent
sur l'avant du grand-mât, dans la première batterie.

Par suite de cette disposition, quelques vaisseaux uti-
lisent la partie de l'avant de la seconde batterie, d'une
manière très-convenable, en y installant un *Hôpital* ou
une *Infirmerie,* et cet hôpital sera d'autant mieux situé
que la plate-forme de la poulaine devant être exhaussée
au niveau du gaillard d'avant, on n'y trouvera plus ces
portes de communication entre l'avant de la seconde
batterie et la poulaine, dites portes d'éperon.

L'avant de la première batterie présente aussi un emplacement, au moyen d'une cloison qu'on trouve actuellement suffisante, en ne l'élevant que de 5 à 6 pouces
au-dessus du pont. Elle est un peu sur l'avant du mât
de misaine, et elle sert à contenir l'eau qui s'introduit
par les vides des écubiers, et qui retourne à la mer par
des dalots; cet emplacement se nomme *Gatte,* et il se
double en plomb; on y trouve une baignoire de chaque
bord pour l'équipage. Des rouleaux en fer seront solidement établis, tant sur la cloison de la gatte, qu'en dedans et en dehors des écubiers, pour faciliter le mouvement des câbles; dans le même but, de pareils rouleaux
s'installent sur l'avant du grand panneau, et d'autres
encore pareils, mais susceptibles de se déplacer aisé-

ment, dans les sabords de retraite ou de poupe, afin d'établir et faciliter un changement de direction pour certains cordages venant du dehors : enfin on place encore des rouleaux près des pompes, pour préserver celles-ci du frottement des câbles et cordes en usage pendant l'action du cabestan dont elles sont voisines ; les dalots, dont nous parlions tout-à-l'heure, sont, comme les autres, garnis d'un clapet en cuivre placé à la surface extérieure de la muraille, et qui empêche à bord l'entrée du fluide environnant.

Sur l'arrière du mât d'artimon, on voit que souvent les barrots ne sont soutenus par aucune courbe, mais seulement par une hiloire renversée de 7 à 8 pouces d'équarrissage; la grand'chambre en est plus commode et plus régulière. Elle est située sur la partie arrière du mât d'artimon, et elle s'étend jusqu'à la poupe où se trouvent les croisées. Par la même raison, les barrots de cette grand'chambre ne sont soutenus par aucune étance ou épontille.

III. Il en est de même à l'arrière de la première batterie, où se fera, dans toute la largeur de cette partie du bâtiment, le jeu horizontal de la barre qui doit faire mouvoir le gouvernail; en avant de l'extrémité de cette barre était, il y a fort peu de temps, une cloison qui constituait l'étendue de l'emplacement appelé *Sainte-Barbe*, où couchaient dans des Cabanes (petites chambres ou couchettes de bord) le maître canonnier et quelques autres personnes ; aujourd'hui ces emplacemens sont moins embarrassés, et on les rend tous les jours à l'aspect et à l'avantage d'un plus beau développement de la batterie où ils se trouvent, et qui est un morceau admirable quand elle est militairement tenue. Nous ver-

rons plus loin que la Sainte-Barbe a été récemment
transportée dans l'entrepont vers le mât de misaine,
avec tous les ustensiles relatifs au canonnage qu'elle
renfermait, et son ancien local se trouve converti en
une salle de travail et d'instruction pour les Élèves, appelée *Grand'chambre de première batterie.* Il y reste
cependant, tout-à-fait sur l'arrière, deux cabanes ou
chambres pour deux personnes de l'état-major; ces
chambres touchent la fesse du vaisseau.

Les épontilles qui avoisinent le grand cabestan doivent être attachées par une charnière aux baux qu'elles
soutiennent, afin qu'on puisse les relever au besoin, et
mettre cette machine en mouvement; on n'y emploiera
dorénavant que des épontilles en fer poli.

Les barrots les plus voisins des deux gaillards étant
placés, l'encadrement de l'ouverture qui les sépare (nous
parlons en ce moment dans la supposition de l'installation d'un parc) est formé latéralement par une hiloire
de chaque côté; c'est donc entre chacune de ces hiloires
et la muraille du vaisseau, que se trouvent les *Passa-
vants*; ceux-ci sont construits sur des barrotins dont les
appuis sont ces mêmes hiloires et la bauquière; au lieu
d'employer des courbes en bois pour les consolider, on
se sert généralement de pièces de fer, sous forme de
patte-d'oie.

IV. Près du coltis, sur le gaillard d'avant, seront
tribord et babord les deux *Bossoirs*, ou pièces horizontales saillant vers la mer, ayant à-peu-près dans la partie
extérieure, l'épaisseur et la largeur de celle de la quille,
et, pour saillie, le ¼ de la largeur principale du vaisseau. La partie intérieure, qui en forme l'appui, porte
sur 3 barrots de gaillard avec lesquels elle s'entaille, et

elle décroît d'épaisseur en s'éloignant vers l'arrière. La direction de la partie extérieure doit passer par le petit cabestan : au point de portage, sur l'extrémité supérieure de la muraille du vaisseau, le bossoir se coude, et sa branche intérieure se rapproche un peu plus de la direction parallèle à la quille, mais pas assez pour gêner le service des canons de chasse qu'on peut établir sur le gaillard d'avant, entre les bossoirs et la direction du beaupré. La tête extérieure des bossoirs est cerclée et percée de trois mortaises verticales garnies de rouets ; les bossoirs sont chevillés avec les barrots, ainsi qu'avec les coltis, et comme leur objet est de soutenir et d'élever les ancres du vaisseau qui sont d'un très-grand poids, et qui donnent lieu à des frottemens considérables, on consolide ces pièces avec des entremises et de fortes courbes en bois ou en fer. Leur saillie a pour but d'éloigner les pattes de l'ancre du corps du vaisseau, afin qu'elles ne l'endommagent pas. Entre les bossoirs, le vaisseau est quelquefois presque ouvert pour établir une communication facile avec la poulaine ; aujourd'hui, on penche, en général, à fermer toute cette partie, ce qui rend le gaillard-d'avant bien plus beau et bien plus libre.

Sur le pont, et par le travers du grand-mât et du mât de misaine, on pratiquera, de chaque bord, près du vaigrage, un écoutillon carré de 30 pouces de côté ; ces ouvertures serviront au passage de deux pièces de bois, nommées aiguilles, élevées, au besoin, sur le second pont, et destinées à se rapprocher et à être liées par leurs têtes, afin d'être employées, s'il y a lieu, à soulever le mât ou à le contrebutter, quand on veut agir dessus, pour faire coucher un bâtiment et Déjauger ou Éventer (amener

au-dessus de l'eau) une partie de ses œuvres-vives d'un bord
ou de l'autre. On fermera ces écoutillons avec un petit
bout du bordage retenu au niveau du pont par un clou
non rivé. On trouve aussi d'autres écoutillons disposés
arbitrairement, mais dans le but d'établir une communication plus directe pour le service de la cale, des poudres, ou pour la visite de l'archipompe : quelques panneaux en ont aussi, ce qui dispense de lever ces couver-
tures en quelques circonstances.

C'est lorsque toutes ces installations sont exécutées
que l'on achève de déterminer le lieu des autres faces
des sabords, dont l'ouverture doit être quadrangulaire,
et dont il n'y a eu encore de bien fixé que les sommiers ;
il faut avoir attention ici à la position des chaînes qui
assujettiront les porte-haubans, et s'assurer que les boulets des canons de seconde batterie ou de gaillards, ne
seront, en aucune position de la pièce à feu, susceptibles
de rompre ces chaînes, ou les haubans, ou enfin les
cordes qui raidissent ces derniers.

Le *Porte-Hauban* est une plate-forme extérieure,
étroite, construite en bordages épais, et placée horizontalement par le travers des mâts, en filant de l'arrière :
elle est située au-dessous des sabords des gaillards, et
par des cordages, appelés *Haubans,* elle contribue à
l'appui des mâts ; plus cette plate-forme est large, plus
les haubans ont d'épatement, et plus les mâts sont solidement tenus ; les chaînes sont placées au-dessous,
elles surmontent cependant le porte-hauban, et elles
sont chevillées au bord sur plusieurs points de leur
longueur ; elles tendent à faire équilibre à l'effort ou à
la tension des haubans : on lie encore les porte-haubans
au bord, par des chevilles placées dans le sens de l'é-

paisseur , et au moyen de quelques courbes. La largeur
des porte-haubans se règle sur la rentrée , et ils ont pour
objet de conserver aux haubans le même épatement que
si la rentrée n'existait pas. L'épaisseur des grands porte-
haubans varie de 5 à 6 pouces. Les chaînes surmontent
le porte-hauban , pour embrasser des espèces de poulies
qui servent au *Ridage* (à la tension) des haubans , et
elles s'appuient sur l'épaisseur extérieure du porte-hauban , où elles sont latéralement recouvertes d'un liteau.
Dans les installations les plus récentes , les porte-haubans
du grand-mât se joignent à ceux du mât d'artimon par
une plate-forme à claire-voie, de même largeur que ces
porte-haubans, et consolidée comme eux par des cour-
batons, ou petites courbes, et par des chevilles.

On trouverait sans doute quelques autres détails que
nous aurions pu faire figurer dans la description des
entreponts ; mais la plupart sont inutiles à expliquer
en ce moment, et la mémoire s'en trouverait peut-être
trop fatiguée.

Il est encore certaines parties du vaisseau que les travaux, dont nous venons de parler, avaient empêché de
vaigrer , et c'est alors qu'on peut terminer ce vaigrage.

SÉANCE X.

I. Du Bordage de l'Extérieur, des Préceintes et du Carreau.— Du Plat-Bord et du Vibord.—Des Chevilles.—II. Du Canal des Anguilliers. — Des Placards. — Du Gabord, des Ribords et des Bordages de Fleur.—III. Des Rabattues.—Des Fronteaux.—Des Apotureaux.—IV. Du Bordage de la Poupe.— V. Des Pistolets, Portelofs ou Minots.

I. Des bordages forts et épais vont actuellement recouvrir les membres à l'extérieur; ils s'appliqueront exactement sur eux, ils se placeront près à près chacun de son voisin, sur toutes les faces de l'épaisseur; mais cette même épaisseur varie suivant leur emploi et leur position.

L'interruption que causent les sabords dans le système du bordage, indique en effet qu'il faut une compensation à cette interruption ; et pour l'obtenir on a imaginé d'appliquer de bout en bout de larges et fortes ceintures en bois, appelées *Préceintes :* l'une de ces ceintures, formée de deux rangs de bordages, rasait autrefois le bord inférieur des sabords extrêmes de la première batterie, et on lui donnait assez de tonture pour qu'elle s'éloignât de 12 à 15 pouces du bord inférieur du sabord du milieu ; aujourd'hui sa tonture est parallèle à celle des ponts. Cette ceinture porte spécialement le nom de préceinte, et elle a les $\frac{9}{16}$ de l'épaisseur de la quille. Celles des pièces de bois partielles, ou des bordages qui la composent, qu'on trouve par le travers du grand-mât, sont droites, mais

les autres ont plus ou moins de courbure, afin de pouvoir
suivre les contours de l'avant ou de l'arrière ; les extrêmes
en ont le plus, elles sont nommées *Pièces de Tour*, et
elles présentent de grandes difficultés pour leur façonnement ; il en est de même des bordages correspondans ,
dits *Bordages de Tour*.

Entre les deux rangs des bordages de préceintes, on
voit un espace rempli par d'autres bordages nommés
Fourrures de Préceinte, qui sont de même épaisseur
que ceux des préceintes.

Une nouvelle ceinture de deux autres rangs de bordages de préceinte est placée entre la première et la
deuxième batterie, et une dernière d'un seul rang appelée *Carreau*, est au-dessus de la seconde batterie ; elle
borde d'un bout à l'autre le côté du plat-bord et le bas
du vibord. Le *Plat-Bord* est le bordage large et épais
qui recouvre la tête des allonges de tous les membres,
en présentant à ces têtes, des mortaises d'un pouce de
profondeur ; il aura le $\frac{1}{4}$ de l'épaisseur de la quille. On
appelle *Vibord*, la partie de la muraille du vaisseau qui
s'élève au-dessus du pont.

Les chevilles qui fixent les préceintes traversent les
couples, les fourrures de gouttières, les gouttières et se
rivent en dedans. Ces chevilles ont 15 lignes de diamètre,
il y en a jusqu'à quatre entre deux baux voisins, et
quand elles sont placées, il n'y a plus d'obstacles pour achever le bordage du pont. C'est près de l'établissement de la
préceinte proprement dite qu'on peut appliquer l'extrémité arrière des deux dauphins. Les chevilles et le che-
village sont des objets très-importans ; on n'emploie plus
aujourd'hui de chevilles en fer, mais seulement en cuivre
ou en bois dites gournables, pour les fonds de toutes

les carènes qui seront revêtues ou doublées de feuilles de cuivre, car le contact de ce métal les altère trop promptement. Dans les œuvres-mortes, on trouve au contraire, beaucoup de chevilles en fer ; les unes à tête carrée ou ronde, les autres à pointe, à écrou, à rivet, à goupille, à barbe ou grillées, à boucle, à tête de diamant, à œillet, à virole, à cosse, etc. (*Voyez* les Dictionnaires de marine.)

Le vide entre la préceinte et le bord inférieur des sabords de première batterie, est alors rempli par des bordages, ayant un pouce de moins que cette préceinte, et l'on borde ensuite au-dessous de bout en bout, depuis la préceinte jusqu'à la rablure de la quille ; dans ce travail, il faut avoir soin que tout bordage ait son champ perpendiculaire au contour du vaisseau, et que les virures soient disposées de manière qu'il y en ait le même nombre sur le contour du maître, sur celui de l'étrave, et à l'arrière. Ces bordages ont l'épaisseur des préceintes, depuis celleci jusqu'au niveau du faux-pont ; mais ici, chaque virure diminue de 3 lignes, jusqu'à ce que l'épaisseur ne soit plus que les $\frac{5}{18}$ de la quille, ou à-peu-près de 4 pouces $\frac{1}{2}$. Chacun de ces bordages est cloué sur les membres comme les préceintes ; et au-dessus du faux-pont, c'est comme nous l'avons dit tout à l'heure, principalement avec des chevilles en métal autre que le fer, et avec des Gournables (longues chevilles en bois de chêne sec). La gournable traverse toute la muraille et même la dépasse : on la coupe en dedans au niveau des vaigres ; son extrémité intérieure est fendue et garnie d'un coin enfoncé avec force qui sert de rivure. L'avantage des chevilles en bois sur celles en métal quant au prix et à la légèreté, lorsqu'il n'y a pas lieu à supporter un grand effort, n'est pas le seul qu'il y ait à considérer : nous ferons remarquer en outre, que l'oxidation des chevilles en cuivre endommage le bois, quoique moins fortement que celle des chevilles en fer. Par là le volume du métal diminue, et le vert-de-gris qui se forme en vertu de l'action de l'oxide de chêne sur le métal, empêche les chevilles de s'attacher au bois : les chevilles métalliques donnent ainsi lieu à des voies d'eau partielles. Les chevilles d'alliage préviendraient cet inconvénient, mais elles sont fragiles et cassantes : on a fait différens essais sur diverses chevilles, et l'on a cru devoir s'en tenir à celles en cuivre virolées, et aux gournables qui, se gonflant à l'humidité, font entièrement corps avec le vaisseau.

II. Avant de poser les deux virures le plus basses, on pratiquera, sur la face extérieure des membres, une cannelure de 3 pouces de profondeur sur deux de largeur, qui les entaille tous suivant une même ligne, et forme ainsi un canal, dit des *Anguilliers*, lequel s'étend du massif de l'avant au massif de l'arrière, et sert à conduire au pied des pompes les eaux qui descendent par les mailles. Sur le lieu où reposera ce pied, est, en dehors des membres, soit un placard en bois de 2 pouces d'épaisseur sur 15 de largeur, soit un morceau de feuille de cuivre un peu plus épais que celui que nous verrons employé pour le doublage : dans la direction de ce placard, la cannelure pénètre un peu plus profondément dans les membres, et ce même placard n'est qu'une précaution pour empêcher que la pompe, n'ayant plus d'eau à aspirer, n'attire en dedans l'étoupe que nous verrons devoir remplir les intervalles de tous les bordages. Les deux dernières virures sont alors fixées ; c'est l'avant-dernière qui recouvre le canal et les placards, et celle qui est le plus près de la quille porte le nom de *Gabord* ou,

7

suivant l'usage de quelques ports, celui de *Calbord*. Les
bordages situés au-dessus du gabord s'appellent de *Ri-
bord* jusqu'à la flottaison, où celui qui l'entoure a le nom
particulier de *Bordage de fleur*. A mesure que l'on
borde extérieurement la convexité du vaisseau, on cheville définitivement de 2 en 2 pieds toutes les pièces intérieures qui ne le sont pas, telles que couples, porques, courbes et guirlandes. Si les fonds du vaisseau
sont entièrement pleins, alors on supprime le canal des
anguilliers.

On recouvre ensuite, avec des bordages appelés de
Francbord, toute la partie située au-dessus de la préceinte, et il est inutile d'avertir que c'est encore avec
les dimensions convenables d'épaisseur : il n'y a de différence de travail que pour les bordages qui se trouvent
entre l'étrave et le second sabord de l'avant; ceux-ci
conservent l'épaisseur des préceintes, afin que le bec des
ancres, dans leurs mouvemens, ne soit arrêté par aucune saillie; quelquefois même on remarque un renfort en cette partie, et dorénavant on y trouvera deux
plans inclinés, un de chaque bord, allant du porte-
hauban de misaine à la préceinte, et qui serviront aussi
à faciliter les mouvemens des ancres; enfin, pour y coo-
pérer encore, on installera dans les porte-haubans, des
arcs-boutans à charnière.

III. C'est le moment de placer le plat-bord et de
monter le vibord qui est garni de petites préceintes ou
ceintures formées par des lisses, appelées *rabattues*. La
grande rabattue commence un peu en avant du fronteau
de gaillard-d'arrière et va jusqu'au couronnement; la
rabattue de la dunette va du fronteau de la dunette jusqu'au même couronnement : il y a pareillement une ra-

battue de gaillard-d'avant. Les rabattues rasent toutes les faces supérieures des sabords de gaillards et de dunette. On appelle *Fronteau* une planche sculptée dont on orne et couvre la face antérieure du barrot de l'avant du gaillard-d'arrière, la même face du même barrot de la dunette, et la face arrière du barrot arrière du gaillard-d'avant; les fronteaux de gaillard disparaissent quand le pont est non interrompu entre le grand-mât et le mât de misaine.

Le vibord est garni d'un nouveau plat-bord moins épais que le plat-bord proprement dit, et qui quelquefois est sculpté avec soin sur son épaisseur; quand les sabords de l'avant interrompent le cours de ce nouveau plat-bord, celui-ci se forme de plusieurs morceaux introduits en coulisse dans les apotureaux, comme les sommiers de sabord. Les *Apotureaux* sont des bouts d'allonge disposés pour servir de Tournage (amarrage) à diverses cordes ou manœuvres : on les laisse dépasser au besoin et à dessein, de distance en distance, jusqu'au nombre de 5 de chaque bord, dont 3 sur l'avant des haubans de misaine : l'installation nouvelle du gaillard-d'avant qui est presque complétement fermé, les fait généralement disparaître; à bord d'un petit bâtiment, on les appelle *Jambettes*.

D'un bossoir à l'autre, si le vaisseau n'est pas fermé, les allonges, qui s'élèvent de 4 pieds au-dessus du gaillard-d'avant, sont recouvertes d'une lisse qui les reçoit dans des mortaises. Ces lisses servent de garde-corps; on en trouve au-dessus des fronteaux et le long des passavans, mais seulement à bord des vaisseaux où il y a un parc pour les canots; celles-ci sont portées par des Chandeliers (montans en fer); les autres par de petits

montans en bois qui reposent sur les gaillards, ou sur la
dunette. En dehors du bord, entre les bossoirs et la poulaine, seront extérieurement deux bouteilles ou cabinets
d'aisance, qui auront leur entrée sur le gaillard, et qui
seront à la disposition, l'une des élèves et des chirurgiens, l'autre à celle des maîtres.

Nous ne ferons plus qu'une observation au sujet des
bordages du corps du vaisseau, et nous passerons ensuite à celui de la poupe. *Les Hauts,* ou bordages au-
dessus de la préceinte, sont généralement en sapin ; les
préceintes, ainsi que les vaigres, et particulièrement les
serres, sont en chêne ; et les *Fonds,* ou bordages des
œuvres-vives, sont quelquefois en hêtre, quelquefois en
chêne. Le hêtre a de bonnes qualités, mais sa sève est
caustique ; et elle détériore trop promptement les chevilles et les clous, pour qu'on l'emploie très-avanta-
geusement dans les carènes. Les planches de sapin au-
dessous de 2 pouces, et celles de hêtre ou de chêne
au-dessous d'un pouce d'épaisseur, ne s'appellent plus
alors bordages, mais seulement planches.

IV. La poupe n'est pas encore bordée depuis la lisse
de hourdi jusqu'au couronnement ; on en recouvre la
voûte en bordages de 4 pouces $\frac{1}{2}$ d'épaisseur, mais on
laisse les vides nécessaires pour les sabords de retraite.
Ces bordages sont cloués sur les montans qu'ils croisent,
et ils s'étendent, comme la plate-bande, en delà des
montans de cornière pour servir, comme elle, à former
les bouteilles et à les lier au vaisseau. C'est alors qu'on
travaille à placer ces bouteilles de poupe, ainsi que les
galeries, les termes et les autres ornemens de cette
partie.

V. Nous revenons à l'avant pour dire que c'est près

de l'éperon que l'on trouve les *Pistolets*, *Porte-lofs* ou
Minots. Ce sont deux arcs-boutans qui saillent à-peu-près
horizontalemen. de chaque côté du vaisseau ; ils sont
placés obliquement au plan diamétral avec lequel leur
direction forme un angle d'environ 15°, et qu'il n'y
aurait aucun inconvénient à porter à 25 et 35. L'extrémité intérieure s'appuie en dedans de la guibre contre
le beaupré ; l'autre s'élance entre celui-ci et le bossoir,
en se recourbant un peu vers la mer pour avoir plus de
moyens de résistance du bas vers le haut. Il sert à fixer
un des angles inférieurs d'une voile trapézoïdale portée
par la vergue du mât de misaine. Les pistolets sont soutenus et consolidés par un taquet à gueule, cloué au
portage sur la muraille du vaisseau, par un piton dont
on arme le premier barrot d'éperon, par un lien de fer
et par des chevilles. Son équarrissage diminue de 12 à
8 pouces depuis sa naissance jusqu'au bout extérieur, et
sa saillie est à-peu-près double de celle du bossoir. On
a proposé des bossoirs sur le prolongement desquels la
même pièce de bois formerait le pistolet : l'angle avec le
plan diamétral serait alors peut-être trop ouvert pour
le meilleur Orientement (établissement ou disposition)
de la voile de misaine ; et cette pièce venant à casser,
pourrait endommager la tête ou les rouets des bossoirs.
Si, comme il va généralement se pratiquer à présent, la
plate-forme de la poulaine s'élevait à la hauteur du
gaillard-d'avant pour en former en quelque sorte le
prolongement, les pistolets se trouveraient en dessous de
cette plate-forme de la poulaine.

   Après avoir expliqué le nom, la place, la dimension,
l'usage de chacune des pièces importantes qui, quoique
distinctes, parviennent par leur assemblage à composer

une masse si prodigieuse, et d'une solidité plus surprenante encore; après avoir indiqué l'ensemble d'une construction qui, en se prêtant à la plus belle marche, satisfait encore aux conditions de la capacité, à celles de la durée et de la résistance au feu de l'artillerie, à l'effort des vagues et de poids énormes sans cesse agissant avec des bras de levier sans cesse variables; nous avons à nous occuper de quelques détails particuliers, et entre autres d'une pièce très-essentielle, et qui ne tient au corps du vaisseau que par suspension; je veux dire le gouvernail. Auparavant, nous ferons cependant observer que, si dans la construction, il paraît qu'on a multiplié les pièces outre mesure, on a peut-être obvié par là aux défauts de quelques-unes d'entre elles qui peuvent être cachés : les vaisseaux en deviennent plus lourds et plus chers, mais on a pu retrouver du côté de la quantité, ce que pouvait faire perdre la mauvaise qualité des bois.

SÉANCE XI.

I. Du Gouvernail, de la Roue et de la Tamisaille. — II. De l'Échelle ou de l'Escalier d'entrée. — III. Des Bastingages.— IV. Des Clans, des Poulies et des Taquets ou Tournages.

I. Le *Gouvernail* est un solide en bois destiné à tourner verticalement, ou comme une porte sur ses gonds, le long de l'étambot, et dont la partie immergée peut être considérée comme comprise entre six surfaces; savoir, deux horizontales et quatre verticales. Les deux faces horizontales, dont l'une est ici représentée par la section du plan de flottaison, forment chacune un rectangle allongé ; les quatre faces verticales renferment la hauteur du solide : les deux latérales ont la figure de trapèzes, attendu que le gouvernail diminue de largeur vers la flottaison, les deux autres sont des rectangles beaucoup plus allongés encore que les précédens, et c'est sur un de ces rectangles que se disposent les moyens de rotation et de suspension. Ce solide s'élève au-dessus de la flottaison, et vers ce point les deux arêtes supérieures et extérieures sont arrondies. Le contour qui en résulte vient se perdre à la mèche de la machine qui se trouve dans la direction des deux autres arêtes, et se prolonge encore en hauteur de manière à pouvoir dépasser le second pont, lorsque le bas de la mèche, ou la surface horizontale inférieure, rase la partie inférieure de la quille.

Le gouvernail tient à la quille par des aiguillots (pentures à deux branches, lesquelles se réunissent en un gond) fixés sur la face arrière de la mèche, et qui roulent dans des roses ou femelots dont l'étambot est garni. On compte six ou sept de ces ferrures à bord d'un vaisseau. La mèche est percée d'une mortaise à la partie supérieure de la batterie basse, et c'est dans cette mortaise qu'on applique une barre qui, se mouvant horizontalement dans la grand'chambre de première batterie (l'ancienne sainte-barbe), au moyen d'une corde, que des poulies, des rouets, des coulisses, conduisent sur le gaillard d'arrière, imprime à la machine un mouvement de rotation autour de ses points de suspension, et fait présenter à l'un de ses deux plans latéraux, une surface plus ou moins oblique à l'égard du plan diamétral du vaisseau.

Le gouvernail ne tourne pas immédiatement sur l'é-
tambot, mais sur un nouveau contre-étambot extérieur
qui s'applique à plat sur l'étambot. Cette pièce a la
forme d'un prisme ; la base en est un triangle isocèle,
et les deux angles égaux touchent l'étambot ; le troisième
angle est fort obtus ; il facilite le jeu du gouvernail, car
c'est cet angle qui sera le plus voisin des aiguillots. Le
pied de ce contre-étambot repose sur la quille, qu'on a
toujours la précaution de laisser déborder l'étambot
d'une quantité, appelée *Talon*, pour soutenir ce pied.
Son épaisseur est les $\frac{2}{3}$ de celle de la quille, elle diminue
un peu en allant de bas en haut. Le contre-étambot et la
mèche sont garnis de Lanternes (entailles) pour loger
leurs ferrures, afin que pendant la rotation, ces deux
pièces soient aussi rapprochées que possible. Il est d'u-
sage actuellement de remplacer toutes ces ferrures par
de pareilles pièces en cuivre, afin de remédier à la facilité avec laquelle le fer se rouille et se détériore. Les
femelots sont en outre garnis intérieurement en bronze,
pour diminuer l'action du frottement toujours moins
considérable, quand les objets en contact ne sont pas de
la même substance.

Tout ce qui est dans la direction arrière de la mèche,
s'appelle *Safran*, l'extrémité inférieure de la mèche, se
nomme aussi *Talon* ou *Talonnière* ; et sa supérieure,
Tête ; celle-ci est fortement cerclée en fer, et elle a $\frac{1}{8}$ de
plus de largeur, et $\frac{1}{6}$ de plus d'épaisseur que la quille.
Elle est garnie d'une mortaise qui, se trouvant au-dessus
du second pont, permet d'y insérer momentanément une
fausse barre dont on est pourvu, à l'effet de mouvoir la
machine pendant que la véritable se remplace, si celle-ci
vient à être brisée ou avariée. La barre a à-peu-près la

moitié des dimensions d'équarrissage de la quille. La fausse barre n'a que les $\frac{2}{3}$ des dimensions d'équarrissage de la véritable : ces mêmes dimensions diminuent d'un tiers de l'arrière à l'avant. La talonnière est taillée en onglet pour ne pas porter sur le bout arrière du talon de la quille.

Au tiers, en descendant, de la longueur de la mèche, les dimensions de celle-ci commencent à diminuer, et dans la partie la plus basse, elles ne sont plus que les $\frac{3}{4}$ de celles de la quille. La mèche est aussi pourvue d'un angle plan comme le contre-étambot extérieur, et dans le même but. Cette pièce importante est en chêne, mais le safran est en sapin; la longueur du safran est le $\frac{1}{12}$ de la largeur principale du vaisseau; elle diminue un peu cependant du bas vers le haut, au point d'être réduite d'un quart à la flottaison. Sur les faces latérales du gouvernail, et aux environs de la flottaison, on fixe un étrier de cuivre qui porte un anneau au bout de chaque branche, on y attache des chaînes, nommées *Sauve-Gardes*, qui tiennent à la préceinte, et qui sont destinées à retenir le gouvernail, lorsque le choc des lames, ou tel autre accident, le fait sortir de sa place.

Les cordages qui aboutissent sur le gaillard d'arrière, et qui, par l'autre extrémité, sont fixés sur la barre, et servent à faire mouvoir celle-ci, s'enroulent sur un cylindre de 20 pouces de diamètre, appelé *Marbre de la Roue*, horizontalement porté sur deux montans, et garni d'un petit mécanisme, nommé *Axiomètre* ou *Indicateur*, qui montre sur le pont même, quelle est la position de la barre dans la grand'chambre de première batterie; ce cylindre est garni de rayons prolongés partant de ses bases, liés ensemble par des pièces courbes

qui forment une roue. C'est à l'extrémité de ces rayons
que se fait l'application de la force. En avant sont deux
petites armoires, ou une armoire double, vitrées en
certaines parties, nommées *Habitacles,* où se placent
les boussoles; elles sont fabriquées de manière que celles-ci puissent être éclairées pendant la nuit. La roue,
les rayons, les montans, l'axiomètre, les habitacles,
sont quelquefois des pièces élégantes qui décorent très-
convenablement le gaillard-d'arrière. L'escalier qui sert
de communication entre le gaillard-d'arrière et la seconde batterie, et dont l'état-major seul a l'usage, orne
encore cette partie du bâtiment; il est formé d'un capot
ou dôme, soutenu par des montans en cuivre tournés,
qui sont surmontés de pommes en laiton; pendant le
mauvais temps, on le recouvre d'un capuchon en toile
peinte. Quelques personnes pensent que les habitacles,
les roues, etc., seraient mieux placés sous le gaillard,
sur-tout pendant un combat et un mauvais temps; il
faudrait en ce cas se ménager les moyens d'inspection
et de correspondance que doit exercer à cet égard l'officier commandant ou celui de quart, c'est-à-dire de
service à la mer.

Cependant l'extrémité avant de la barre a besoin d'un
point d'appui, et elle le trouve dans une pièce circulaire, nommée *Tamisaille* ou *Croissant,* de 5 pouces
d'épaisseur, d'un pied de largeur et garnie de petits
rouleaux pour diminuer les frottemens; ce n'est pourtant
pas immédiatement que la barre repose sur la tamisaille,
mais seulement au moyen d'une mâchoire, appelée *Cra-
paud,* fixée sur la face supérieure de la barre, à 4 pieds de
l'extrémité avant : par où l'on voit que la barre se meut
au-dessous de la tamisaille qu'elle déborde même sur

l'avant. La tamisaille se compose de deux pièces, elle est chevillée avec les baux dans les intervalles desquels on place en cet endroit des billots, pour que nulle part elle ne porte à faux. Ses extrémités se réunissent à la bauquière, et sur la face antérieure, une cannelure est entaillée pour contenir le cordage qui, de la barre, ira s'enrouler sur le pont, et dont le nom est *Drosse de Gouvernail* : enfin, deux traversins, établis dans le sens de la longueur sur les deux derniers baux, verticalement au-dessus de la barre d'arcasse, forment l'ouverture, appelée *Jaumière*, destinée à laisser passer la tête du gouvernail dans la grand'chambre : cette ouverture est indispensable pour pouvoir mettre le gouvernail en place, ce qui s'appelle le *Monter*.

II. Nous ne négligerons pas de dire que c'est par le pont que l'on se présente ordinairement à bord, et l'*Entrée* se trouve de chaque côté, à l'extrémité avant du gaillard-d'arrière. Les embarcations qui arrivent, abordent au-dessous de cette entrée; on y trouve quelquefois un escalier très-facile, muni d'une rampe, qui se logent l'un et l'autre au dedans, lorsqu'on est à la voile; et le plus souvent des marches ou taquets longs cloués au bord, ainsi que deux cordes, appelées *Tireveilles*, qui partent de deux montans en fer, disposés près de l'entrée, et dont on s'aide pour monter ces marches. On voit que cette entrée n'est qu'une interruption faite à la muraille du vaisseau entre l'extrémité avant du gaillard-d'arrière, et l'extrémité arrière du passavant.

III. La muraille du vibord se prolonge aujourd'hui, à l'interruption de l'escalier près, depuis le beaupré jusqu'à la poupe, et son plat-bord sert de sommier aux sabords des gaillards : sur cette muraille, des chandeliers

ou montans en fer, qui soutiennent des lisses, sont établis de l'avant à l'arrière des frégates, mais seulement
jusqu'à la dunette, à bord des vaisseaux. On tend généralement ces montans et ces lisses en toiles peintes, dites
Prélats, soutenus latéralement par des filets ou nattes
en cordage fin, représentant divers ornemens. L'encaissement que ces prélats forment sur l'épaisseur du
plat-bord, se remplit avec soin du litage des matelots,
qui se renferme dans des enveloppes en toile proprement
façonnées et pliées. Ces enveloppes se nomment *Hamacs*;
et pour s'en servir, on les suspend par leurs extrémités
de longueur, à des crocs en fer poli (ainsi que toutes
les pièces d'installation en métal), et qui se vissent dans
des baux de l'entrepont et des batteries. Les sacs de l'é-
quipage qui contiennent les hardes, se plaçaient autrefois
dans le même encaissement, on les met actuellement en
ordre dans l'entrepont, et près du bord des deux côtés;
on y ajoute toutes les précautions qui les préservent de
l'humidité, et qui, sans confusion, les laissent d'un facile accès. L'encaissement dont nous venons de parler,
ou la muraille artificielle que recouvrent les prélats ou
prélarts, constitue les *Bastingages*, lesquels peuvent,
comme on voit, préserver l'équipage sur le pont de la
mousqueterie et de la petite mitraille de l'ennemi. Quand
le temps est mauvais, les hamacs sont recouverts d'un
nouveau prélat, et les bastingages sont entièrement fermés. Le bastingage présente ainsi, avec le vibord, une
hauteur de plus de cinq pieds au-dessus du pont. Sur le
gaillard-d'arrière et le long du bord, on place, quand on
est à la mer, un certain nombre de banquettes amovibles qui permettent aux soldats de tirer par-dessus les
bastingages, et de charger leurs armes à l'abri de la

mousqueterie de l'ennemi : on a même proposé à ce
sujet de laisser entre le vibord et le bastingage, un espace à jour, et suffisant pour s'y pouvoir servir de mousqueterie contre un bâtiment ennemi, sans forcer les
fusiliers à exposer leur tête à découvert.

IV. Avant de lancer le vaisseau, on pratique dans sa
muraille plusieurs ouvertures qui la traversent de part
en part, destinées à loger des réas, rias ou rouets de
poulies; il s'en trouve principalement et de chaque bord,
près du couronnement, sur l'avant de la dunette, et sur
l'extrémité avant du gaillard-d'arrière, c'est-à-dire près
de l'entrée et de l'escalier. Ces ouvertures se nomment
Clans, et leur inclinaison à l'horizon mériterait sans
doute d'être plus étudiée et mieux entendue qu'on ne le
trouve généralement à bord. Il est évident en effet, que
cette inclinaison doit être déterminée d'après la direction
de la résistance marquée par la partie de la corde qui y
aboutit, et d'après celle de la force agissante marquée
par l'autre partie de la corde qui, après avoir embrassé
le réa du clan, est raidie par l'effort des hommes. Il se
présente souvent, il est vrai, la difficulté que la résistance
change de position, et fait varier la direction de la première partie de la corde, cependant il paraîtrait que
cette difficulté pourrait être atténuée. On s'en occupera
sans doute; mais l'urgence en est assez manifeste pour
que l'on cherche à hâter ce moment, ainsi que celui
de la recherche du perfectionnement des poulies employées à bord, où l'on se plaint encore que le cordage
passe et tourne avec désavantage de force. Pour y obvier,
il faut principalement à ces poulies d'excellentes caisses
qui ne puissent pas se gauchir, des gorges parfaites, des
réas très-planes, très-légers, d'un diamètre aussi petit

que le comporte la raideur des cordages, et qui, en
tournant exactement dans un plan parallèle à celui des
parois intérieures des caisses, soient peu susceptibles
de se décentrer. Il est donc important que le cordage,
pendant l'action de la force, ne soit jamais exposé à être
en contact avec la caisse, que tous les essieux soient en
fer tourné, et que si tous les réas ne se confectionnent
pas en métal, on en garnisse au moins le milieu d'un
dé en fonte ou en cuivre, qui s'ajuste librement, et
pourtant avec exactitude, sur l'essieu.

Nous ne ferons pas ici la description de toutes les
Poulies d'un vaisseau, telles que poulies à croc, à émé-
rillon, simples, doubles, coupées, à galoche, à violon,
tournantes ou à marionnettes, à râteau, plates, de retour, etc.; telles encore que chaumards, seps, dogues, etc.;
ou que caps de mouton, pommes et bigots, margouillets, cosses, etc., qui les remplacent quelquefois; leur
nombre est infini; nous expliquerons particulièrement
leur usage, si l'occasion s'en présente; mais en général,
nous devons confier le soin de cet enseignement au séjour à bord, où l'habitude des choses et l'inspection
seules, rendront sans efforts et sans peine cette connaissance et leur utilité familières. Ces poulies sont éparses
sur le bord, sur les cercles en fer qui entourent les
étambrais supérieurs, sur le pont, sur les mâts, les vergues, les voiles, les haubans, ou sur toutes les parties du
gréement : elles reçoivent toutes, des cordes ou manœuvres qui ont chacune sa place et son lieu d'amarrage ;
et pour ces amarrages ou tournages, on trouve disposés
en tous lieux, des points d'arrêts, nommés *Taquets*,
de diverses formes ou espèces, comme oreilles d'âne,
chevillots, quinçonneaux, cabillots, râteliers, bittes,

bittons, tolets, montans, et autres installations analogues. (*Voyez* les Dictionnaires de marine.)

~~~~~~

SÉANCE XII.

I. Du Calfatage. — II. Du Doublage en cuivre. — III. Du Tirant-d'eau et du Différenciomètre. — IV. Du Robinet de la Cale. — V. Du Poids de la Coque du Bâtiment.

I. Au point de la construction où nous avons amené le bâtiment, il ne faut plus, pour pouvoir le lancer, que fermer les ouvertures inévitables que laissent entre eux les bordages voisins extérieurs de la carène. C'est le travail d'une classe d'ouvriers appelés *Calfats*, et cette opération se nomme *Calfatage*. Elle se pratique en employant de vieux cordages dépecés et réduits en une étoupe (charpie) qui, filée à l'aide d'un rouet, ou grossièrement tournée sur le genou, forme un cordon lâche de 2 pouces de diamètre. C'est cette étoupe et ce cordon qui, d'abord avec un ciseau, nommé *simple*, semblable à un ciseau ordinaire, mais sans tranchant, et ensuite avec un autre ciseau nommé *clavet* ou *fer double*, sont enfoncés sous l'effort redoublé de coups de maillet, dans toutes les ouvertures laissées par les bordages. Avant d'appuyer le ciseau sur l'étoupe, on a soin de l'humecter, pour empêcher qu'il n'y dépose du goudron, et le taillant du clavet est garni d'une cannelure pour que l'étoupe s'enfonce sans être coupée ou endommagée. Un de ces cordons d'étoupe ne suffit pas, et l'on en enfonce de nouveaux par-dessus le premier, jusqu'à ce que le

travail du calfatage effleure presque l'arête extérieure
du bois. Les vaigres d'entrepont, mais non celles de la
cale, les bordages intérieurs des ponts, de gaillards,
de dunette sont pareillement calfatés; et l'on ne saurait
trop recommander aux charpentiers d'ajuster, le mieux
possible, les bordages du pont, et aux calfats de ne pas
forcer et agrandir inutilement leurs intervalles qu'ils appellent *Coutures*, en écartant les bordages outre mesure,
pour y faire entrer plus d'étoupe qu'il ne faut. Un pont
peu soigné, construit en mauvais bois, composé de
bordages d'inégales dimensions, garni de romaillets
ou placards qui remplacent des nœuds pourris ou bien
d'autres endroits défectueux ; un pont mal ajusté, et
calfaté à larges coutures, présente un aspect de vétusté,
d'insouciance qu'on ne saurait trop prévenir. Tous les
bordages devraient en avoir été choisis et rabotés, et les
clous doivent s'y trouver symétriquement placés à tête
perdue et recouverts de mastic. Aucun détail d'élégance
et de propreté qui ne nuit pas à la solidité ou qui ne sort
pas des convenances, n'est superflu à bord ; au contraire,
il dénote et propage un esprit d'ordre, et le désir, toujours louable, de bien faire.

Les charpentiers, en enfonçant les clous des bordages de la carène, doivent en avoir garni toutes les
têtes d'une couronne de filasse, qui bientôt fera corps
avec le clou et le bois : les calfats vérifieront si cette opération n'a pas été négligée, et ils presseront ou arrangeront
autour de cette tête, tous les petits brins de filasse qui
peuvent s'en écarter ; ils s'assureront aussi que les charpentiers n'ont pas oublié de remplir par des clous, chevilles ou gournables, tous les trous ouverts par les ouvriers dont l'emploi est de pratiquer ces mêmes trous

avec de longues tarières à tête en bois longue et mobile,
et dont la dénomination est celle de Perceurs.

II. Quand l'introduction de l'étoupe est terminée, il
est essentiel de la préserver de l'action immédiate de
l'eau qui la pourrirait et la détruirait en très-peu de
temps; on y parvient en recouvrant chaque ouverture
d'un enduit de brai en ébullition. Le *Brai* est un suc
résineux tiré du pin et du sapin; en cet état il sert pour
les hauts du vaisseau et s'appelle brai sec. En y mêlant
du suif, du goudron ou autres matières grasses, on le
rend gras et liquide; on l'emploie ainsi pour brayer les
coutures des fonds; alors il prend le nom de brai gras.
Et pour garantir le bois des œuvres-vives de la piqûre
des vers, qui, en certaines eaux, attaquent par milliers,
et transpercent des bordages de 4 à 5 pouces, en 8 et
10 mois de temps, on prend la précaution de couvrir
encore toute la carène d'une manière plus efficace.

Autrefois, et encore pour de petits bâtimens construits à peu de frais, on composait un nouvel enduit
nommé *Couroi*, contenant 8 parties de brai sec, une de
soufre, une de suif ou d'huile de poisson, et on l'appli-
quait sur la surface extérieure de la carène : il était étendu
avec des espèces de pinceaux nommés Guipons, formés
par une touffe de pennes de laine clouées à l'extrémité
d'un bâton; et quand le couroi était bien posé, il con-
tribuait encore à donner une bonne marche, car les
fonds du vaisseau présentaient ainsi bien moins d'aspé-
rités. On a récemment perfectionné cet enduit, on a adopté
même, pour la membrure du vaisseau, des compositions
salutaires : telle est entre autres, contre la carie ou
pourriture sèche, contre l'humidité et contre les vers,

le vernis dit insoluble de *Robert Bill* dont l'expérience
a fait connaître tous les avantages.

On a aussi fait usage d'un doublage en bois, ou d'une
enveloppe destinée à recevoir les piqûres de ces vers
dont nous parlions tout-à-l'heure, et à être changée au
besoin ; ce doublage pouvait encore être enduit d'un
couroi ; mais, le plus souvent, on le mailletait, c'est-à-
dire qu'on le garnissait de clous dits à maugère, de 15
lignes de longueur, et dont les têtes, ayant 9 lignes de
diamètre, se touchaient après le clouage ; la rouille ache-
vait d'en faire un tout continu.

Il est facile d'imaginer combien tous ces moyens en-
traînaient d'inconvéniens ; aussi a-t-on généralement et
aussitôt adopté l'idée encore peu ancienne d'un *Doublage*
léger, durable, efficace et prompt, en feuilles de *Cuivre*
clouées avec des clous également en cuivre. Ce doublage
a un autre avantage, celui d'empêcher certains coquillages de s'attacher à la carène, ce qui tend à la conserver lisse et apte à fendre le fluide : il s'étend un peu
au-dessus de la flottaison, où il se termine par une bande
fort étroite de cuivre double, qu'on nomme boudin, et
où sa section forme une ligne que les calfats trouvaient
fort difficile à déterminer, lorsque les ingénieurs, moins
assidus à leurs travaux, leur en laissaient la direction.
Ils appelaient alors cette ligne, la Ligne de Science ; le
gouvernail, qui ne se monte pourtant que lors de l'armement du vaisseau, car ce serait un poids inutile et
fatigant en cette partie, sera aussi recouvert de cuivre ;
et si l'on applique le doublage dans un bassin ou sur une
cale, on dérange les acores ou les tins les uns après les
autres, pour revêtir les parois des œuvres-vives qui étaient

en contact avec ces supports. C'est de la même manière qu'on peut poser la fausse quille, dont nous allons parler.

Il sera cependant aisé de concevoir encore, qu'il est bien plus avantageux de ne poser ce doublage que lorsque le vaisseau aura été lancé. En effet, en le calfatant préalablement d'une manière provisoire et suffisante pour un état de repos, on peut voir que si, dès le lancement, on mâte le vaisseau de ses bas-mâts, que si alors on agit sur leur tête convenablement appuyée et contrebuttée, pour faire incliner de côté ou coucher le bâtiment, au point que, ses ouvertures de batterie et de pont étant fermées et calfatées, la quille soit Éventée (amenée tout entière au niveau des eaux), les coutures du bord élevé bailleront, se prêteront à un calfatage bien plus parfait, et que rien ne s'opposera à ce qu'on double facilement le vaisseau en cuivre de bout en bout. Le bâtiment sera ensuite redressé et couché sur l'autre bord pour pareil travail. On pourra même profiter de la circonstance de cette opération, qui s'appelle Abattre un vaisseau en carène, ou Virer un vaisseau en quille, pour le munir d'une Fausse Quille, ou d'un épais bordage en sapin de même largeur que la quille et appliqué sous toute son étendue. Son utilité est de contribuer à garantir la quille dans un échouage, ou de donner au vaisseau plus de pied dans l'eau et plus de moyens de résistance latérale dans ce fluide contre l'effort d'un vent de côté. Elle sert aussi à produire quelque surcroît de liaison dans la base du vaisseau, et elle tend à s'opposer à l'arc de la quille. D'ailleurs, si l'on double le bâtiment sur la cale, on expose son cuivre à beaucoup de dommages en replaçant les acores ou lors du lancement; on voit par là qu'il n'y a que des raisons très-pressantes

8.

qui peuvent engager à doubler ainsi un vaisseau : et si
le bâtiment devait long-temps rester dans le port sans
être doublé, on ne manquerait pas, dès le lancement,
de lui appliquer provisoirement trois virures de vieux
cuivre, pour le garantir des piqûres de vers ou d'insectes,
qui se font plus particulièrement à la flottaison. Quand
on placera le doublage, on ne négligera pas de recalfater le vaisseau ; il faudra même alors chauffer la carène,
y appliquer un enduit destiné à conserver le bois, et par
dessus celui-ci des feuilles de papier gris qui contribuent
encore à cette conservation. On a proposé de substituer
à ce papier un carton fait avec de la mousse, et qui, se
gonflant à l'eau, peut en empêcher l'infiltration à travers
certains écarts de coutures.

Un doublage en cuivre est cependant un objet fort
dispendieux, et quoique ce métal résiste encore plus que
le fer à l'action destructive de l'eau de la mer, cependant on s'est occupé des moyens de le conserver plus
long-temps, et l'on y est parvenu en combinant, dans la
préparation des feuilles de doublage, 100 livres de cuivre
avec $\frac{1}{9}$ d'once de régule de zinc, $\frac{1}{2}$ once d'étain en grains,
1 once de régule d'antimoine et 2 onces d'arsenic. Mais
on y a reconnu un inconvénient qui empêchera de profiter de cette découverte, ou qui engagera à y chercher
quelques modifications : c'est que le cuivre, perdant
ainsi son oxide, se trouve par là dépourvu de sa propriété d'éloigner en grande partie les coquillages, les
insectes et les herbes qui nuisent tant à la marche des bâtimens en s'attachant à la carène : on prétend que seulement
un alliage de plomb, de zinc et d'étain obvierait à tous les
inconvéniens. Nous parlerons actuellement de quelques
installations qui ont lieu après le doublage des vaisseaux.

III. On appelle *Tirant-d'Eau* le nombre de pieds mesurés verticalement, depuis le bas de la quille jusqu'au plan de flottaison ; il est marqué des deux bords sur le cuivre de l'étrave et de l'étambot, par des chiffres romains faits avec des lames de plomb ou de cuivre ; chaque marque a 6 pouces de hauteur ; on compte 3 pouces du dessous au milieu de la marque, 3 nouveaux pouces du milieu au-dessus de la marque ; et 6 autres pouces se comptent du haut d'une marque au bas de celle qui la suit en hauteur. C'est sur cette échelle que l'on voit la quantité de pieds et de pouces dont un bâtiment est immergé. On la consulte souvent, pendant l'armement du vaisseau, pour faire accorder son tirant-d'eau avec les dispositions du devis, et pour procurer au bâtiment cette différence en plus dont, à diverses périodes de l'arrimage, le devis fait connaître que l'arrière doit être plus plongé que l'avant. Un bâtiment qui ne tire pas plus d'eau derrière que devant est dit être sans différence ; on met un bâtiment sans différence, au moyen de poids, pour lui faire franchir l'entrée d'un bassin, lorsqu'on veut l'abattre en carène, ou dans quelques autres circonstances. Malgré les avantages qu'on a pensé qu'une différence, même assez considérable, procurait à un vaisseau, sous les rapports de la marche, du gouvernail, de la facilité à évoluer, de la douceur du tangage, on a cependant proposé des bâtimens destinés à naviguer sans différence, où l'on espère que quelques modifications dans la forme de la carène concilieront, avec cette innovation, les avantages qui viennent d'être cités.

On ne peut cependant connaître le tirant-d'eau, par les échelles d'étrave et d'étambot, que lorsque le vaisseau est tranquille. A la mer, où une consommation

journalière et abondante amène nécessairement de grands
changemens dans la charge et dans le tirant-d'eau, il est
souvent utile de savoir à quoi s'en tenir sur l'assiette du
vaisseau, afin de pouvoir rétablir ou altérer la différence
voulue, avec les poids qui restent à bord ; et il est fort
rare que l'agitation de la mer permette à ces échelles de
rien indiquer de satisfaisant à cet égard. Ce besoin a
produit l'invention du *Différenciomètre*, instrument
composé de deux tubes en cuivre ou en plomb, fixés
perpendiculairement dans l'intérieur, vers les extrémités avant et arrière. L'eau de la mer s'introduit dans ces
tubes par un canal fait en serpenteau, afin d'y rendre
moins sensibles les oscillations imprimées au niveau de
la mer par le mouvement des vagues. Ce canal commence à la muraille où il y a un robinet, et il va jusqu'au pied du tube, où un autre robinet sert à le dégorger
dans la cale après l'opération. Un flotteur s'élève dans
le tube, au niveau de la flottaison du vaisseau, et marque sur une règle divisée, supportée par ce flotteur et
soudée à l'embouchure, le tirant-d'eau avec exactitude.
Quand la mer est forte et que le flotteur est monté à son
niveau, on ferme au tiers ou à moitié le robinet du
bord, et cette précaution rend insensible le mouvement
du flotteur dans le tube. L'emplacement des différenciomètres est séparé du reste de la cale par une cloison,
et l'on remarque, à chaque différenciomètre, un tuyau
de dérivation partant du tuyau principal, qui aboutit
dans la soute aux poudres la plus voisine, car il y a
ordinairement une soute aux poudres de l'avant et une
de l'arrière, ainsi que nous l'avons fait observer. Ce
tuyau de dérivation fournira de l'eau dans ces soutes
pour pouvoir noyer les poudres quand on le jugera

convenable. Quelques vaisseaux ont une troisième échelle
de tirant-d'eau graduée sur les bordages qui recouvrent
le maître-couple ; d'autres portent extérieurement une
raie de peinture tranchante sur tous les points de la carène qui appartiennent au plan de flottaison, tel qu'il
est reconnu devoir couper leur contour de la manière la
plus avantageuse ; ils peuvent ainsi juger, à chaque instant dans une rade ou un port, et par un temps calme,
si leur meilleure assiette n'a éprouvé aucun changement.
Les réglemens veulent aujourd'hui que désormais on
trace bien visiblement, mais dans l'intérieur de l'entrepont, cette raie ou ligne dont nous venons de parler, pour
y indiquer la flottaison en charge suivant les tirans-d'eau
des devis d'armement ; et qu'au-dessus de cette ligne,
en couleur encore très-apparente., on trace également
la distribution des sabords de première batterie avec
leurs numéros d'ordre en partant de l'avant ; ainsi l'on
pourra facilement reconnaître les endroits auxquels cor-
respondraient les voies d'eau ou les trous de boulet qu'on
aurait remarqués à l'extérieur ; d'ailleurs, l'entrepont,
tous les trois mois au moins, doit être peint à la colle
et au lait de chaux.

IV. Outre le robinet du différenciomètre, on en place
un autre dans l'entrepont par le travers de la grande
écoutille, à quelque distance au-dessous de la flottaison.
Celui-ci a deux orifices, l'un emboîté avec un tuyau de
plomb dirigé vers l'archipompe, et aboutissant à une
caisse en bois doublée en plomb et hermétiquement
fermée : cette caisse contiendra l'eau nécessaire pour le
service d'une pompe, à l'aide de laquelle on lave et
nettoie le bâtiment dans l'intérieur ; l'autre orifice restera libre, et fournira de l'eau de mer, pour remplir,

au moyen d'une Manche (conduite en cuir ou en toile),
les caisses et futailles qui contenaient de l'eau douce au
commencement de la campagne, et cela dans le cas
où il y aurait lieu de penser que la cale ne renferme
plus assez de poids, pour procurer au vaisseau une belle
marche ou une stabilité suffisante : ce second orifice sert
encore au lavage de la cale où il permet l'introduction
d'une quantité d'eau désirée; cette eau se mêle à celle
que les pompes ne peuvent pas aspirer, et qui deviendrait fétide et pernicieuse; elle la délaie, elle nettoie le
bâtiment par l'effet du roulis ou du tangage, et les pompes
agissant sur cette nouvelle masse, extraient la plus
grande partie de ce principe d'insalubrité : cette installation est précieuse pour les vaisseaux Étanches (qui font
ou embarquent peu d'eau par les coutures), où ce peu
d'eau, joint au faible surcroît qui se glisse par suite de
la pluie tombée sur les ponts, ou du lavage ordinaire de
l'intérieur, acquerrait bientôt une qualité malfaisante.
Ce nouveau robinet se nomme *Robinet de la Cale*; le
tuyau qui y aboutit a un pouce de diamètre. Tous les
robinets dont nous venons de parler sont enfermés à clef,
chacun dans une forte armoire d'attache.

V. En cet état où le vaisseau est prêt à quitter sa cale,
nous remarquerons que pour celui dont nous nous oc-
cupons, il a fallu environ 84,000 pieds cubiques de
bois brut en chêne, et 12,000 pieds cubiques en sapin,
lesquels travaillés et mis en place, se réduisent à moitié
par le façonnement et le déchet : évaluant ces quantités
sur le pied moyen de 70 livres de poids, par pied
cubique, y compris le poids des chevilles et ferrures,
qui entrent pour un trentième dans celui de la construction : on voit que la *Coque*, ou la construction en bois,

d'un vaisseau de quatre-vingts, pèse 3,360,000 livres, quantité que nous trouverons à-peu-près conforme à celle donnée dans les devis des ingénieurs, et dont nous aurons occasion par la suite d'extraire les points principaux. Ce calcul se trouve encore vérifié par celui de la mesure de la solidité de la carène, et par la conversion en poids (à raison de 72 livres le pied cubique) de l'eau déplacée par cette même carène.

SÉANCE XIII.

I. Du Lancement du Vaisseau. — II. Du Ber ou Berceau. — III. Des Coittes-Mortes.

I. Nous allons voir actuellement comment les appuis fixes du vaisseau vont être remplacés par d'autres appuis qui feront tous corps ensemble, qui supporteront seuls le bâtiment, qui seront susceptibles de l'entraîner, et qui le quitteront d'eux-mêmes ; mais seulement lorsque le vaisseau aura trouvé son soutien naturel, celui de l'eau qui pressera ses flancs, et qui le tiendra flottant à sa surface.

Les intervalles des tins sont remplis par des pièces parallèles à la largeur du bâtiment, qui forment un grillage de 16 à 18 pieds de largeur, destiné à soutenir l'appareil du *Lancement*. Le grillage doit laisser un espace de 18 pouces entre les faces supérieures de ses pièces les plus élevés, et la face inférieure de la quille ; alors parallèlement à la quille, à la distance du sixième de la largeur principale, l'on entaille et l'on cloue de chaque

bord sur ce grillage, deux rangées de fortes pièces,
nommées *Longrines*, distantes l'une de l'autre d'un pied.
Au-dessus des longrines, on mettra de nouvelles pièces
parallèles à la largeur du vaisseau, qui amèneront le
système entier du grillage à la hauteur de la quille; les
vides qui existeront au-dessus des longrines se rempli-
ront avec des fourrures, afin de pouvoir bien appuyer
au-dessus du tout, et consolider de nouvelles longrines
situées dans une position correspondante aux premières.
Ce grillage entier, ce plancher partiel, s'étendra depuis
l'extrémité supérieure de la cale où repose la proue,
jusqu'au bord inférieur de l'avant-cale; il constituera la
base sur laquelle reposera le *Ber* ou *berceau* que nous
allons former pour envelopper une partie du vaisseau,
pour en supporter à lui seul tout le poids, et qui d'ailleurs serait bien moins compliqué s'il s'agissait d'un
plus petit bâtiment, ainsi qu'on le verra par un exemple que nous en donnerons à la fin de cette séance.

II. Sur chaque paire de longrines supérieures sont
couchées de longues et fortes poutres carrées, appelées
Coittes ou *Anguilles*, parfaitement polies dans leur face
inférieure, laquelle est enduite d'une forte couche de
suif, ainsi que les parties sur lesquelles elles doivent
s'appliquer. Les coittes sont tenues d'écartement par de
forts traversins à l'avant et à l'arrière, et entre les coittes
et la quille, on placera 15 ou 20 arcs-boutans transversaux, de 6 à 10 pouces d'équarrissage, et entaillés dans
les coittes. L'effet de ces arcs-boutans sera d'empêcher
tout rapprochement entre les coittes et la quille; et pour
s'opposer à leur écartement, on traversera latéralement
chaque coitte par de forts pitons en fer écroués en dehors, et garnis en dedans de larges boucles qui se cor-

respondront dans les deux coittes : par chaque paire de boucles correspondantes d'un bord à l'autre, on passera plusieurs tours d'un bon cordage qui, à chaque tour, sera fortement raidi au cabestan; et tous ces tours seront Roustés (bridés ou réunis en faisceau) par d'autres tours de cordage qui, en les rapprochant, les raidiront encore. Cette base compacte, mais pourtant susceptible d'être mobile, puisque l'inclinaison du grillage lui permet de glisser de la partie élevée à l'inférieure, est contenue dans ce sens par des saisines ou forts câbles, raidis avec des cabestans qui retiennent les têtes des coittes; on saisit en outre le bout élevé des coittes à la cale par de fortes roustures verticales; enfin, un nouvel arc-boutant de 6 pouces d'équarrissage s'appuie sur le grillage, et sa tête retient directement le vaisseau, en s'appliquant sous la rose ou ferrure de gouvernail la plus basse de l'é-tambot, dont elle est cependant séparée par deux coins disposés en sens opposés; le déplacement de cette pièce, appelée *Sous-Barbe*, sera ainsi plus facile que si la rose la pressait de tout son poids quand le vaisseau tendra à descendre : par là on se ménage cette facilité, pour le moment où le vaisseau devra entièrement et promptement être rendu libre de céder à l'action de sa pesanteur, qui doit l'entraîner le long du plan incliné. De même, les extrémités des autres arcs-boutans de l'arrière des coittes sont recouvertes d'une plaque de fer arrondie, pour qu'ils puissent être rapidement soustraits.

Sur ces coittes ainsi assujetties, on élève de 6 en 6 pieds de distance, des montans, nommés *Colombiers*, de 12 à 15 pouces d'équarrissage, et dont la tête bien ajustée, soutiendra les flancs de la carène; ceux de l'ar-rière sont verticaux, les autres sont perpendiculaires au

plan de la cale. Les colombiers extrèmes touchent immédiatement le vaisseau; ceux du milieu s'appliquent et
s'endentent à une longue ceinture ou pièce longitudinale,
appelée *Ventrière,* qui embrasse la carène en s'y appliquant le plus exactement possible , et qui est par sa face
inférieure , à-peu-près parallèle au plan des coittes : son
épaisseur varie en conséquence de 15 à 5 pouces des
extrémités au milieu , et sa largeur est de 12 pouces. Les
pieds des colombiers sont cloués et entaillés sur les coittes , et contenus par un fort bordage qui y est également
cloué ; ils sont en outre munis de crans en divers points
de leur hauteur, de sorte que les deux colombiers correspondans de chaque bord peuvent être réunis par plusieurs faisceaux de cordages roustés, d'un pouce et demi
de diamètre, qui s'appuient sur ces crans, et qui fortement raidis, tendent à soulever le vaisseau au-dessus de
ses tins , et à presser la tête de ces colombiers contre la
carène. On maintient encore les colombiers en les soutenant par des arcs-boutans multipliés, de 4 à 5 pouces
d'équarrissage , qui en contrebuttent les têtes en se re-
posant sur les coittes ; toutes ces pièces seront en bois
fondrier, aussi y placera-t-on des Bouées et leurs Orins
(solides en liége, et cordes qui aboutissent de ces pièces
aux bouées), afin de relever ces pièces après le lancement du vaisseau ; qui les abandonne dès qu'il commence
à flotter.

Tel est généralement le berceau, à quelques modifications près, qui peuvent tenir aux habitudes locales de
tel ou tel port : déplaçons actuellement tous les tins, en-
levons toutes les acores de la construction , et le vaisseau s'y reposera.

Pour réussir à soustraire ces supports, nous entre-

prendrons de soulever le vaisseau, et nous remarquerons que la ventrière en est devenue pour le lancement,
le point qui se rapproche le plus des coittes; nous taille-
rons en conséquence des *Billots* en bois, garnis d'un fort
adent qui forme une tête débordant à angle droit du côté
de cet adent. Ces billots se placeront deux à deux l'un
sur l'autre, entre les coittes et les ventrières, de manière
que l'adent du billot inférieur puisse être arrêté par la
face latérale extérieure de la coitte, et que l'adent du
billot supérieur puisse être arrêté par la face latérale extérieure de la ventrière : en vertu de cette disposition,
on pourra insérer entre les deux faces planes contiguës
de chaque paire de billot, un coin en bois appelé *Langue*, de même largeur que le billot, et frapper sur la
tête de ce coin, sans que les billots s'introduisent davantage, ni se déplacent en cédant à cet effort. Ces billots auront 14 pouces de largeur, et on les multiplie de
telle sorte entre les colombiers, qu'il y ait autant d'espace plein que vide.

Il reste à clouer sur toute la longueur du grillage en
dehors des coittes, et à 1 ou 2 pouces de distance, des
coulisseaux de 5 à 6 pouces d'équarrissage, qui leur sont
parallèles, et qui descendent jusqu'au bas de la cale; ils
sont maintenus au dehors par des taquets. Ils pourront
ainsi résister aux efforts des déviations accidentelles des
coittes, et les contenir dans leur direction, car on prévoit sans doute que c'est cet appareil chargé du poids
énorme du vaisseau qui, avec ce fardeau de plus de 3
millions de livres, glissera vers la mer où il le conduira;
et où, après l'avoir sainement déposé, il l'abandonnera
pour tomber au fond, et cela sans aucun effort, puisqu'ils n'ont ensemble aucun point de liaison intime.

Le bâtiment est placé sur ses tins de manière à être lancé par l'arrière, excepté dans les ports où il y a trop peu d'eau pour recevoir d'abord l'arrière, qui y occasionne un déplacement considérable; et alors la cale se prolonge aussi loin que possible, pour que le talon de l'étambot n'y reçoive pas un choc dangereux : en lançant le vaisseau par l'arrière, l'arrondissement du brion met l'étrave à l'abri du choc, et d'ailleurs le bâtiment éprouve moins de résistance en entrant à l'eau.

Dans les ports de marée, l'heure du *Lancement* du vaisseau est celle qui précède un peu le moment d'une pleine mer des syzigies. On veut ainsi avoir le plus de hauteur d'eau possible, et se ménager les moyens de profiter d'un reste du montant de l'eau, en cas que le vaisseau touche ou s'échoue soit par suite de la rapidité de sa course et du rétrécissement du lit de la mer, soit quand on le fera Éviter (tourner horizontalement) dans le port, pour le conduire à son poste. Cet accident deviendrait en effet de plus en plus grave, si alors la mer diminuait de hauteur ou se trouvait dans son jusant : ce moment est calculé, ainsi que toutes ces précautions. On y ajoutera celle de placer sur le passage du vaisseau dans l'eau, une Drôme, ou réunion de pièces de bois flottans, sur laquelle l'étambot, garni d'un coussin de bois tendre pour ne pas s'endommager, ira se heurter, afin d'amortir un peu l'élan du vaisseau, vers la rive opposée à la cale. On augmente cet effet, si l'on veut, au moyen de Bosses Cassantes, ou câbles fixés à terre, amarrés à bord par des bosses ou cordages de plus faible dimension, et qui casseront successivement, pendant que la course du vaisseau s'accélèrera.

Quelques heures avant le lancement, on commence à

frapper des coups de masse par intervalles réglés sur toutes les langues ensemble, afin de comprimer les ventrières contre les flancs du vaisseau, et pour chercher à soulever la masse totale par ces efforts réitérés. Lorsque l'effet en est sensible, on enlève les acores les plus basses, et graduellement celles qui sont les plus hautes; mais on met un certain intervalle de temps entre ces déplacemens, afin que le vaisseau change d'assiette sans secousse aucune, comme aussi l'on ne renouvelle que de distance en distance le choc des masses sur les langues. On écarte en même temps de dessous la quille tous les tins supérieurs, excepté les deux plus voisins des pieds de l'étrave et de l'étambot, qui ne se soustraient qu'au moment de la mise à l'eau; et lorsqu'on ne peut pas facilement réussir à faire sortir ces tins supérieurs de leurs places, on prend le parti de les mettre en pièces. Pour aider au soulèvement du vaisseau, on a soin de mouiller toutes les bridures et roustures, on sait que par là le cordage acquiert un raccourcissement assez considérable, et qui est susceptible de produire de grands effets.

Le vaisseau pressera donc graduellement son berceau, et enfin le moment arrivera où il sera complétement supporté par lui : cependant l'heure sonne, et le signal est donné; les acores, les tins extrêmes sont enlevés, les arcs-boutans sont retirés, les saisines sont coupées ainsi que les roustures verticales; le bâtiment orné de sa peinture et décoré de fleurs, de rameaux, de pavillons et de marins, va bientôt s'ébranler; les rives sont jonchées de spectateurs que l'impatience agite; le vaisseau montre d'abord un peu d'indécision; on frémit, mais l'attente ne sera pas trompée. La masse entre en mouve-

vement, elle cesse d'hésiter, elle glisse avec son ber,
elle descend ; et par une course accélérée elle arrive,
en parvenant à la rapidité de l'éclair, jusqu'à la partie
inférieure de la cale qu'elle franchit aussitôt. En ce moment, plus de sujets de craintes ; le vaisseau refoule le
fluide, dont les hautes oscillations vont inonder les quais
les plus éloignés ; il s'y plonge profondément par la
poupe, et laissant ce berceau, qui fut son guide et son
soutien, on le voit s'asseoir et dominer sur son nouvel
élément, en se relevant avec majesté, aux acclamations
d'enthousiasme qu'un spectacle si imposant ne manque
jamais d'exciter au degré le plus vif.

III. Cette manière de procéder est sans contredit la
plus sûre pour un vaisseau ; mais il en existe une autre
bien moins compliquée, par laquelle on procède beaucoup plus promptement, et qui est fort usitée pour
les bâtimens d'un rang moins élevé, et même pour les
frégates, quoique avec quelques précautions de plus que
pour un navire de moindres dimensions : on l'appelle
Lancement à Coittes mortes ; nous allons l'expliquer :
après avoir établi sous la quille, et dans son prolongement, une coulisse sur laquelle glissera le bâtiment, on
place de chaque côté sur la cale, à la hauteur des vaigres d'empature, deux pièces droites parallèles à la
quille. Ces deux pièces ou coittes fixes, et dites Mortes,
sont destinées à servir de point d'appui au bâtiment, si,
dans sa course, il vient à se porter sur un bord ou sur
l'autre, aussi les faut-il consolider parfaitement, ainsi
que la coulisse ; on les graisse avec soin, et lorsque le
moment est arrivé, on retire symétriquement les acores, on fait sauter les Clefs, ou pièces de l'arrière qui
arc-boutent, et l'on coupe les saisines. Si alors le bâti-

ment ne se rendait pas à la mer, ou s'il s'arrêtait dans
le trajet, comme il arrive quelquefois, on aurait recours
à l'effet de leviers, palans ou poulies, et autres moyens
mécaniques pareils. Tels seraient, par exemple, deux
grands et forts leviers, qu'on peut même faire agir sur
un ber, si par hasard il y avait lieu : leur mouvement
se fait dans un plan horizontal; le point d'application est
un point fixe du vaisseau de chaque côté, ou un fort
taquet cloué sur la partie latérale extérieure du milieu de
chaque coitte; le point d'appui est, ou un autre taquet
cloué dans le voisinage, ou le plan incliné lui-même,
sur lequel le bâtiment est construit. Des hommes agissent
sur ces leviers au moyen de longues cordes. On peut employer aussi un bélier qui soulève le pied d'une acore
sous l'étrave, et qui produit un grand effet. Si l'on craint
que le bâtiment n'ait pas assez de vitesse pendant le lancement, on le chargera d'avance de quelque lest; c'est
même indispensable pour un petit navire, sur-tout si la
pente de l'avant-cale n'excède pas celle de la cale. Le
poids de ce lest va du $\frac{1}{6}$ au $\frac{1}{3}$ de celui de la coque du
bâtiment. On donne généralement un peu plus de pente
aux cales qui sont uniquement destinées aux petits navires, qu'à celles indistinctement établies pour tous.

Après le lancement, il est assez ordinaire que l'on
fasse jusqu'à un pouce d'eau par heure; il faut peu
d'eau infiltrée pour produire cette hauteur dans les
fonds d'un vaisseau, à cause de leur finesse; mais bientôt
cette quantité diminue, car les bois se gonflent, et les
coutures ou les vides se resserrent.

SÉANCE XIV.

I. Considérations sur le Vaisseau dans son état de Flottaison. — II. Aperçus sur les causes qui ont déterminé la figure de sa Carène.—III. Dimensions principales du Vaisseau.

1. La forme du bâtiment, ainsi que la position que l'on est forcé de donner à ses différens poids, sont deux causes qui concourent dès le lancement à la déformation, à la détérioration du vaisseau : par la suite, il s'en joint à celles-là de très-influentes, telles que, d'un côté, le surcroît ajouté à sa masse par le chargement, l'armement, l'approvisionnement; et de l'autre, l'augmentation de puissance qu'acquiert le fluide par l'agitation de la mer ou par la vitesse du navire, laquelle augmentation, en se combinant avec l'effort immédiat du vent, produit encore dans le vaisseau des changemens d'assiette et de position qui tendent à tirailler, à disjoindre toutes les parties de la construction, et à faire agir chaque élément de la masse totale, avec des bras de levier qui, dans certaines positions, en augmentent les effets.

Il est encore d'autres causes destructives; les unes permanentes, comme l'exposition, l'humidité, la chaleur ou autres circonstances de la température et des divers climats ; d'autres sont éventuelles, comme les échouages, le feu de l'ennemi, ou certains efforts violens quelconques : aussi voit-on que cédant et succombant sous l'effort multiplié de tant d'assaillans, un vais-

seau en service ne peut guère compter sur une existence
moyenne de plus de 12 à 15 ans, et qu'alors il faut le com-
damner ou tout au moins le Refondre soit entièrement,
soit partiellement. La refonte totale exige à-peu-près
une décomposition absolue. Elle a lieu dans un bassin;
il en résulte un vaisseau presque neuf, mais qui coûte
presque aussi cher que si l'on en eût construit un autre,
en utilisant les parties saines de la démolition : on ne
fait donc que très-peu de refontes totales, et ce n'est guère
que dans le cas où des souvenirs glorieux se rattachent
à un vaisseau, ou bien lorsqu'un bâtiment a été constamment doué d'excellentes qualités, et que l'on craint de
ne pas retrouver des formes aussi heureuses. Les refontes
partielles s'appellent Carénage ou Radoub : elles consistent à Délivrer (enlever) d'un vaisseau dégradé, le
bois hors de service, et à le remplacer. Cette opération, suivant l'urgence et les localités, se fait soit dans
un bassin, soit en abattant en carène, soit même en halant le vaisseau sur une cale, au moyen d'appareils d'une
force très-grande. Les petits bâtimens peuvent se radouber, après s'être échoués avec la marée ou autrement sur
un grillage en bois, où leur carène reste à découvert.

Si le vaisseau doit entrer en armement ou en commission, on y procède aussitôt comme nous le verrons
par la suite; si, au contraire, il doit rester dans le port,
on prend toutes les précautions nécessaires pour le préserver des variations de l'atmosphère : ainsi il sera peint
aussi souvent qu'il sera utile; il sera surmonté d'un
toit, ou au moins tenté pendant l'été, et il sera lavé et
arrosé; son cuivre sera tenu net, et si le doublage n'a pas
été posé, on lui en appliquera un provisoire à la flottaison, ainsi que nous l'avons expliqué à la séance XII;

la propreté y sera soigneusement entretenue ; il sera
souvent évité ou changé de position , afin qu'il n'ait pas
constamment la même exposition ; il sera d'ailleurs lesté
et assis dans la différence voulue ; ses câbles ou ses
chaînes d'amarrage, pour moins charger l'arrière et l'a-
vant, n'entreront pas à bord par les parties extrêmes ; le
logement du commandant, la grand'chambre , la grand'-
chambre de première batterie seront épontillés par mesure provisoire pour obvier à l'affaissement des baux ou
barrots ; on veillera en un mot à ce qu'il passe le temps
de son séjour dans le port en état du meilleur entretien ;
et s'il est mâté de ses bas mâts , leur tête sera recouverte
de barils ou barriques défoncés d'un côté et peints ,
pour s'opposer à l'introduction de la pluie : on peut
même soulever les mâts au-dessus de leur emplanture ,
et en faire reposer le pied sur de longues gueuses placées en travers des flasques , afin d'éviter que ce même
pied s'échauffe ou se pourrisse.

II. Le premier signe de la déformation d'un vaisseau
se manifeste dès le lancement ; déjà , en ce moment, les
parties extrêmes s'abaissent ; et malgré l'état de sécheresse complète dans les bois qu'on a pu employer, malgré la solidité la plus grande dont on ait pu jusqu'ici
douer le système entier de la construction , la quille
contracte un arc dont se ressent tout le vaisseau, et que
nous avons déjà eu l'occasion de mentionner ; cet arc va
sans cesse en croissant jusqu'à ce que le bâtiment se trouve
hors de tout service. Il est facile de concevoir que l'on
en trouve la cause dans la différence de figure entre les
parties centrales de la carène et celles qui avoisinent l'é-
trave ou l'étambot. L'action du lancement n'y contribue
en effet en rien , car les vaisseaux construits dans les

bassins contractent le même arc, du moment même que, sans secousse aucune, ils se trouvent à flot. Assurément, si les formes d'un vaisseau étaient comme celles d'une caisse ou d'un coffre ayant figure d'un parallélipipède rectangle, c'est-à-dire si elles étaient telles que lors de l'immersion, chaque tranche transversale que l'on pourrait imaginer, déplaçât un volume d'eau d'un poids égal à celui de cette tranche, alors chaque partie du vaisseau se soutiendrait sans peser, sans agir sur sa voisine, et la construction serait beaucoup plus durable; mais un tel bâtiment n'aurait aucune des qualités propres à lui faire fendre le fluide avec facilité, ni convenables pour procurer au gouvernail la rencontre des filets d'eau avantageux à son plus grand effet.

Il a donc fallu faire des recherches à cet égard, et l'on a été conduit à trouver par l'expérience plus encore que par la théorie, quelles étaient les figures qui, sans s'opposer à d'autres besoins, paraissaient remplir le mieux ces conditions : c'est par suite de ces considérations réunies que, sans porter même la longueur aussi loin, dans les vaisseaux de ligne, que le calcul semblerait l'exiger, et cela à cause de l'arc qui en serait accru, du tangage, et de la difficulté d'évoluer alors, on s'est arrêté à des largeurs et à des profondeurs peu considérables, on a laissé le plus grand renflement vers le milieu de la longueur du bâtiment, et que l'on a acculé le plus les varangues extrêmes : dans cet acculement même, on a eu plus en vue les varangues de l'arrière que celles de l'avant, pour que d'une part, le gouvernail fût plus à découvert, que les rondeurs inférieures de la poupe n'occasionnassent pas alors dans l'eau une résistance qui nuisît trop au sillage; et pour que, de l'autre, l'avant fût préservé, pendant la marche ou lors du tangage, d'une immersion trop profonde qui ferait inonder son gaillard et fouetter la mâture d'une manière dangereuse. Le renflement de l'avant, vers les joues du bâtiment, sert aussi à aider le vaisseau à s'élever sur la Lame (nom qui, chez les marins, remplace généralement celui de vague); cependant ce rênflement, poussé trop loin, peut avoir des inconvéniens; car alors et au tangage, cette partie si large entrant tout-à-coup dans l'eau, reçoit, par l'augmentation subite de la résistance du fluide, une percussion qui casse le sillage, et occasionne des secousses très-fatigantes pour la mâture. Il est donc un terme moyen, difficile à trouver exactement, entre la proue de moindre résistance, qui nuit aussi beaucoup à la marche en rendant le navire très-canard, et celle qui présenterait un renflement très-prononcé. On a également et de la même manière, reconnu la nécessité de ne donner à la carène que des formes arrondies; d'abord, afin qu'elles se soutinssent réciproquement avec plus d'efficacité, et en second lieu pour n'offrir au fluide aucune surface, aucun angle, qui s'opposassent à la marche du bâtiment, ou à son redressement si le vent ou la lame le faisait incliner. Cependant, il a fallu s'éloigner de la forme circulaire sphérique; car on voit que des vaisseaux ainsi construits n'auraient pu naviguer que suivant la perpendiculaire à la voile, et qu'entre autres défauts ils auraient éprouvé une grande résistance à fendre le fluide : ainsi c'est en employant néanmoins des formes arrondies, adaptées à un système de construction qui a beaucoup plus de longueur que de largeur, et qui conserve du pied dans l'eau pour la stabilité ou contre la dérive, que l'on a cherché à unir autant d'avantages qu'il a été possible, en obviant aux inconvéniens les plus pressans.

Il en résulte que l'avant et l'arrière ne sont pas entièrement soutenus par l'eau, et que c'est leur adhésion avec les tranches centrales qui complète le système; mais ces moyens de réunion et de consolidation, malgré toute leur fermeté, résistent incomplétement encore aux causes qui tendent à les vaincre; et en effet, aussitôt que le vaisseau flotte, la flèche de l'arc de la quille s'élève de 1 à 4 pouces et quelquefois au-delà. C'est avec succès, dit-on, qu'on a essayé de charger un vaisseau, avant sa mise à l'eau, de 3 ou 4 cents tonneaux de lest placés dans le fort de sa cale; le vaisseau plonge ainsi, jusqu'au point où les parties extrêmes peuvent trouver dans l'eau un appui qui atténue la grandeur de l'arc.

Un des premiers soins après le lancement est de déterminer cette flèche; on y parvient, en mesurant à bord du vaisseau sur la cale, la distance d'un point placé sur le milieu d'un pont à une ligne qui passe, par exemple, à la hauteur de la gatte et à celle du bord inférieur du sabord de retraite de la batterie basse; on mesurera de nouveau cette distance lorsque le vaisseau aura été mis à l'eau; la différence de celle-ci à la première, sera la flèche attribuée à la quille.

Si, d'un côté, il existe des inconvéniens, soit à cause de la marche, soit à cause du gouvernail vers lequel l'eau ne ferait alors que tourbillonner, à donner au vaisseau cette forme de caisse ou de coffre dont nous parlions tout-à-l'heure; si, d'autre part, un avant trop aigu, en forme de coin, par exemple, procure des immersions considérables qui d'ailleurs nuisent à la marche et mettent la mâture en danger, il est évident que c'est entre ces deux figures extrêmes que l'on a dû chercher la combinaison qui remédie aux défauts de ces mêmes figures. Après bien des recherches, on a cru devoir s'en rapporter à l'expérience pour en décider, et on l'a étudiée dans les exemples et les remarques de nos prédécesseurs, ainsi que dans les faits donnés par des essais ou des opérations.

Les exemples et les remarques ont été à-peu-près les seuls guides jusqu'à ce moment, car les essais n'ont guère fourni que des résultats propres seulement à satisfaire la curiosité ; il est vrai de dire que ces essais ne peuvent être faits ou n'ont été faits que sur de petites échelles, pendant des temps assez courts, dans des eaux tranquilles et resserrées, sur des vaisseaux extrêmement réduits dans leurs dimensions et non agités par la mer et le vent ; d'ailleurs le poids total des modèles, ou vaisseaux réduits dans leurs dimensions et qui ont servi à ces essais, peut bien donner un tirant-d'eau représentant l'immersion et le tirant-d'eau du vaisseau non réduit ; mais à la mer, tout est différent. En effet, si les parties de la charge ne sont pas identiquement placées dans les deux cas, la question serait toute changée du moment où l'un des deux vaisseaux changerait d'assiette ; elle le serait encore si, au lieu de les faire mouvoir par un moyen de halage horizontal, il se trouvait que l'un des deux fût poussé par une force telle que le vent, qui frappe sur tous les points que cette force peut avoir en regard ; d'où doit provenir, entre autres effets, une résultante unique. qu'on ne prévoit pas possible de pouvoir déterminer. Telle est cependant. pour l'ordinaire , et sans parler d'autres objections qui peuvent se présenter. la position d'un vaisseau sous voiles. La distribution de ses poids est inimitable dans un modèle, et comme il ne navigue jamais sur l'assiette de son plan de flottaison, le point d'application de la résultante des efforts du vent varie à chaque moment.

Il n'en est pas moins utile de connaître le genre et le résultat de ces expériences : on en a fait pour l'arrière où, en outre de son influence sur la marche, il s'agit de donner aux filets d'eau que le gouvernail atteint, la direction qui opère le plus grand effet; il y en a eu aussi pour l'avant qui doit fendre le fluide; et voici comment on y a procédé. Dans un canal de 40 pieds de largeur et de 7 ou 8 de profondeur, on a placé, de chaque côté, deux piquets à 75 pieds l'un de l'autre, et dont le premier était à 60 pieds du point de départ, afin que les corps pussent parvenir à une vitesse uniforme avant l'observation. Ces piquets étaient garnis de pinnules, au moyen desquelles on pouvait observer l'instant où des corps halés par des cordes horizontales et des poids moteurs, paraissaient par le travers des piquets. Un compteur à secondes servait à déterminer le temps qu'ils employaient à parcourir les 75 pieds; l'expérience était répétée plusieurs fois, et l'on prenait un résultat moyen pour obtenir plus de précision.

On a, en conséquence, façonné deux modèles de 14 pieds de longueur et de 3 pieds 8 pouces de plus grande largeur, laquelle était située, dans les deux, à pareille distance des extrémités; ces deux modèles étaient d'un tirant-d'eau égal, et ils étaient destinés à être mus par les mêmes poids : l'un représentait la forme exacte d'un vaisseau, sur une échelle d'un pouce par pied; l'autre n'en avait que la quille, le maître-couple, l'étrave et l'étambot; tout le reste y était compris entre des li-

gnes droites allant du maître-couple à l'étrave et à
l'étambot ; on a mis ces deux corps en mouvement, et il
a été reconnu, 1°. que ces modèles parcouraient l'espace
donné dans le même temps, ce qui indiquait qu'ils
éprouvaient la même résistance de la part du fluide ;
2°. qu'il en était de même, en halant successivement,
par l'étrave et par l'étambot, le dernier des deux modèles ; 3°. qu'en les coupant tous les deux en deux parties, suivant la plus grande largeur, et joignant l'avant
du premier à l'arrière du second et réciproquement, les
deux corps parcouraient toujours leur espace de 75 pieds
dans le même nombre de secondes, soit que le mouvement se fît par l'étrave ou par l'étambot, et même en
faisant varier, mais également, les tirans-d'eau de ces
deux corps.

De semblables expériences ont fait voir, 1°. qu'un
corps prismatique terminé, d'un côté, par deux plans,
et de l'autre, par deux courbes, c'est-à-dire représentant
les figures les plus dissemblables que puissent offrir deux
vaisseaux, éprouvait la même résistance, soit qu'on
le mît en mouvement par une extrémité ou par l'autre ;
2°. qu'un solide de révolution conique d'un côté, et pa-
rabolique de l'autre, éprouvait la même résistance dans
quelque sens qu'on le fît mouvoir.

On voit combien peu de lumière ces essais ont jeté
sur la question, car l'expérience, à la mer, prouve tous les
jours contre ces résultats, et il est très-vrai d'ailleurs
que, sous voiles, un changement, même fort peu considérable dans les poids, une altération dans l'intensité
du vent, une différence dans la force de la lame, un déplacement très-peu important dans la voilure, une cause
souvent insaisissable, non-seulement agissent différem-

ment sur deux vaisseaux qui se trouvent momentanément de marche égale, mais encore qu'il en résulte souvent un accroissement ou une diminution sensible et inattendu dans l'état de la marche d'un seul vaisseau. On s'en est donc tenu à la science de l'observation, aux données, aux recherches de la navigation ou des navigateurs, et l'on est réduit à ce point de n'agir ici que presque par conjectures. Et tel est, au surplus, le caractère de ces opérations où l'on ne procède qu'avec des règles peu positives, que tout en voulant, dans ce cas-ci, imiter scrupuleusement un vaisseau où, par un heureux accord de circonstances, on a concilié toutes les conditions désirables, et réuni, au plus haut degré, ce qui satisfait à la navigation, à la durée, à l'attaque ou à la défense, à la capacité, à la stabilité, à la douceur des mouvemens, à la résistance contre l'effort latéral du vent qui peut l'éloigner de sa route ou contre la force des vagues, enfin à tout ce qu'il est possible de rechercher de bon, d'utile ou de beau, on ne peut se promettre ni de parvenir à construire un nouveau vaisseau qui ait seulement un très-petit nombre de ces qualités, ni même de réussir, après un désarmement, à rendre ces mêmes qualités au même vaisseau que l'on voudrait équiper de nouveau pour la mer.

III. Nous conclurons de ce qui précède que, pour faire connaître plus positivement quelle est la figure du bâtiment, nous devons nous borner, dans cet ouvrage, à en donner les principales dimensions; et nous continuerons à prendre pour modèle le vaisseau de 80 canons, ainsi que nous trouverons ces dimensions établies dans les derniers devis dressés par les ingénieurs.

	Pieds.	Pouc.
Longueur de la quille.	164	9
Longueur du vaisseau.	182	6
Largeur principale en dehors des membres, ou longueur du maître-bau. . .	47	0
Creux du vaisseau au milieu.	23	6
Hauteur totale de la quille, non compris la fausse quille.	1	9
Épaisseur de la fausse quille.	0	4
Épaisseur du bordage du premier pont.	0	4
Hauteur du seuillet de la première batterie, au-dessus du bordage du pont.	2	2
Quête.	2	0
Élancement.	16	0
Acculement de varangue..	1	2
Rentrée, à la ligne du pont des gaillards.	5	4

	Tonneaux.
Volume d'eau déplacé de la carène *Lège*, c'est-à-dire sans aucun poids d'armement, à raison de 2000 livres de poids par tonneau : 3,400,000 livres, ou. .	1,700
Idem de la carène avec son lest.. . . .	2,200
Idem, *Idem*, après l'armement.. . . .	3,800

	Pieds.	Pou.
Position présumée du centre de gravité après l'armement; au-dessous du plan de flottaison.	8	2
Idem, en avant de l'axe du grand-mât.	16	0
Position du Métacentre au-dessous du centre de gravité de la carène. . . .	12	11
Tirant-d'eau du vaisseau à la sortie du bassin, doublé; sans four ni cuisine: Arrière ou AR	16	7

		Pieds.	Pouc.
Idem.	Avant ou AV.	13	8
Idem.	Différence ou D.	2	11
Idem.	Somme ou S.	30	3
Idem.	Tirant-d'eau Moyen ou M. . .	15	$1\frac{1}{2}$
Arc présumé de la quille du bâtiment. .		0	$2\frac{1}{2}$
Hauteur entre planches de l'entrepont.		6	6
Idem, Idem de la batterie basse. . . .		6	5
Idem, Idem de la seconde batterie. . .		6	$2\frac{1}{2}$
Hauteur de batterie, ou élévation du seuillet du milieu de la batterie basse, au-dessus du plan de flottaison en charge.		5	6
Idem, pour la seconde batterie.		11	10

Dans la première batterie, on place 30 canons du calibre de 36 ou de 30; dans la seconde batterie 32 de 24, et quelquefois, dans ces batteries, les canons sont remplacés par des caronades dont nous parlerons plus loin. Sur les gaillards et la dunette, le nombre des bouches à feu est très-variable; il va assez ordinairement jusqu'à 28, ce qui forme alors un total de 90; le bâtiment n'en est pas moins dénommé de 80, parce qu'il est censé ne porter que 18 bouches à feu sur les gaillards et la dunette.

Nous expliquerons bientôt ce qu'est le Métacentre, dont la position a été assignée dans la table précédente.

Ces dimensions ne doivent cependant pas tout-à-fait servir de base dans leurs rapports entre elles, pour les constructions d'un ordre différent. On s'en éloigne souvent d'ailleurs dans des vues particulières : par exemple, *Vial du Clairbois* cite une frégate dont la longueur était de 147 pieds, et la largeur de 32 seulement. Il ajoute

qu'elle faisait communément 4 lieues à l'heure, et qu'elle
s'inclinait peu sous l'effort du vent, ou qu'elle portait
bien la voile; mais elle eut bientôt 19 pouces d'arc, et
elle ne dura que 3 ans. Elle ne pouvait pas tenir à l'ancre
dans une rade, quand la mer était grosse; elle embar-
quait alors de l'eau par-dessus son avant, et elle en faisait à nécessiter le jeu de ses 4 pompes; finalement,
elle était obligée de mettre à la voile. Une telle construction ne peut être autorisée que pour un petit bâtiment, qui n'aurait que très-peu d'artillerie à porter,
et qui ne serait destiné qu'à remplir des missions pres-
sées.

On a fait également des navires qui, au lieu de rentrée, avaient de la saillie; on n'en a pas cependant poussé
l'application jusqu'aux gros bâtimens dont la stabilité et la
voilure paraissent suffisantes, et la mâture bien tenue :
on s'est borné aux corsaires, aux avisos ou autres navires légers qui, ayant quelquefois des raisons urgentes
de porter beaucoup de voile et de faire beaucoup de
chemin, voient ainsi les moyens de stabilité augmenter
pour obvier à l'inclinaison du bâtiment, et peuvent
alors avoir un système de voilure plus développé, puisque
plus de largeur dans les hauts de la construction, fournit
de meilleurs appuis à la mâture.

Les principes de la construction, usités en France,
sont à-peu-près ceux de toutes les puissances maritimes;
on remarque cependant quelques altérations dans les détails, lorsqu'il existe quelque cause particulière; par
exemple : les vaisseaux Hollandais destinés à naviguer
sur des hauts fonds, ont une mâture moins élevée, et
une carène moins fine. Aux États-Unis, tout est pour
ainsi dire, et en raison de la concurrence, sacrifié à la

marche ; il y a vraiment de l'intrépidité, mais une intrépidité exagérée à affronter les mers les plus dures et
les plus orageuses, avec des navires aussi évidés dans
leurs formes, et aussi hautement mâtés ; on dirait que
le grand nombre de leurs naufrages, dû aussi au peu
d'instruction théorique de quelques-uns de leurs capitaines du commerce, ne sert qu'à les enhardir de plus
en plus. C'est en France, en Angleterre que tout se fait
et se coordonne suivant les meilleures méthodes, et
qu'il faut chercher les vrais modèles ; nous avons eu de
tout temps sur les Anglais l'avantage d'une construction
plus belle ; ils l'ont toujours reconnu ; mais ils nous
avaient devancés en fait de tenue, de police, d'installation ; ils conviennent cependant aujourd'hui qu'on ne
fait mieux nulle part qu'à bord de nos bâtimens.

SÉANCE XV.

I. De l'Amarrage du vaisseau dans le port.—Des Amarres,
Câbles, Grelins, et Cordages ou Manœuvres en général. —
— III. Position et Dimensions des Bas-Mâts d'un vaisseau.

I. Dès le lancement du vaisseau, on s'occupe de le
mettre à poste, ou de l'*Amarrer* en un lieu où il soit à
portée des magasins, et des différentes localités du port
ou de l'arsenal qui doit lui fournir les objets nécessaires
pour l'arrimage, le chargement, l'approvisionnement,
le gréement, pour l'armement en un mot. Plus souvent,
sur-tout si le vaisseau doit entrer en commission, on le

conduit sous la machine à mâter, ordinairement appelée la *Mâture*, et il s'y garnit de ses bas mâts, pièces
énormes dont nous donnerons bientôt la description. Ce
n'est pas que cette opération ne puisse s'effectuer sans
le secours de cette machine; elle serait plus pénible et
plus difficile à la vérité, mais on y parviendrait, comme
on le verra par la suite, au moyen de ces aiguilles ou
bigues, que nous avons dit devoir prendre pied dans ces
écoutillons pratiqués sur le pont, le long du bord, tribord et babord du grand-mât, et du mât de misaine.

Le vaisseau se conduit au lieu de son amarrage, ou
sous la mâture, à l'aide de cordages qui, par un bout,
sont fixés à terre, ou à bord d'autres bâtimens amarrés;
l'autre bout est libre; il peut entrer à bord par-dessus
le pont, ou par divers points de la muraille, tels qu'é-
cubiers, sabords ou clans; il passe en des poulies placées convenablement dans le bâtiment, ou bien il s'enroule sur le cabestan, ou se raidit à force de bras. On
parvient ensuite, avec beaucoup de précision, au lieu
désiré, en faisant effort sur tel ou tel cordage, ou sur
plusieurs à-la-fois, soit pour tirer ou haler le vaisseau
en une direction voulue, soit pour le contenir par l'une
ou l'autre de ses extrémités, et cela, afin de l'empêcher
ou d'éviter à contre-sens, ou de se trop rapprocher d'une
rive dont il faut se méfier, ou enfin d'aborder un bâtiment qui rétrécirait la route. On le fait aussi quelquefois tirer ou haler par des cordelles d'hommes placés à
terre, et même haler ou remorquer par des embarcations qui se meuvent suivant l'ordre prescrit du bord.

Ces opérations du halage, pendant lesquelles il faut
se tenir en garde contre l'action des vents qui peuvent
agir sur l'acastillage, et des courans qui peuvent frapper

les œuvres-vives, forment une science très-intéressante pour un marin. Cette science ne se compose, il est vrai, que de pratiques, d'une intelligence palpable, mais là, comme ailleurs, il y a encore un moyen de bien faire, il se trouve des procédés très-ingénieux, et l'on voit des officiers avancés en service, regretter de n'avoir pas, pendant leur jeunesse, apporté assez d'attention à tous les mouvemens qui s'exécutent avec le secours de cette même science, dont les applications sont très-variées dans la marine.

Quand le vaisseau est rendu à son poste, on procède à son *Amarrage* ou à l'amarrer; ce sont des chaînes qu'on y emploie, ou des cordages très-forts; ceux-ci font plusieurs tours, s'il est nécessaire, ou sont en double et en triple; ils sont fortement saisis, ils ont un peu de mou pour se prêter au gonflement ou à l'abaissement des marées; mais pas assez pour que le vaisseau change sensiblement de position et barre le passage; et ils entrent à bord par des sabords, autres que ceux des extrémités, pour que leur poids ne fatigue pas l'arrière et l'avant de la construction. On communique de la terre au bord par des appontemens ou ponts-volans, par des embarcations, ou par de petits bâtimens placés entre le quai et le vaisseau. Les cordages dont on se sert pour l'amarrage ou le halage, sont des *Câbles*, des *Grelins*, des *Haussières*, ou autres manœuvres de l'armement du vaisseau, que l'on détourne un instant de leur première destination; et quoique nous sachions tous ce que l'on entend en général par câbles et cordages, nous n'en croyons pas moins utile d'entrer dans quelques détails à cet égard.

II. Le cordage dont on se sert ordinairement dans la

marine, est le plus souvent confectionné avec du chanvre ;
cependant on en fabrique quelquefois pour l'usage des
vaisseaux, en Pitte (filament d'une espèce d'aloès), en
Quer (enveloppe filamenteuse de la noix de coco), ou
en Bastin (sorte de jonc qui croît dans le Levant) : ces
trois dernières espèces de cordage ont des qualités inférieures pour la force, à celles des cordages fabriqués
avec du chanvre ; mais ils sont plus légers que l'eau à
volume égal ; et employés comme câbles, cette tendance
à surnager leur donne une direction très-favorable pour
résister aux efforts du tangage d'un navire à l'ancre. Le
chanvre a d'ailleurs l'avantage de la longueur dans les
brins, et de l'économie dans les prix. On se sert aussi
dans les arts de cordes de coton, de soie, de boyaux,
d'écorce de tilleul, et enfin de fils métalliques dont
l'application, malgré leur peu de flexibilité, commence
à s'introduire dans la marine, en variant les combinaisons d'emploi des métaux pour cet objet.

La fabrication des cordages se compose de deux opérations : la Filature et le Commettage. La filature consiste à transformer à l'aide de roues, les brins de chanvre en un fil continu qui, sous le nom de Fil de Caret,
devient l'élément de tout cordage de marine. C'est ensuite en réunissant et en tortillant plusieurs de ces fils,
c'est-à-dire en les Commettant, que l'on fait, 1°. les
cordes simples, ou formées de deux ou plusieurs fils de
caret réunis par un premier commettage, et nommées
aussières ou haussières ; 2°. les cordes composées, ou
formées de plusieurs aussières réunies par un second
commettage, et nommées grelins. Les aussières qui entrent dans la composition d'un grelin, se nomment
Torons.

Le Câble a de 6 à 24 pouces de circonférence; le bâtiment, selon sa force, choisit dans ces dimensions. La longueur du câble est fixée à 120 brasses; il se compose ordinairement de 3 grelins câblés ou commis ensemble. Nous venons d'expliquer que par commettre un cordage, on entend le confectionner avec d'autres parties, telles que fils de caret, torons, aussières ou grelins. Le cordage le plus tortillé est commis au tiers; d'autres sont commis entre le tiers et le quart, et d'autres au quart; c'est-à-dire, en général, que les fils tendus se sont trouvés raccourcis d'un tiers, d'un quart, etc., après le commettage. Le Grelin tient le milieu entre le câble et l'aussière; il est formé de 3 ou 4 aussières commises ensemble; les plus gros ont 11 pouces de circonférence, la longueur des grelins est de 120 brasses. Les grelins de 4 haussières ne seraient pas ronds, si en les commettant, on ne leur donnait pas une mèche ou un cordage central, qui occupe le milieu du grelin dans toute sa longueur; cette mèche est de fils blancs du dernier Brin (de la dernière qualité du chanvre); elle est un peu tortillée, et moins grosse que chaque aussière. L'Aussière se compose de 3 ou 4 torons, chacun au moins de 6 fils de caret; le cordage qui forme les aussières, n'est commis qu'une fois; celui des grelins l'est deux Toutes les manœuvres, ou aussières, grelins, câbles, et gros cordages d'un vaisseau sont mesurés par le nombre de pouces, non de leur diamètre, mais de leur circonférence; les petits cordages, tels que ceux dont nous allons parler, se désignent seulement par le nombre des fils qui entrent dans leur composition.

On nomme en général Toron, la réunion de plusieurs fils de caret tortillés, disposés à être commis en un

nombre déterminé de torons semblables, et prêts ainsi
à composer un cordage ; le tortillement qu'on donne aux
fils de caret pour former le toron, se fait dans le sens
opposé à celui de la torsion première des fils. Les torons,
pour les différens cordages, sont aussi désignés par le
nombre des fils de caret. Le fil de caret est fait, comme
nous l'avons dit, avec des fibres de chanvre qu'on a tor-
tillées ensemble ; il a de 4 à 6 lignes de circonférence
quand il s'agit de former des cordages, et 4, 3, et au-
dessous pour petites lignes d'amarrage, lusins, merlins,
bitords, quarantainiers, lignerolles et fils à voile. On
désigne le fil de carret suivant sa qualité, par le nom de
fil de premier brin, de second brin, blanc, goudronné;
car souvent on y mêle du goudron pour qu'il soit moins
sensible à l'action de la pluie, qui le détériorerait et le
pourrirait promptement sans cette précaution. Une autre
vertu du goudron appliqué au cordage, est de diminuer
considérablement la tendance qu'a celui-ci à se raccour-
cir à l'humidité, ou lorsqu'il est mouillé : on a vu des
cordages blancs, ou sans goudron, tendus sur des crocs
ou pitons bien assujettis, arracher ou casser ces crocs
ou pitons, lors d'un simple changement de température sèche à un temps pluvieux. On sait que le goudron
est une résine noire et gluante que l'on extrait des pins
par le moyen du feu.

Le Lusin est une petite ligne d'amarrage, ou qui sert
à amarrer, à arrêter de plus gros cordages ; il se compose du commettage de deux fils de caret très-fin ; il en
est de même du Merlin et du Bitord, mais celui-ci est
plus grossier que le merlin, et le merlin l'est davantage
que le lusin. Les fils de caret du bitord sont toujours
goudronnés ; on emploie le bitord aux usages les plus

communs, comme pour envelopper certaines manœuvres et les préserver du frottement ; on en fait à bord avec de vieux cordages, au moyen d'une petite mécanique appelée tour-à-bitord. Le Quarantainier est un cordage formé de 2 à 5 fils goudronnés ; on lui donne 60 brasses de longueur, ce qui forme une pelote ou manoque. La Lignerolle est de la grosseur du fil à voile le plus fort ; elle se fait à bord avec du vieux cordage mis en étoupes que l'on tourne entre la main et le genou ; celui-ci se recouvre alors d'un morceau de grosse toile qui, au surplus, ne sert qu'à préserver le pantalon de l'ouvrier.

Il est à remarquer qu'indépendamment de la qualité du chanvre, le commettage des cordages influe beaucoup sur leur durée, sur leur bonté. Il est vrai qu'un cordage composé, par exemple, de 20 brins, supposés égaux en force, n'a pas vingt fois la force de chacun de ces brins ; mais sans commettage, sans goudronnage, ces 20 brins seraient en très-peu de temps attaqués, détériorés, pourris ; et tous, cédant l'un après l'autre, ils seraient incapables d'aucun service : le goudron a cependant l'inconvénient d'échauffer les cordages, d'en augmenter la raideur de $\frac{1}{6}$ environ, ou même de $\frac{1}{3}$ quand il gèle ; et en tous ces points, il faut beaucoup de soins et de précautions. On a fait à ce sujet de grandes recherches et de nombreuses expériences, afin d'obtenir des Manœuvres (ou cordes pour la manœuvre) souples, résistantes et légères, et l'on a reconnu qu'entre autres choses, dans le commettage, il fallait souvent employer des torons, des fils de caret très-inégalement tordus au préalable, pour qu'après l'opération, ils se trouvassent, chacun suivant sa place, avoir acquis une torsion qui leur laissât une force égale ; car cette égalité individuelle contribue évidemment à celle qu'aura le cordage entier. Les cordages qui doivent être à poste fixe, sont plus commis que ceux qui courent dans les poulies, et plus encore ceux qui doivent servir sous l'eau comme grelins et câbles : à grosseurs inégales, les cordages dont les élémens, c'est-à-dire les fils, sont plus fins, et par conséquent en plus grand nombre, sont aussi ceux qui ont le plus de force.

MM. *Duboul* et *Durécu*, maîtres cordiers, l'un de Bordeaux, l'autre du Hâvre, s'approchèrent les premiers de la solution du problème de la meilleure confection du cordage ; *Fulton* et le capitaine *Huddart* le résolurent ensuite complétement ; enfin MM. *Lair* et *Hubert* ont introduit dans notre marine ces perfectionnemens, qu'ils ont enrichis de leurs expériences et de leurs inventions : on voit sortir de leurs mains certains cordages qui l'emportent du double en force sur les anciens, ce qui permet de diminuer considérablement leur volume, par conséquent allège le poids, économise la matière et procure plus de souplesse. Un appareil de *Fulton* sert à fabriquer des cordages de toutes dimensions dans un très-petit espace ; et par celui de *Huddart*, chaque toron se tord en même temps.

Les pêcheurs tannent quelquefois leurs cordages au lieu de les goudronner, ce qui les corrode moins, mais ne les préserve pas aussi bien des atteintes de l'humidité ; pour les mines, où le tourbillonnement des cordes qui servent à extraire des fardeaux, les fatigue et les use considérablement, on fait des cordages plats de 2, 4 ou 6 aussières, commises les unes à droite, les autres à gauche, et unies entre elles par une corde qui les traverse de part en part dans le milieu de leur épaisseur ; enfin le vieux

cordage goudronné n'a pas moins de raideur que le neuf,
quoique le service ait détendu les fibres du chanvre; et
l'on attribue cet effet au durcissement du goudron par le
contact de la pluie ou de l'air.

III. Nous supposons le vaisseau rendu sous la machine
à mâter; nous allons parler des bas mâts, et ensuite
de cette machine ainsi que de la manière de s'en servir;
mais auparavant, nous indiquerons exactement quelle
est la *Position* assignée à chaque bas mât, et quelles sont
les *Dimensions* de ces mâts.

Le *Grand-Mât* s'établit aux $\frac{10}{36}$ de la longueur principale à partir de l'étrave, et le *Mât de Misaine* aux $\frac{5}{36}$
de cette même longueur à partir du même point. Ces positions ne sont pas déterminées exactement par le calcul,
car on trouve dans les ouvrages des géomètres que, malgré leurs efforts, la science n'a pu rien prescrire encore
de positif à cet égard, et qu'il en est de même de la hauteur absolue des mâts. On s'est donc fixé pour ces *Positions* d'après une considération qui, tout en laissant du
vague, pose cependant des bornes : celle que le centre
d'effort de la voilure doit souvent être porté à une distance plus ou moins grande en avant du centre de gravité
du vaisseau, mais que jamais il ne doit passer en arrière
de ce même centre. Cette condition est évidemment nécessaire pour qu'il existe une opposition suffisante à la
résistance de l'eau vers la joue sous le vent, quand le
vaisseau est mu par une impulsion latérale. Les points
que nous avons indiqués pour la position des mâts, doivent satisfaire à la condition qu'au moyen de voiles
étendues sur les mâts ou leurs vergues, on puisse établir
l'équilibre entre ces deux forces; et par surcroît de pré-

caution, comme aussi pour concourir encore à augmenter la vitesse, quoique avec bien moins d'efficacité, on a
imaginé de placer vers les extrémités, deux nouveaux
mâts de longueurs inférieures; ce sont le *Mât d'Arti-
mon* et le *Mât de Beaupré*; le mât d'artimon est au $\frac{30}{36}$ de
la longueur principale à partir de l'étrave; et le mât de
beaupré, ainsi que nous l'avons vu, s'élance de la poulaine, en saillant obliquement de l'avant sous un angle
à l'horizon de 20 à 25 degrés.

Généralement parlant, les trois premiers de ces mâts
seront droits, c'est-à-dire qu'ils seront verticaux, quand
le vaisseau sera lui-même Droit ou dans son assiette; il
est évident, en effet, que puisque ordinairement la direction du vent est parallèle à la surface du globe, et
que quand elle ne l'est pas c'est seulement de quelques
degrés (de 8 à 15) et alors de haut en bas, ce sera cette
position qui, pendant toutes les inclinaisons possibles du
vaisseau, conservera le plus souvent à l'action des voiles, l'effet par lequel le navire pourra se mouvoir le plus
parallèlement à lui-même. On y trouve encore l'avantage que les mâts sont moins fatigués du poids des vergues, voiles et objets de gréement dont ils sont chargés.
On remarquera pourtant que le mât d'artimon s'incline
ordinairement de 7 à 8 degrés vers l'arrière : on trouve
cette installation plus agréable à l'œil, les voiles de ce
mât acquièrent ainsi un peu plus d'éloignement du centre
de gravité, et elles abritent moins celles du grand-mât
quand le vent souffle des environs de la poupe. L'inclinaison du beaupré sert à donner des points d'appui,
vers l'avant, à d'autres mâts, ainsi qu'à installer des
voiles qui agiront en partie de bas en haut, et dont par
conséquent une partie de l'effet sera de tendre à dimi-

nuer les immersions de l'avant du bâtiment, pendant le tangage.

Le rétrécissement du vaisseau par l'avant, la distance où le mât de misaine se trouve du centre de gravité, empêchent que ce mât, sa vergue et la voile qui en dépend, aient d'aussi fortes dimensions qu'on en remarque pour le grand-mât, et pour ceux qui le surmontent, afin d'aller chercher les brises les plus élevées et les plus légères; on a en conséquence laissé à ceux-ci toute la longueur que l'on a pu, sans excéder les limites où les cordages qui les soutiennent feraient des angles trop aigus, et ne pourraient suffire à leur maintien; et le mât de misaine a été réduit en raison de la diminution de la largeur du vaisseau en cette partie, et de sa distance au centre de gravité. On appelle *Ton* du mât, la partie supérieure de ce mât, contre laquelle est appliquée la partie inférieure de celui qui surmonte ce premier mât. Le ton est environ le $\frac{1}{7}$ de la longueur totale de son mât, le plus petit diamètre du mât est les $\frac{2}{3}$ du plus fort.

		pieds		pieds	pouc.		
Longueur du Gr.-Mât—	115.—	Plus fort diamètre.—3	o	—Ton.—16.			
Id. du Mât de Misaine.—105.—		*Id.*	—2	$10\frac{1}{2}$	— *Id.* —15.		
Id. Id. d'Artimon.— 76.—		*Id.*	—1	$11\frac{1}{2}$	— *Id.* —10.		
Id. Id. de Beaupré.— 65.—		*Id.*	—2	$11\frac{3}{4}$.			

Nous avons vu que le maître-bau de notre vaisseau était de 47 pieds, ainsi le grand-mât a environ $2\frac{1}{2}$ de baux de longueur, $\frac{1}{16}$ de bau de diamètre et $\frac{1}{3}$ de bau de ton. Il faut s'exercer à retenir de semblables rapports avec l'unité de mesure, pour les différentes parties de la mâture et du gréement.

SÉANCE XVI.

I. Des Bois propres à la Mâture des Vaisseaux. II. Des Mâts d'Assemblage.--III. Des Machines à Mâter.—IV. Mise en Place des Bas-Mâts d'un vaisseau.

I. Les *Bois* les plus propres à la *Mâture* des vaisseaux, sont ceux qui, comme les pins et les sapins, réunissent la légèreté et la hauteur en ligne droite à la résistance et à la flexibilité. Il faut en effet qu'un mât puisse en cédant, défier quelques risées ou bouffées accidentelles du vent ; une trop grande rigidité entraînerait alors la rupture du mât. Cependant la nature ne fournit pas d'arbres assez gros, assez longs, assez parfaits dans les grandes dimensions, pour servir seuls de bas mâts à un vaisseau. Ceux-ci sont donc nécessairement formés par *Assemblage*, et il en résultera cette rigidité que nous voulions éviter, ce qui obligera à augmenter leur diamètre, pour rendre cette même rigidité susceptible de supporter les plus grands efforts qu'il faudra supposer. Un mât d'une seule pièce qui n'a de travail que sur son contour, afin d'acquérir la figure voulue, est dit fait de bois de brin.

De beaux sapins ont le cœur menu, le grain fin, les fibres flexibles, et leur bois est pénétré d'une résine abondante qui l'entretient long-temps après qu'il a été abattu, sur-tout si alors il a été soigneusement conservé dans des fosses d'eau de mer, ou si étant en place, on

a eu la précaution de le suiver fréquemment, et de ne
lui laisser contracter aucun arc, aucune déformation.
Tels sont, par exemple, les sapins du nord de l'Europe; d'autres tels que les pins ont aussi de bonnes
qualités, mais ils sont toujours inférieurs aux premiers,
et ils n'y ressemblent ni par le grain, ni par la composition des fibres. Ceux des Pyrénées ont cependant
beaucoup d'élasticité, et l'on croit que ces bois élevés
avec soin pourraient un jour nous dispenser, à la rigueur, d'avoir recours à l'étranger. Il en est de moins
beaux dans le nord de la France, dans l'Auvergne, la
Catalogne, la Savoie, et dans l'Acadie, le Canada et
la Louisiane : les quatre premières de ces espèces ont le
cœur poreux, le grain gros, et le bois sec; les autres
ont de meilleures qualités; quel que soit pourtant le bon
état de ces arbres, leur durée, comparée à celle des bois
du nord de l'Europe, et nommés spécialement bois du
Nord, n'a offert jusqu'ici que le rapport de 3 à 15.

Le diamètre des bois de mâture, lors de leur livraison,
est estimé en palmes ou mesures de 13 lignes. Les
plus gros ont 29 palmes, les plus petits 12; puis viennent les mâtcreaux ou espars doubles en diminuant jusqu'à 5 palmes, et enfin les espars simples jusqu'à 3
palmes.

Nous supposerons que nous allons procéder à la for-
mation d'un bas mât de 5 pièces d'assemblage; ce nombre
peut aller à 9, et il a été excédé dans des temps de disette. Il y a des assemblages de 4 et 3 pièces pour les
mâts les moins gros. Certaines vergues se font aussi par
assemblage, ainsi que quelques mâts supérieurs, quand
le bois vient à manquer. Dans ces cas-là, on peut en-

core faire usage de mâts creux en fer, et l'on en a fait l'essai dernièrement.

II. Si le mât était d'une seule pièce, on le conformerait de façon que, régulier dans ses contours, chacune de ses tranches parallèles aux bases, eût le diamètre requis ; il doit en être ainsi du mât d'assemblage ; sur quoi nous ferons remarquer que les assemblages de 5 et de 7, sont réputés les plus solides. Il faut encore imaginer que si les pièces choisies pour satisfaire aux diamètres du mât, ne suffisaient pas à sa longueur, on y suppléerait par de nouvelles pièces qui y seraient unies.

Avant de travailler les pièces les unes pour les autres, on commence par les équarrir, et on leur laisse des dimensions plus fortes de quelques pouces, afin de retrouver dans le bois, la matière propre à former des adens saillans dans les uns, et rentrans dans les autres ; cet engrenage s'opposera à leur séparation dans les directions parallèles aux surfaces en contact, et des cercles multipliés empêcheront l'écartement dans le sens perpendiculaire à la longueur ; on y ajoutera une longue pièce de bois vers la partie supérieure, qui sera creusée en canal pour pouvoir s'appliquer sur la convexité du mât, et elle y tiendra au moyen de fortes roustures ; ce renfort s'appelle *Jumelle*, il s'oppose à la déformation du mât, et aux effets du frottement sur la partie qu'il recouvre, et qui est la plus élevée sur l'avant, quand le mât est en place.

La pièce centrale du mât s'appelle la *Mèche* ; elle a la forme d'une pyramide quadrangulaire tronquée jusqu'au ton où elle sera cylindrique ; sur les faces de la pyramide seront appliquées les quatre pièces qui com-

plètent l'assemblage. Si l'assemblage avait dû être de 7
pièces, elles auraient été disposées ainsi qu'il suit : une
sur la surface qui sera la face avant, une sur la surface
arrière, deux sur la face tribord, et deux sur la face babord ; enfin, si le mât avait dû se former de 9 pièces,
chacune des deux faces avant et arrière de la pyramide,
aurait été couverte de deux pièces au lieu d'une. Chacune de ces pièces s'endente encore avec sa voisine.

Les pièces d'assemblage ont été préalablement équar-
ries, et une coupe transversale présenterait alors la
figure d'un carré ; pour réussir à arrondir le mât dans
le sens de sa longueur, on réduit l'assemblage de manière que toute coupe pareille supposée devienne un
octogone, puis un polygone de 16, de 32, de 64 côtés ; après quoi, l'on abat toutes les arêtes avec un cou-
teau à deux manches, et le mât a ainsi acquis l'apparence d'un solide de révolution sensiblement régulier.
Les cercles qui le ceindront seront en fer ; on les billar-
dera, c'est-à-dire qu'on les fera entrer à grands coups ;
ils auront pour largeur le $\frac{1}{7}$ du diamètre correspondant
du mât, pour épaisseur, le $\frac{1}{72}$ de ce diamètre, et on les
éloignera à une distance réciproque de 3 pieds $\frac{1}{2}$. Le
plus fort diamètre du mât doit se trouver aux $\frac{2}{5}$ de sa
longueur, à partir de son pied, c'est-à-dire qu'il sera
placé un peu au-dessus du pont. A compter de ce point,
ce diamètre diminuera régulièrement en s'approchant
vers chaque extrémité ; il en résulte que le diamètre
extrême inférieur est plus fort que le supérieur.

Il restera pour rendre les bas mâts prêts à être mis en
place, à les garnir de quelques pièces qui serviront à
assujettir ceux que ce même mât doit un jour supporter
par sa tête. Les principales d'entre ces pièces ont la

forme de consoles; elles sont plates, leur tête déborde le diamètre du mât vers l'avant. Leur longueur est le $\frac{1}{3}$ du ton; on les construit en chêne ou en ormeau. Ces pièces, appelées *Jottereaux*, forment ainsi avec la jumelle, une coulisse sur l'avant du mât; la rondeur de celui-ci exige cependant à l'avance qu'on place latéralement près du mât, deux autres pièces ou fourrures qui, avec la jumelle, donnent à cette partie du mât, une forme plane sur trois faces; c'est sur ces fourrures que seront cloués les jottereaux dans le sens de leur longueur, et de manière que leur surface supérieure soit à la hauteur du bas du ton. Enfin l'extrémité supérieure du mât sera taillée en tenon d'une hauteur des $\frac{3}{5}$ du petit diamètre. Il y aura également un tenon ou pied pour l'emplanture de la partie inférieure.

Le mât de beaupré n'étant pas vertical, ne porte pas de jottereaux, on ne lui donne pas de jumelle non plus; il sera seulement garni, à sa tête, de morceaux de bordages placés tribord et babord, en guise d'une plateforme, qui sert à quelques-uns des travaux du matelotage. Ces bordages sont travaillés sous la figure d'un *Violon*, et ils en portent le nom. On y perce quelques clans pour réas servant à des usages d'installation. La longueur des bordages est le $\frac{1}{12}$ du mât, leur largeur en est le $\frac{1}{36}$, et leur épaisseur le $\frac{1}{216}$. Ainsi que les mâts, les vergues peuvent être d'une seule pièce ou de pièces d'assemblage; leur section par un plan perpendiculaire à leur axe de longueur, présente ordinairement la figure d'un cercle; quelques personnes désireraient qu'elles fussent travaillées à huit pans : elles pourraient être ainsi moins volumineuses.

III. Les *Machines à Mâter* sont, comme à *Brest*, à

Toulon, sur un rocher ou sur un quai ; ou, comme à *Rochefort*, sur un bâtiment flottant nommé *Ponton*, et dont la figure est tout à l'avantage de la stabilité. Trois gros mâts sont placés dans un même plan ; ils s'élèvent obliquement à l'horizon sous un angle de 77°. si la machine est à terre, et de 80°, si elle est flottante ; dans ce cas, le poids du mât qui doit être soulevé, fera incliner le ponton au moment de l'opération, et il lui redonnera au moins les 3° de différence. Ces trois mâts sont, par leur base, à 12 pieds d'écartement ; à leur sommet, ils se tiennent à l'aide d'un très-grand nombre de cordages. Le mât du milieu se nomme sous-barbe, et les collatéraux, bigues. Ils sont liés ensemble par plusieurs fortes traverses horizontales nommées entretoises ; la sous-barbe a 95 pieds de longueur, sur 21 pouces de diamètre au gros bout. Ces trois mâts sont retenus et contenus du côté de la terre, ou du ponton qui a un fort mât bien appuyé à cet effet, par des cordages, par des chaînes, et par des pièces de bois obliquement disposées et nommées antennes. L'antenne supérieure est de plus forte dimension que l'inférieure, et elle est soutenue avec le plus de soin, parce qu'elle est chargée de la fonction du mâtage ; elle passe à cet effet entre les bigues, elle s'appuie sur la tête de la sous-barbe, et elle saille un peu au dehors du plan des bigues. C'est sur cette partie saillante qu'on attache les Caliornes (système des plus grosses poulies usitées) qui sont nécessaires en mâtage, et qu'on appelle aussi Appareils ou Apparaux. Les antennes des machines flottantes ont moins de longueur que celles des autres machines, puisque les trois gros mâts y ont moins d'inclinaison ; elles ont ainsi plus de force, et la machine en est mieux liée dans toutes ses parties. On trouve à terre ou sur le ponton, plusieurs cabestans disposés pour l'opération.

IV. On met le vaisseau près de la machine à mâter, sur quatre amarres pour le pouvoir haler en avant, en arrière, l'accoster ou l'éloigner à volonté de cette machine; on commence par mâter le mât d'artimon, parce qu'on n'a qu'à lâcher ou filer ensuite les amarres si le courant vient de l'avant, ou qu'à faire aller le bâtiment en arrière au moyen de ces mêmes amarres, pour pouvoir mettre en place le grand-mât et successivement le mât de misaine et le mât de beaupré. On Frappera (fixera) donc un appareil un peu plus haut que le milieu du mât d'artimon, afin que lorsque ce mât sera suspendu, il se trouve autant que possible dans une situation verticale. Si la machine à mâter est à babord du vaisseau, on aiguillette, assujettit avec du cordage, l'appareil sur tribord du mât; si l'on craint que l'aiguillettage ne glisse, on le fixe au fort du mât par une sorte d'amarrage appelé jarretière. On garnit ou tourne le courant du garant, qui est le cordage de la caliorne, autour du cabestan, et l'on vire à ce même cabestan pour élever le mât, en ayant soin de haler sur les amarres du côté opposé à celui où se trouve la machine à mâter, à l'effet de laisser passer le mât entre cette machine et le vaisseau. Lorsque la tête du mât est hors de l'eau, l'on y frappe tribord et babord deux poulies volantes garnies de cordages appelés cartahus, comme tous ceux destinés à de pareils usages momentanés : on laisse virer jusqu'à ce que le pied du mât soit par-dessus le plat-bord, alors on accoste le vaisseau de la machine à mâter, en halant sur les amarres qui sont de ce côté, et de manière que le pied du mât soit vis-à-vis de son étambrai; on fait dévirer en dou-

ceur, et le mât par son poids fait affaler ou filer le garant. Si ce poids ne suffisait pas pour faire descendre le
mât, on garnirait au cabestan, un cordage appelé queue
d'appareil que l'on frappe sous la poulie de caliorne inférieure, et l'on virerait dessus. On place enfin sur chaque pont, des hommes, les uns armés de trévires ou
cordages propres à faire effort sur le mât, les autres
d'une planche épaisse d'un bout et mince de l'autre,
pour diriger le mât dans ses étambrais et dans son emplanture; celle-ci aura été nettoyée et goudronnée pour
le recevoir : on peut ajouter à ces moyens un autre appareil plus léger frappé vers la tête du mât, et qui appelle également de l'extrémité supérieure de la machine
à mâter; cet appareil sert très-efficacement à ranger le
mât dans sa position verticale. Le procédé est le même
pour mâter le grand-mât et le mât de misaine; seulement on met un ou deux apparaux de plus qu'au mât
d'artimon, en ayant la précaution de les frapper à une
hauteur convenable pour le mâtage ; c'est-à-dire que
le plus fort appareil est frappé à un ou deux pieds au-
dessus du milieu du mât, et les deux autres entre ce
point et les jottereaux. On garnit les courans des garans aux cabestans, où l'on fait virer également, pour
qu'ils fassent effort ensemble. Les cartahus frappés à la
tête des mâts leur serviront de haubans pour les maintenir en attendant que ces derniers soient installés; ils
serviront encore à hisser à la tête des mâts, des hommes
au besoin, et divers cordages ou objets qui devront y
trouver place.

Pour mâter le mât de beaupré, on frappe un des plus
forts appareils sur le mât, un peu au dehors de l'endroit qui doit porter sur l'étrave, et un autre au tiers

11

de la longueur du mât à partir du chouquet ; l'on a ainsi
la facilité de tenir le mât dans une position oblique :
on fait garnir les garans au cabestan pour hisser le mât ;
lorsque son pied est à la hauteur du chambrage ou de
l'étambrai, on garnit les amarres de l'avant du vaisseau
au cabestan pour faire aller de l'avant. Deux cordages,
appelés *Faux Garde-Corps*, ont été amarrés à la tête
dudit mât aussitôt qu'elle a été hors de l'eau ; ils serviront à guider le mât. Alors pour diriger ce mât à présenter son pied dans le chambrage, on fait affaler en
douceur les garans des appareaux, et l'on hale en même
temps sur les garans de deux forts palans frappés, l'un
à tribord, l'autre à babord du mât, sur l'aiguilletage du
premier appareil ; on force ainsi le pied du mât à entrer
dans son emplanture, et l'on n'a pas négligé de placer
le chouquet de beaupré avant de mettre ce mât à l'eau.
C'est en effet dans l'eau que sont conduits et que se trouvent les bas mâts d'un vaisseau, directement au-dessous
de la machine à mâter, lorsqu'on se dispose à les établir sur le vaisseau.

Nous verrons plus tard comment on consolide, garnit
et soutient ces mâts, comment on les surmonte d'autres
mâts, et les munit de vergues destinées à porter les
voiles du vaisseau ; tous ces détails appartiennent à une
science appelée du *Gréement*, et le moment n'est pas venu
de les exposer ; il nous importait de pouvoir travailler
à la disposition des poids ou à l'arrimage : les mâts sont
en place, rien ne peut entraver cette opération, et nous
allons nous en occuper. Il est bien vrai qu'ordinairement à bord, on fait alors marcher de pair l'arrimage
et le gréement, et qu'il est avantageux que certains cordages aient été raidis, ou aient fait une partie de leur

effort, afin qu'on puisse les raidir encore avant de mettre à la voile; mais on ne peut entreprendre ces deux descriptions à-la-fois, et nous commencerons par celle de la disposition des poids.

~~~~~~

SÉANCE XVII.

I. Réflexions sur l'Arrimage. — II. De la Stabilité, du Centre de Gravité et du Métacentre. — III. Du Soufflage.

I. L'*Arrimage* est l'art de disposer les corps qui doivent être contenus à bord, suivant l'ordre le plus propre à leur conservation et qui exige le moins d'espace; mais de manière à donner au vaisseau la plus grande stabilité, les mouvemens les plus doux, et la ligne d'eau la plus favorable à sa marche, sans cependant fatiguer aucune de ses parties par un poids qui excède celui que sa construction le destine à porter : ces conditions sont fort difficiles à remplir, et elles soulèvent tant de considérations, que cette science est encore fort conjecturale, et que la théorie lui prête un bien faible secours ; aussi se borne-t-on en général à suivre les leçons d'une pratique éclairée par l'expérience.

Il est vrai que le devis du vaisseau étant donné par les ingénieurs, et conséquemment la différence du tirant-d'eau qu'a le vaisseau lège à celui qu'il doit avoir lorsqu'il est chargé, étant connue, on peut diviser la cale en tranches transversales par des plans verticaux, et calculer au moyen du volume d'eau qu'il reste à chaque tranche

11.

à déplacer, quel est le poids particulier dont on peut
charger chacune de ces tranches ; mais quoique cette règle paraisse infaillible, comme elle suppose un devis parfait, ce qui est presque impossible ; comme aussi le constructeur donne plus de force aux parties qui doivent être
le plus chargées, ou éprouver le plus de fatigue, et qu'il
se présente en outre une foule d'obstacles dans l'exécution, et de choses difficiles à combiner, il s'ensuit qu'il
faut toujours en revenir à la pratique.

Au nombre des obstacles qui s'opposent à un arrimage
conçu d'après ce plan, nous ferons remarquer la diversité des chargemens des vaisseaux, les changemens qui
surviennent tous les jours dans certaines tranches, et
sans aucun rapport assignable entre elles, par la consommation de certains objets, par la détérioration ou la
perte de plusieurs, et par la diminution de poids de
quelques autres : nous citerons encore l'embarras de
bien peser tout ce qui entre à bord, malgré le bel exemple qui en a été donné plusieurs fois, ou dans ce cas, la
perte de temps qui en résulte : nous mentionnerons enfin
la nécessité où l'on serait alors de laisser du vide dans
la cale, vers les tranches où sont les emplantures des
mâts ; car ces mêmes mâts, leurs vergues et leur gréement chargeraient ces tranches de manière qu'il serait
hors du principe énoncé d'y ajouter beaucoup d'autres
poids : il serait d'ailleurs absurde de laisser un pareil
vide, à cause de la solidité qu'il faut donner à l'arrimage, et de l'emplacement que l'on perdrait.

Mille exemples prouvent qu'en suivant les seules leçons de la pratique, on parvient souvent à s'assurer de
bonnes qualités et une belle marche : on en est donc
à-peu-près réduit à suivre les règles qu'elle a servi à

établir, et l'on s'attache principalement à donner au vaisseau, la différence de tirant-d'eau voulue par l'ingénieur constructeur, ou par ceux qui ont déjà navigué à
bord de ce vaisseau, et qui y ont fait des expériences;
on suit les devis donnés par eux : et à la mer, une quantité disponible de lest, qu'on appelle *Lest-Volant,* égale
au dixième de la quantité totale du lest embarqué, et de
légers changemens, peuvent seuls en en faisant usage
sous toutes les allures ou combinaisons de voilure, et le
loch à la main, ou d'après une comparaison raisonnée
avec la marche d'un vaisseau voisin, si l'on navigue de
compagnie, montrer et corriger, s'il en existe, les défauts de ce devis.

On a observé, et même *Euler* a déduit du calcul,
que les parties de la charge qui sont de la pesanteur
spécifique la plus considérable, contribuaient à douer le
vaisseau de la facilité à bien gouverner, quand on les
rapprochait de l'axe vertical qui passe par le centre de
gravité. La stabilité, la conservation de la coque du
bâtiment, l'utilité, qui en est une conséquence, de s'opposer à l'arc que la quille commence à contracter dès
l'instant que le vaisseau sort des chantiers, la qualité
précieuse de s'élever sur les lames, dépendent évidemment de la même règle d'arrimage; mais comme évidemment encore, il en résulterait des mouvemens de
roulis et de tangage très-vifs, on ne doit pas exécuter
cette règle à la rigueur, et l'on étend les poids en longueur, en largeur, suivant que la pratique et l'expérience l'indiquent pour tout concilier.

Ainsi donc, afin de rendre les mouvemens de roulis
et de tangage moins vifs, moins étendus, moins fati-
gans, il est convenable d'éloigner les parties de la

charge, de l'axe qui passe verticalement par le centre
de gravité ; et de même que des proues et des poupes
pleines et résistantes tendent à adoucir le tangage, de
même aussi une muraille droite à la flottaison, et par le
travers des mâts, tend à diminuer le roulis.

Quant aux auteurs qui ont considéré le roulis comme
l'effort d'une action simple du vaisseau, résultant d'une
inclinaison qu'on lui ferait éprouver pendant que la surface de l'eau se maintiendrait horizontale, ils ont fait
une fausse supposition ; il suffit, pour s'en convaincre,
de réfléchir à la multitude de lames plus ou moins fortes
qui l'occasionnent, et au plus ou moins de variation
dans l'intensité du vent qui l'arrête ou le favorise ; ce
sont même ces lames que nous verrons retarder l'immersion de l'avant, lors du tangage ; car on a remarqué
qu'un bâtiment soulevé alors par la proue, s'élève par
un mouvement accéléré, et qu'il retombe par un mouvement retardé, ce qui paraît absolument opposé aux
principes reçus sur l'action des eaux.

II. La *Stabilité* requiert cependant avant tout que les
poids soient placés de manière que quelque forte que
soit l'inclinaison du vaisseau, sous une voilure qui puisse
résister au vent sans mettre la mâture en danger, le bâtiment ne soit pas exposé à chavirer, et qu'il soit même
facilement susceptible de se redresser ; il existe donc un
terme moyen de stabilité fort difficile à trouver ; mais
avant de nous étendre sur les inconvéniens du trop ou
du trop peu de stabilité, nous expliquerons ce qu'est le
métacentre.

Nous savons qu'un vaisseau flottant est sollicité par
deux forces verticales ; savoir la poussée des eaux, dont
la résultante passe par le centre que nous avons appelé

de volume, et le propre poids du vaisseau, dont la résultante passe par le *Centre de Gravité* du vaisseau. La carène du navire, supposé droit ou en équilibre, étant représentée par le plan transversal A B C (*fig.* 1), où se trouve le centre de gravité, les deux forces dont nous venons de parler sont évidemment égales et directement opposées; nommons V le centre de volume, et G le centre de gravité. Si nous supposons actuellement qu'une cause quelconque fasse incliner le navire, comme on le voit en D E F, et que ces deux forces tendent à le redresser, cette tendance constitue la stabilité.

Il est donc important de connaître quelle doit être la position de G, pour que le vaisseau soit toujours sollicité à se redresser. Le navire étant soumis à l'inclinaison dont nous venons de parler, un nouveau point de la carène, placé hors du plan diamétral, viendra correspondre au nouveau centre de volume, lequel change de position en raison de cette inclinaison. Nommons ce point V', et par ce point élevons une verticale jusqu'à la rencontre du plan diamétral du vaisseau; ce point d'intersection que nous nommerons M, sera le *Métacentre*; et il est évident que si G, qui ne sort pas du plan diamétral, se trouve alors avoir été placé au-dessous de M, la pesanteur tendra à redresser le vaisseau, aidée de la poussée verticale, laquelle passe par le centre de volume V', et agit suivant V'M; la pesanteur, aidée encore de la poussée verticale, tendrait au contraire à faire chavirer le vaisseau si, sous cette inclinaison, G se trouvait avoir été placé plus haut que ce même point M; enfin le navire resterait en équilibre, toutes choses conservant d'ailleurs les mêmes rapports, si G se confondait avec M.

Il suit de ce qui précède que le métacentre est la limite de la hauteur à laquelle on peut placer le centre de gravité du vaisseau ; qu'il est d'autant moins haut que l'inclinaison est plus forte, et que c'est un objet essentiel de connaître à quelle distance il doit se trouver, soit du centre de volume, soit du centre de gravité, dans les circonstances de plus grande inclinaison que nous avons dit pouvoir être supportée par la voilure et la mâture. Nous avons vu dans le tableau de la séance XIV, qu'à bord de notre vaisseau, la position du métacentre devait être à 12 pieds 11 pouces au-dessus du centre de gravité. Dernièrement encore, à bord d'une frégate de 50 canons, prête à prendre la mer, on a calculé que le centre de gravité se trouvait à 3 pieds $\frac{1}{2}$ en avant du milieu de sa longueur absolue, c'est-à-dire à 13 pieds 10 pouces de l'axe du grand mât, et à 5 pieds au-dessous du faux-pont ; le métacentre était sur la même ligne verticale, mais à 5 pieds au-dessus de ce même faux-pont.

Cette limite étant désignée dans le devis, pour satisfaire à tout ce que peut exiger la stabilité, on s'en approche autant qu'on le peut lors de l'arrimage, pour la position du centre de gravité, et cela afin de conserver au vaisseau tous les avantages que nous avons établi pouvoir résulter de l'extension des poids en longueur et en largeur ; mais comme l'artillerie et une grande quantité d'objets qui ont beaucoup de poids, doivent occuper une place fort élevée au-dessus du plan de flottaison, il n'y aurait pas de stabilité suffisante à bord, si l'on n'avait la précaution de charger les fonds de la cale d'une quantité considérable de pièces en fer, nommées gueuses, qui composent ce que nous avons appelé le lest du vaisseau. À bord des bâtimens sans artillerie, le lest peut aussi s'employer pour faire équilibre à la charge, dans les cas d'inclinaison.

Développons actuellement ce qui concerne la stabilité : si la stabilité est trop forte, les vaisseaux n'ayant pas une faculté suffisante de s'incliner, jusqu'à un certain point, sous l'effort du vent ou par l'action des lames, et tendant à revenir trop vivement dans leur assiette après leur avoir obéi, on ne peut douter qu'il n'en résulte souvent des avaries considérables, il faut y obvier le plus tôt possible, en élevant le centre de gravité au moyen de poids déplacés de bas en haut; ou quand on rentre au port, en embarquant une artillerie plus nombreuse ou plus pesante.

Le défaut de stabilité présente des inconvéniens encore plus grands; car il est difficile à la mer d'abaisser le centre de gravité; il faut donc que le manœuvrier accorde alors une attention constante à la surface de la voilure déployée, et à l'intensité présumable du vent; dans une chasse, sous une côte, où il faut souvent porter beaucoup de voile, le défaut de stabilité peut y mettre obstacle et compromettre le vaisseau; l'inclinaison du bâtiment, par un vent du plus près ou du travers, est plus forte qu'elle ne devrait l'être; elle diminue ainsi la hauteur de la batterie basse qui peut, par là, se trouver paralysée dans une action; elle tend encore à rendre le vaisseau plus ardent; elle altère davantage l'effet des voiles qui en sont plus obliques à la direction du vent; elle fait submerger outre mesure les rondeurs de la proue sous le vent, ce qui diminue le sillage; la dérive, dont nous parlerons par la suite, s'en trouve augmentée; la mâture ainsi que le bâtiment en sont plus fatigués; la lame enfin a plus de facilité à atteindre le plat-bord du navire.

III. Lorsque ce défaut a été reconnu, on préfère quelquefois, au lieu d'augmenter ou d'abaisser les poids,
recourir, avant de quitter le port, à l'opération du
Soufflage. Elle consiste à mettre sur la surface des œuvres-vives, jusqu'un peu au-dessus du plan de flottaison, un enduit recouvert d'un bordage en bois fortement cloué à la carène. « Par ce moyen, dit M. le
Marquis de *Poterat* (*Théorie du Navire*), la largeur
du plan de flottaison se trouve accrue de l'épaisseur du
bordage de chaque côté, ce qui augmente la hauteur du
métacentre au-dessus du centre de volume, qui est pro-
portionnelle aux cubes des largeurs du même plan de flottaison, et par conséquent aussi la hauteur du métacentre
au-dessus du centre de gravité, d'où dépend la stabilité :
de plus le volume des parties qui composent le soufflage,
étant moins pesant qu'un pareil volume d'eau, on peut
augmenter le lest d'une quantité égale à l'excédant du
poids du volume du fluide sur celui du soufflage, sans
altérer pour cela le plan primitif de flottaison. » Il est
inutile d'ajouter que de tels bâtimens sont des vaisseaux
manqués, et que leurs plans doivent être proscrits.

Telles sont les considérations à apporter dans la disposition et l'arrangement des poids d'un vaisseau, et
quoique ce qui se pratique aujourd'hui à cet égard puisse
sans doute être susceptible d'améliorations; quoique les
progrès des arts, et bientôt peut-être, y donneront lieu à
de notables différences, nous ne devons pas moins tracer
ici la description de l'arrimage, tel qu'il s'exécute actuellement; et nous ne ferons plus ici qu'une remarque :
c'est que l'*Arrimage,* proprement dit, s'entend en général d'objets de poids considérables, comme lest, eau,
vivres de campagne, rechanges : tandis qu'on emploie

une autre dénomination, celle d'*Installation*, pour ce qui concerne les provisions choisies, l'ordre de l'entrepont ou des batteries, l'ameublement, le goût, l'agrément, la mâture et les vergues, et autres détails partieliers.

~~~~~~

SÉANCE XVIII.

I. De l'Arrimage........—II. Du Lest. — III. Des Poudres de l'Avant.—IV. Des Légumes.

I. L'*Arrimage* et le chargement, à bord des bâtimens de guerre, se composent ordinairement, et à-peu-près, des mêmes objets; il faut que ces objets soient classés avec ordre, ou distribués de manière à être au besoin sous la main; ils doivent laisser le plus d'espace libre possible pour la facilité de la manœuvre ou du jeu de l'artillerie, et pour la commodité de l'équipage ou la salubrité du vaisseau. Sur les navires du commerce, au contraire, les combinaisons diverses du volume, du poids de la charge et de la forme du bâtiment, donnent lieu à des variétés infinies dans les dispositions de l'arrimage; on s'efforce à ce qu'aucune partie du bord ne reste inoccupée; la marche, à quelques heureuses exceptions près, y est le plus fréquemment sacrifiée à l'avantage d'un port considérable, et le pont même y est souvent encombré d'une manière qui semble effrayante. Il paraîtrait résulter de cette comparaison que l'arrimage d'un bâtiment de la marine militaire doit servir de règle, de modèle fixe, pour tous les autres bâtimens de même espèce.

Il n'en est point ainsi : les innovations successives, ou les essais continuels dans le système de la construction ; le perfectionnement des matières d'approvisionnement , ou d'armement et de gréement ; un faux côté ; un arc plus ou moins prononcé de la quille ; la différence de pesanteur des bois entre deux ou plusieurs vaisseaux ; une destination particulière ; la manière dont chaque capitaine envisage l'influence de l'arrimage et du gréement entiers sur les qualités du bâtiment à la mer ; mille causes enfin se présentent pour combattre cet ordre que certains bons esprits seraient flattés de penser devoir être immuable ; il arrive cependant pour plusieurs emménagemens particuliers déterminés pour tous par des réglemens spéciaux, que l'on remarque , pendant des intervalles assez longs , une partie de cette immutabilité ; mais, en général, on peut avancer que jamais deux vaisseaux n'ont offert une similitude parfaite dans leur armement.

Nous dirons ici ce qui se fait, ou peut se faire, sur un vaisseau de 80 canons, armé d'après les derniers réglemens ; nous éloignerons beaucoup de détails trop minutieux ou trop variables, car ce ne serait plus être élémentaire que d'être diffus ; mais nous ne négligerons rien de ce qui peut donner une idée nette de l'ensemble et du but de l'opération.

II. La cale est d'abord nettoyée avec le plus grand soin et blanchie à la chaux. Sur trois et quatre hauteurs ou plans, on place le long de la carlingue , tribord et babord , jusque vers les mâts de misaine et d'artimon , les gueuses qui composeront le *Lest* en fer. Elles sont disposées dans le même sens que la carlingue.

elles s'étendent en remontant vers les ailes ou flancs
intérieurs du navire; et c'est à partir des entours de
l'archipompe que l'on commence l'arrimage. Le même
nombre de gueuses y est très-symétriquement disposé
de chaque bord; on s'en assure au moyen d'un fil-à-
plomb, placé le long de l'étance à marches de la grande
écoutille, qui sert aussi à marquer pendant tout l'arrimage si le vaisseau conserve son assiette; et l'on y
remédie au moment même, s'il y a déviation, en rapprochant ou en éloignant quelques parties de la charge,
d'un bord ou de l'autre du plan diamétral. On opérerait
de même relativement au plan latitudinal, si le tirant-
d'eau démontrait que le vaisseau plonge plus de l'arrière
ou de l'avant que ne l'indique le devis, dont les dispositions doivent, à chaque instant, être étudiées et
suivies.

Chaque gueuse a été soigneusement lavée à l'eau
douce, avant d'être portée à bord; peut-être même à
cause de la décomposition rapide du fer, quand il est en
contact avec l'eau, et de l'altération que celle-ci subit
alors, il y aurait de l'avantage pour la salubrité de la
cale, à ce que chaque gueuse fût peinte. On remarquera
que les gueuses sont toutes pourvues de deux trous qui
les traversent en épaisseur, soit pour pouvoir les descendre aisément dans le vaisseau, et les faire remonter
à l'aide de petits cordages, soit pour y introduire des
crocs en fer garnis de bouts de corde, afin de les mouvoir dans la cale et de les traîner au lieu voulu.

On fait observer qu'il doit rester non employé dans
les plans, un dixième à-peu-près du lest, afin de pouvoir
à l'occasion, à la mer, porter ce dixième ou une partie
à telle ou telle place du vaisseau, et essayer par exem-

ple, en cas de mauvaise marche, si en faisant varier ainsi le plan de flottaison, on peut, en obtenant de nouvelles lignes d'eau, acquérir aussi une vitesse plus considérable. Ce lest de réserve et de précaution se logera provisoirement dans les parties centrales de l'entrepont, et nous avons déjà dit qu'il s'appelle lest-volant. Chaque rangée transversale de gueuses, et même de pièces ou caisses à eau, se nomme *Antenne*; et chaque antenne de gueuses, coupée dans les plans inférieurs par la carlingue et par un léger intervalle que maintiennent des tringles et des taquets pour l'écoulement des eaux, recouvre cependant cette même carlingue dans les plans les plus élevés : par-tout les porques, à cause de leur plus grande élévation, séparent les antennes de gueuses dans le sens latéral.

Nous trouverons ainsi que, tribord et babord de l'axe du grand-mât, le lest s'étend à droite et à gauche de l'axe de la carlingue, d'une quantité de......

		pi.	po.
		13	0
En avant,	à 10 pieds de distance de l'axe du même mât............................	14	10
	à 20................................	14	0
	à 30................................	11	0
	à 40................................	10	0
	à 45	8	3
	à 50................................	6	3
	à 55	5	0
	à 60 (Aboutissement du lest vers l'avant.)	4	0
En Arrière,	à 5 pieds de distance de l'axe du même mât............................	12	0
	à 10................................	12	0
	à 15................................	9	6
	à 20................................	9	0
	à 25 (Aboutissem. du lest vers l'arrière.)	8	6

Nous trouverons encore en avant du point central de

l'archipompe, pour le premier plan ou plan inférieur,
27 antennes de gueuses, contenant de 78 à 10 gueuses
de 100 livres ; plus 48 gueuses placées en Breton (en
travers ou dans le sens des baux) pour combler les vides
qui peuvent exister entre les antennes extérieures et les
porques qui les avoisinent. En arrière du point central
de l'archipompe, nous trouverons enfin 10 antennes
contenant de 64 à 40 gueuses toujours de 100 livres,
plus une antenne de 42 gueuses de 50 livres, plus enfin
68 autres gueuses de 100 livres, en breton ; ce qui pour
le premier plan, forme un total, de la valeur en gueuses
de 100 livres, de   2265

Pour le second plan, qui s'étend moins en
longueur et moins sur les ailes, nous trouverons
pareillement une valeur de.   2060

Pour le troisième, *idem. idem.*   1873

Pour le quatrième, *idem. idem.*   1402

Ce qui constitue, en valeur de gueuses de 100
livres, une somme de.   7600

Laquelle somme équivaut à 760,000 livres, ou bien
encore à 380 tonneaux de poids, mesure adoptée dans
l'arrimage et le chargement, et qui se compose de 2,000
livres. Il est une autre espèce de tonneau, connue,
dans la navigation, sous le nom de tonneau d'encombrement : on comprend en effet qu'un bâtiment chargé
de matières légères sous un volume considérable, perdrait beaucoup dans le commerce, si l'on évaluait et
payait son port et son tonnage, en raison du tonneau de
poids ; l'appréciation se fait alors par tonneau d'encombrement, lequel contient 42 pieds cubiques.

A cette quantité ci-dessus rapportée de 380 tonneaux
de lest en fer, nous ajouterons 30 nouveaux tonneaux

arrimés sous la plate-forme de la soute aux poudres de
l'arrière, et 40 tonneaux de lest-volant ; nous aurons
ainsi la totalité complète du poids du lest de notre vaisseau ; et elle s'élève par conséquent à 450 tonneaux.

Sur un plan plus élevé que celui du lest, seront,
d'après les réglemens les plus nouveaux, les distributions suivantes en allant de l'avant vers l'arrière : le
Magasin Général qui entourera en partie la Soute aux
Poudres de l'Avant ; la Cale à l'Eau, la Cale au Vin, et
la Soute à Pain entourant en partie la Soute aux Poudres
de l'Arrière : par soute à pain, on entend ici la soute
destinée à renfermer le biscuit de mer, qui est une petite
galette de forme plate et du poids de 6 onces, uniquement fabriquée avec de la fleur de farine, et cuite à un
fort degré pour se conserver long-temps.

III. Nous avons déjà vu comment étaient construites
et, en quelque sorte, isolées les *Soutes aux Poudres* ;
celle de l'*Avant* ne contient pas de poudre en baril ; la
poudre qu'on y loge est renfermée dans des caisses où se
trouve une partie de ce qu'on nomme apprêté, pour
chaque batterie. On entend par apprêté, les gargousses
remplies de poudre, ou disposées pour être mises dans
les canons ; et par gargousse, un petit sac en parchemin,
serge, tôle fort mince, toile ou gros papier, qui doit
contenir la poudre destinée à la charge d'un canon, et
qui, plein, a le diamètre du calibre de la pièce à feu,
mais de manière pourtant à y pouvoir être introduit facilement. Nous ferons remarquer ici qu'à cause des accidens du feu, et de ses conséquences dans un port, ce
n'est jamais qu'en rade ou hors de l'arsenal, qu'un bâtiment se munit de ses poudres.

IV. La soute aux poudres de l'avant ne s'étend pas en

hauteur jusqu'au faux-pont; dans cet intervalle, on construit une autre soute pour les *Légumes* qui y sont contenus et arrimés par caisses de tôle bien conditionnées et
hermétiquement fermées ; l'écoutille ou l'ouverture de
cette soute donne dans l'entrepont. Pour une campagne
de 100 jours, la quantité de légumes embarqués, consis-
tant en riz, pois, haricots ou fayols, poivre et moutarde
s'élève à 13 tonneaux.

On trouve à la plate-forme du plancher de la soute
aux poudres de l'avant, un écoutillon qui permet d'aller
visiter le pied du mât de misaine.

Nous allons continuer à indiquer ainsi, par ordre,
l'arrimage ou la place de chacun des objets principaux
d'armement, d'approvisionnement ou d'installation, et
l'on voit que tout se dispose à bord, suivant les localités et d'après les règles de l'expérience. Un problème
dont la solution a été souvent cherchée en vain, et qui
jetterait un grand jour sur la science de la construction
et de l'arrimage, est celui que l'Académie royale des
sciences de Paris vient de proposer en prix pour le
1er. janvier 1828. « Examiner, dans ses détails, les phé-
nomènes de la résistance de l'eau, en déterminant avec
soin, par des expériences exactes, les pressions que supportent séparément un grand nombre de points convenablement placés ou choisis sur les parties antérieures,
latérales et postérieures d'un corps, lorsqu'il est exposé au choc de ce fluide, en mouvement, et lorsqu'il
se meut même dans le fluide en repos ; mesurer la
vitesse de l'eau en divers points des filets qui avoisinent
le corps ; construire, sur les données de l'observation,
les courbes que forment ces filets ; déterminer le point
où commencent leurs déviations en avant du corps ;

enfin établir, s'il est possible, sur les résultats de ces expériences, des formules que l'on comparera ensuite avec l'ensemble des expériences empiriques faites antérieurement sur le même sujet. » Nous avons cité l'énoncé de ce problème en son entier, pour montrer de combien de difficultés et d'obscurité, ces matières sont encore hérissées et enveloppées.

SÉANCE XIX.

I. Des Rechanges et des Objets d'Armement ou de, etc. — Des Valets. — II. Du Charbon de terre. — III. De la Cale à l'Eau. — IV. De la Cale au Vin et des Provisions choisies. — V Des Poudres de l'Arrière.—VI. Du Biscuit.

I. Le *Magasin général* où l'on se rend par une écoutille pratiquée dans le faux-pont, contiendra tous les *Objets de Rechange et d'Armement,* ou autres qui ne doivent pas être laissés à la garde des Maîtres-Chargés, ou qui n'ont pas, dans d'autres parties du vaisseau, des emplacemens déterminés. On entend par Maîtres des sous-officiers de la marine; et par Chargés, on désigne ceux qui ont une responsabilité de matières, et des comptes à tenir à leur égard. On établit dans le magasin général des étagères, des compartimens, des couloirs, des armoires, afin d'y pouvoir loger, serrer, soigner, étiqueter, numéroter ou retrouver tout avec ordre: et au-dessous de la plate-forme de ce magasin, c'est-à-dire dans le coqueron ou espèce de réduit en forme de four-cat qu'on y trouve, on peut placer les *Valets* ou pelotons en fils de caret, du calibre des pièces à feu, destinés à bourrer celles-ci quand on les charge.

II. Sur l'arrière de la soute aux poudres de l'avant, ou entre celle-ci et la cale à l'eau, nous remarquerons encore une petite soute où se placera le *Charbon de Terre*; cette sorte de puits régnera de travers en travers, et sera terminée du côté de la cale à l'eau, par un retranchement qui ne s'élèvera pas au-dessus de ces caisses en tôle qui sont destinées, comme nous le verrons bientôt, à contenir dans la cale la provision d'eau douce. Une plate-forme recouvre ce puits; elle est garnie de plusieurs écoutillons qui permettent l'extraction du charbon; pour 100 jours de campagne, on prend à bord de 15 à 18 tonneaux de ce combustible.

III. En suivant l'ordre énoncé précédemment, nous arrivons à la description de la *Cale à l'Eau*; mais, dans les travaux de l'armement, on procède à son arrimage aussitôt après celui du lest. Au-dessus de celui-ci, dans une direction horizontale, et sur une ligne perpendiculaire à la longueur de la quille, on établit des cabrions ou madriers d'un fort équarrissage, et soutenus de distance en distance, par des taquets portant sur le lest ou sur la carlingue, et de telle sorte qu'il y ait deux cabrions pour chaque rang ou antenne de fortes caisses cubiques en tôle, de la contenance d'un ou deux kilolitres d'eau chacune, c'est-à-dire d'un peu plus d'un ou deux tonneaux; sur notre vaisseau, nous n'en arrimerons que de deux kilolitres; il va être fait, pour cette sorte de bâtimens et pour de plus forts, des essais afin d'en employer de 3 et 4 kilolitres. Le kilolitre vaut mille litres.

Chaque antenne en est horizontale comme nous venons de l'indiquer; mais à cause des façons du vaisseau, toutes les antennes ne reposent pas sur le même plan horizontal, et lorsque, extraordinairement, il est nécessaire de placer sur les ailes, des caisses dont le fond ne pourrait être de niveau avec les files plus rapprochées du milieu, ces caisses, plus élevées, porteront sur des équerres ou chevalets en bois solidement établis et assemblés contre le bord.

A cause de ces mêmes façons et de l'emplacement de l'archipompe, toutes ces antennes ne contiennent pas le même nombre de caisses : au surplus, elles doivent toutes être peintes à l'extérieur, et, pour prévenir encore l'oxidation, elles ne se toucheront pas par leurs côtés verticaux, entre lesquels on insérera des planches ou des tringles en bois debout. Ces caisses sont munies d'une ouverture dans la face horizontale supérieure, assez grande pour donner passage à un homme qui y peut pénétrer, afin de les nettoyer ou réparer; cette ouverture se peut fermer, et l'on remarque une nouvelle ouverture moins considérable, qui sert soit à l'introduction de l'eau, soit à son extraction, pour les besoins journaliers. L'intérieur de ces caisses est recouvert d'un vernis qui s'oppose à la décomposition de la tôle, et à l'amalgame des parties du fer avec celles de l'eau contenue; on n'a pu cependant, jusqu'ici, empêcher un sédiment de se former ainsi dans le fond de ces caisses, qui présentent d'ailleurs tant d'avantages sur les futailles en bois précédemment en usage.

On peut trouver ainsi dans la cale à l'eau d'un vais-

seau, laquelle s'étend jusqu'à la face arrière de l'archipompe, 3 demi-antennes de deux caisses, par le travers
et de chaque bord de celle-ci ; et sur l'avant, 11 demi-
antennes de 3 caisses, plus 3 demi-antennes de deux
caisses, de chaque côté de la carlingue. Sur les ailes et
dans les façons, on trouve de plus des barriques et des
futailles cerclées en fer, qui remplissent les vides inévitables, et qui, dans certaines relâches, peuvent servir
à être envoyées aux fontaines, dans des chaloupes, à y
être remplies, et à rapporter à bord le remplacement
de l'eau consommée. On s'occupe, dit-on, de fabriquer
des caisses en tôle pour ces mêmes ailes et façons ; elles
seront tronquées, c'est-à-dire qu'elles seront réduites en
dimension, d'un côté où leur surface sera courbe comme
la muraille du navire ; elles serviront ainsi à former des
antennes uniformes et pleines. Le reste des intervalles
est rempli par des bûches de bois de chauffage, ou par
d'autres futailles de la contenance d'une barrique, ou
même d'une moindre dimension, telles que tierçons et
barils de galère, appelées expressément pièces d'armement, et plus spécialement que les autres, destinées,
dans les relâches, à être employées pour pourvoir au
remplacement de l'eau consommée.

Récapitulant ce que nous venons de dire sur les caisses
et pièces à eau, nous trouverons dans notre cale
90 caisses de 2 kilolitres, faisant 180 kilolitres ; 20 pièces
de 4 barriques ou d'un tonneau chacune ; et 20 pièces
d'une barrique faisant 5 tonneaux ; total des tonneaux,
25, qui forment à-peu-près 25 kilolitres, lesquels ajou-
tés à 180 kilolitres d'autre part, présentent une somme
de 205 kilolitres ou tonneaux. La consommation journa-

lière est évaluée à 245 litres par 100 hommes, ou, à
cause de la perte inévitable, à un kilolitre par 400 hommes ; supposons cette consommation égale à 2 kilolitres
pour le vaisseau de 80 ; retranchons encore 5 kilolitres
de la provision totale pour évaporation ou eau mise
hors de service en vertu des effets du sédiment déjà
mentionné, et il restera ainsi une quantité suffisante
pour 100 jours de campagne, sans aucune diminution
de ration ou de la quantité allouée à chacun. Nous
comptons ici 800 hommes à bord d'un vaisseau de 80.

Dès que ces caisses ont été arrimées, on fait venir le
long du bord une ou plusieurs citernes, sortes de bâtimens chargés d'eau douce ; et à l'aide de pompes, et de
manches ou conduites en toile ou en cuir, ces caisses
sont aussitôt remplies ; on en ferme ensuite l'ouverture.
Lorsque, sous voile, elles ont été vidées, on les remplit
d'eau de mer, afin de ne pas voir s'altérer, à cet égard,
la disposition et l'effet des poids du chargement.

IV. Sur l'arrière de l'archipompe règne une cloison
transversale qui sépare la cale à l'eau de la *Cale
au Vin* ; cette cloison tient toute la largeur du navire ;
et, depuis la hauteur des caisses jusqu'au faux-pont, elle
est percée de quelques ouvertures grillées qui servent à
faciliter la circulation de l'air ; on évalue à 65 tonneaux
la quantité de vin et d'eau-de-vie nécessaire pour
100 jours de campagne ; et cette quantité est contenue
en futailles cerclées en fer, de 4 barriques et au-dessous,
suivant la commodité de l'arrimage. Ces futailles sont
sur trois et quatre plans : le premier, sur des cabrions
qui sont entaillés suivant la forme circulaire des futailles,
et tous ces plans sont garnis ou accorés avec du bois

d'arrimage, qui ne diffère du bois de chauffage qu'en ce qu'il est droit, rond, court et sans écorce, car celle-ci se réduirait trop facilement en pourriture.

La cale au vin contiendra encore une partie des vivres secs, salés ou marinés ; comme sel, 9 barriques ; fromage, 5 barriques ; sucre, 4 boucauts ; choucroûte et oseille, 28 barriques ; café, 11 quarts ou boucauts ; beurre, 24 fréquins ; viandes pour les malades, 6 caisses. Elle renferme aussi les provisions de prix, telles qu'huile d'olive, 2 barriques ; vinaigre, 5 barriques : le tout évalué pour cent jours de campagne, à 8 ou 10 tonneaux ; et il s'y trouve les installations les plus convenables pour le meilleur arrangement de ces objets, ainsi que des vivres de rafraîchissement qui doivent être placés dans cette partie du vaisseau. La cale au vin sera habituellement fermée à deux serrures ; l'officier en second, ou le lieutenant en pied a une de ces clefs, comme il a généralement celles de tous les endroits qui demandent de la discrétion, et le commis responsable des vivres a l'autre. Cette cale est ouverte chaque jour, devant la commission chargée de surveiller les distributions, pour en extraire la consommation journalière.

V. Sur l'arrière de la cale au vin, nous trouvons la soute aux *Poudres de l'Arrière,* ou grande soute aux Poudres dont nous avons aussi esquissé précédemment la description. Deux cabinets destinés à recevoir les hommes préposés à la distribution des gargousses pendant le combat, sont établis à droite et à gauche du tambour qui renferme les lampes ; chaque cabinet en reçoit de la lumière au moyen d'un petit verre lenticulaire ; la porte par laquelle on entre dans la soute, ouvre sur un de ces cabinets. Cette soute aux poudres contien-

dra une partie de l'apprêté, et la totalité des poudres en
barils; ceux-ci seront arrimés à l'avant de la soute, par
antennes superposées. On désirerait que ces barils fussent en cuivre; tous les soins pour faire sécher la poudre
devenue humide, ou pour l'empêcher de contracter de
l'humidité, seraient par là réduits à fort peu de chose.

Les caisses de l'apprêté seront le long des cloisons latérales, et il restera un espace libre où se tiendront les
hommes chargés de la distribution et de la préparation
des gargousses. On embarque sur notre vaisseau 26 tonneaux et demi de poudre, savoir : dans la grande soute
410 barils de 100 livres, plus 50 caisses d'apprêté de
100 livres; et dans la soute de l'avant 70 caisses d'apprêté de 100 livres.

VI. La soute à *Pain* ou à *Biscuit* entoure latéralement et sur l'arrière, la grande soute aux poudres; son
plancher sera à hauteur suffisante pour que l'eau des
fonds du bâtiment ne puisse pas être présumée devoir
ordinairement l'atteindre; et la provision du biscuit y
sera contenue, à l'instar de celle des légumes, dans des
caisses de tôle bien closes, et de trois grandeurs différentes, afin de laisser plus d'espace libre, quand elles seront vides, en se logeant les unes dans les autres. Ces
caisses seront maintenues par des compartimens, re-
tranchemens, tringles, montans ou taquets. Depuis long-
temps, et sur-tout lorsque nous commandions la station
de la *Guiane*, où nos légumes et notre biscuit avaient
été attaqués et détériorés de tant de manières par des
milliers d'insectes, nous avions reconnu la nécessité d'a-
dopter, et nous avions demandé qu'on prescrivît l'usage
de ces caisses qui viennent d'être ordonnées. Trois
écoutilles du faux-pont établiront la communication avec

cette soute ; et pour diminuer l'effet de la charge des parties extrêmes sur le vaisseau, on commencera la consommation par la partie la plus arrière. Il faut 5o tonneaux de biscuit pour 100 jours de campagne.

Au surplus, chaque maître, chaque commis ou agent responsable reçoit avant l'armement, une feuille qui lui indique exactement en nombre, quantité ou poids, ce qu'il a à réclamer pour sa partie, dans les magasins ; et un inventaire général a toujours lieu avant le départ, pour constater ce qui a été reçu, ou pour vérifier si tout a été demandé.

SÉANCE XX.

1. Des Provisions particulières. — II. Du Faux Entrepont, des Provisions journalières et des Ustensiles de Distribution. — Des Voiles.—Du Poste des Blessés.—Des Farines et Salaisons. —III. Des Câbles, Grelins, Aussières et autres gros cordages, ainsi que des Caliornes, Poulies, etc.—De la Maîtresse-Ancre. — IV. Des Boulets. — Du Sable. — Du Bois de Chauffage. — V. De l'Entrepont. — Des Objets du service courant des Maîtres-Chargés.—De la Pharmacie.—Des Effets d'Habillement. —Des Sacs et des Chapeaux de l'Équipage.—VI. Du Carré et des Dépôts d'Effets de l'État-Major.

I. Sur l'avant de la Soute à biscuit, et sur les côtés de la Soute aux poudres de l'arrière, seront ménagés deux *Caveaux à Provisions* pour le commandant et pour l'État-Major. On y pénétrera par des écoutillons percés

dans le faux-pont. Ces provisions pour cent jours, sont
évaluées à environ 12 tonneaux. Quelquefois les façons
du vaisseau ou la forme de sa construction ne permettent pas de placer ces caveaux dans la cale; alors on y
supplée par des Soutes sur l'arrière de l'entrepont. Nous
avons vu que les différenciomètres étaient établis l'un
sur l'avant, l'autre sur l'arrière de ces divers emménagemens.

II. En nous élevant au-dessus de la cale à l'eau, nommée aussi Grande-Cale, nous trouverons une plate-forme
composée de barrots droits, reçus dans des taquets à
gueule, cloués sur les vaigres, et qui, dans des feuil-
lures, porteront des bordages amovibles, ce qui procu-
rera un *Second* ou *Faux-Entrepont* au-dessous du
premier. Il est utile qu'entre ce plancher et la face supérieure des caisses à eau, il y ait un espace suffisant
pour qu'un homme puisse s'y glisser, afin d'introduire
dans ces caisses le bout d'une manche de cuir, qui servira à communiquer à l'eau renfermée dans ces caisses,
l'action d'une pompe de puisage.

Dans ce second ou faux-entrepont, seront les établissemens suivans, en allant de l'avant vers l'arrière :
1°. une *Cambuse*, c'est-à-dire un lieu de distribution
de vivres ou de rations, communiquant avec l'entrepont par un écoutillon; la Cambuse est destinée à recevoir, chaque matin, les vivres voulus pour la *Consommation journalière*, la portion des vivres ou de ra-
fraichissemens que le commis préposé à la partie des
subsistances croit devoir tenir sous la main, et les *Ustensiles de Distribution*; 2°. la *Soute aux Voiles*, qui
communique avec l'entrepont par deux écoutilles, placées tribord et babord des épontilles, afin de se prêter

plus facilement à l'arrangement des voiles, et à l'extraction de celles dont on peut, à chaque instant, avoir le plus de besoin ; elles sont serrées dans des enveloppes ou étuis en toile très-forte ; 3°. un *Poste* ou un Amphithéâtre pour le pansement des *Blessés*, et en général pour les grandes opérations chirurgicales.

Ces trois établissemens ne doivent occuper que le milieu dans le sens de la longueur, de la plate-forme ; il restera de chaque côté entre leurs cloisons longitudinales et la muraille du vaisseau, des espaces de figures irrégulières, où l'on arrimera les barils de *Farines*, 50 tonneaux, et ceux des *Salaisons*, 25 tonneaux ; toujours pour cent jours de campagne.

III. Les *Câbles*, *Grelins*, *Aussières* et autres cordages, ainsi que les *Caliornes* ou *Moufles* et *Poulies*, servant aux manœuvres de force, seront disposés sur la même plate-forme du faux-entrepont, en arrière des trois établissemens dont nous venons de parler, c'est-à-dire dans le voisinage de la grande écoutille ; c'est ce qu'on appelle la *Fosse aux Câbles*. De fortes chevilles à boucles, fixées sur les porques ou dans la muraille du vaisseau, servent, s'il le faut, à assurer la tenue du bout des câbles à bord, quand ils agissent sur leurs ancres, ou à les assujettir dans leur position d'arrimage. Les câbles, dans leur lovage, laissent quelque espace libre dans leurs plis ; et dans cet espace intérieur, l'on place des cordages de plus faible dimension, et d'autres Caliornes ou Poulies.

On voit aussi souvent la plus forte ancre du bord appelée aujourd'hui *Maîtresse-Ancre*, et autrefois *Ancre de Miséricorde*, placée les becs en l'air, et verticalement contre l'étance de la grande écoutille : elle y est bridée et amarrée avec force. On pense qu'il serait convenable que toutes les fortes ancres d'un vaisseau fussent d'un poids égal, et qu'il en fût de même de leurs câbles, dont les dimensions seraient alors pareillement égales entre elles.

IV. Les *Boulets* sont quelquefois dans un des compartimens de l'archipompe; il paraît qu'on les placera dorénavant dans les ailes, au-dessous de la plate-forme des câbles; les *Parcs*, ou compartimens qui les contiendront seront divisés en autant d'autres plus petits compartimens qu'il y a de calibres différens. Sur l'avant des *Puits* actuels à boulets, on trouve de chaque bord, la provision de *Sable*, arrimée dans un autre puits à cet effet.

Nous venons de mentionner l'archipompe, et nous avons déjà vu quelles étaient ses dispositions et celles du Puits pour le Câble en fer, ainsi que du Retranchement pour la Mèche du Gouvernail de Rechange : nous ajouterons seulement ici qu'il est avantageux que les dimensions de l'archipompe soient réglées et ménagées de manière à ce qu'on puisse tourner autour du pied du grand-mât, pour le visiter s'il y a lieu, et pour placer et déplacer les pompes à volonté.

Tous les objets arrimés sont contenus avec soin, pour que rien ne se dérange pendant les mouvemens du roulis et du tangage, ou ne tende en outre à troubler l'assiette du vaisseau; et dans les intervalles, aussi bien que pour accorer les barils ou autres objets, on loge et l'on emploie du *Bois* qui peut servir au *Chauffage*. Pour cent jours de campagne, cette quantité s'élève à 58 stères, faisant à-peu-près 12 tonneaux. Le Bois d'arrimage de la cale au vin, ou d'autres endroits, ainsi que celui des plates-formes excèdent 50 tonneaux.

V. Nous avons déjà parlé assez longuement de la dis-

tribution de l'*Entrepont*, et nous ne reviendrons pas
sur ce sujet, qui, d'ailleurs, est d'une nature si variable;
nous nous bornerons, en conséquence, à mentionner ici
celles de ces distributions que nous n'avons pas déjà
citées, ou celles dont le but est de servir à renfermer,
serrer, arrimer ou installer certains objets qui dépendent
du service général du vaisseau.

Sur l'avant du mât de misaine est une cloison transversale qui forme entre celle-ci et la construction de la
proue, un emplacement semi-circulaire, partagé en
deux, par une cloison longitudinale : la partie de tribord est donnée au Maître d'Équipage pour serrer les
objets légers ou de *Service Courant* qui sont laissés à sa
garde particulière : la moitié de babord est la *Sainte-
Barbe* actuelle, et elle renferme tous les ustensiles nécessaires au canonnage, à l'exercice des pièces à feu, ou
au service et à la réparation de ce qui concerne l'artillerie. Le Maître d'Équipage et le Maître Canonnier pendront, chacun son hamac, dans ces emplacemens.

Adossés à la cloison de l'avant à tribord, se trouvent
les armoires ou caissons du Commis aux Vivres et du
Capitaine d'Armes qui est le Sous-Officier chargé des
détails de la Police et du soin des armes blanches; à babord, il y a pareille installation pour le Chef de Timon-
nerie et pour le Maître Charpentier; ces caissons ou armoires contiendront également les objets de service
particuliers à chacun de ces employés, qui pendront
leurs hamacs dans de petites chambres construites en à-
bord. Les maîtres chargés et autres sous-officiers de l'é-
quipage qui n'ont pas de poste spécial, mangeront
dans l'emplacement ou carré borné sur l'avant par les
armoires ou caissons, et latéralement par les petites

chambres dont nous venons de parler, et ils y suspen-
dront leurs hamacs.

Le Poste des Chirurgiens est placé à babord en regard
de celui des Élèves ; mais comme il n'est pas nécessaire
qu'il soit aussi grand que celui-ci, on prendra sur ce
poste un emplacement suffisant pour la *Pharmacie*.

Sur l'avant de ces deux derniers postes sont pratiquées
deux grandes armoires formant *Magasin d'Habillement ;*
nous avons déjà vu et nous rappelons ici que les *Sacs*
de l'équipage se logent dans l'entrepont. Les *Chapeaux*
sont placés, partie sur les étagères établies dans les galeries, entre les courbes du premier pont, partie dans
des armoires à claire-voie construites entre les baux.

VI. Une office peut être installée au pied du mât
d'artimon près d'un *Carré* qui peut servir de salle à
manger et de réunion pour l'*État-Major*, dans le cas
où soit la présence d'un Amiral à bord, soit le manque
de dunette, soit enfin le rasement d'une batterie prive-
raient les officiers de leur grand'chambre. Des râteliers
d'armes seront alors disposés tout autour du carré.

Sur l'arrière de l'écoutille de la cale au vin, seront
montées sur le milieu de la largeur du navire, 6 ou 8
chambres supplémentaires, sur deux rangs, adossées
l'une à l'autre, et ayant chacune à-peu-près 6 pieds de
longueur sur 5 de largeur, cette dernière dimension
étant dans le sens de la longueur du vaisseau ; elles sont
destinées aux officiers qui ont des postes dans les batteries ; elles serviront de *Dépôts* pour leurs *Effets* : aussi
n'ont-elles pas autant d'étendue que celles qui constituent leurs logemens, lesquelles ont de 8 à 9 pieds de
longueur (2 mètres 30 centimètres), et de 7 à 8 pieds
de largeur (2 mètres 20 centimètres). Au surplus, au-

cune chambre ne sera pourvue d'aucun meuble ni lit
d'attache ou couchette; les officiers eux-mêmes ne pouvant plus se coucher que dans des cadres suspendus, ou
hamacs à l'anglaise.

La création d'un faux-entrepont rend inutile l'amovibilité des bordages de l'entrepont; et celui-ci, au
moins à bord des vaisseaux et des frégates, sera désormais bordé par-tout à demeure; on y ménagera seulement les ouvertures nécessaires pour communiquer
au-dessous; nous avons eu l'occasion d'en citer déjà
plusieurs.

Toutes ces dispositions, le surcroît de place considérable qu'on a obtenu par l'emploi des caisses à eau en
fer, au lieu de futailles ou pièces de 4 barriques et autres, et par l'usage qui s'est introduit de se servir en
grande partie de charbon de terre pour la combustion,
ont permis, comme on le voit, de dégager entièrement
les batteries de nos vaisseaux; cet avantage est inappré-
ciable, et il contribue efficacement à l'ordre et à la salubrité à bord, comme aussi à avoir une influence directe sur les mouvemens d'un combat, but évident de
nos vastes constructions maritimes : il peut, il doit en
effet ne plus rien se trouver dans ces batteries, si ce
n'est à-peu-près les canons, leur attirail, et ce qui se
rapporte aux batteries; et c'est ce qu'il nous reste à détailler pour achever la description de l'arrimage et de
l'installation intérieure du vaisseau. Nous dirons en
même temps comment les pièces de l'artillerie, ou les
canons et les caronades se hissent, se prennent à bord;
et ce procédé fera facilement connaître comment, à
quelques variations près, qui dépendent de la différence
de poids, de volume, de longueur, ou de poste à pren-

dre, on a dû hisser à bord, ou bien comment on y his-
sera tous les différens corps d'un poids considérable qui
entrent dans l'armement d'un vaisseau.

~~~~~~

SÉANCE XXI.

Installation de l'Artillerie.

Nous avons déjà vu quels étaient le nombre, la distribution et le calibre des bouches à feu d'un vaisseau;
nous allons dire actuellement comment elles y sont tenues ou installées, et nous ajouterons quelques détails
touchant l'*Artillerie* en général.

On fait usage à bord, de canons et de caronades en
fonte de fer. Des espèces de chariots, nommés *Affûts*,
supportent ces pièces; ils sont roulans sur quatre roues
pour les premiers, et ils se composent de madriers ou
sortes de semelles pour les caronades qui, à calibre
égal, sont beaucoup moins longues, beaucoup moins
lourdes que les canons. Les caronades, fabriquées pour
la première fois en 1774, en *Écosse*, dans les fonderies
de *Carron*, à qui elles doivent leur nom, furent intro-
duites dans la marine anglaise par le général *Gascoine*,
en vertu d'une ordonnance de 1779. Ce ne fut que 20
ans après que l'on commença à les adopter en France;
elles avaient déjà occasionné plus d'un revers à nos bâtimens. Les caronades ont sur les canons l'avantage d'envoyer beaucoup plus de fer à bord d'un bâtiment ennemi,

puisque leur légèreté permet d'en avoir un plus grand nombre, et d'un très-fort calibre, là où l'échantillon du bâtiment est lui-même assez faible; elles se manœuvrent avec beaucoup moins de monde; elles se chargent plus facilement ainsi qu'avec moins de danger pour les hommes; elles laissent plus d'espace libre sur les ponts; mais le canon porte beaucoup plus loin, par conséquent il perce beaucoup plus facilement la muraille d'un vaisseau opposé; il risque moins de mettre le feu, ou de porter dommage aux objets avoisinans; il est établi d'une manière plus sûre, et sa plus grande longueur donne lieu à un meilleur pointage, ou à mieux atteindre le but voulu. Ces définitions seules prouvent combien il peut être avantageux pour tout bâtiment, sur-tout pour un grand vaisseau, que l'artillerie y soit mélangée, c'est-à-dire composée à-la-fois de canons et de caronades; et elles montrent quelles sont les circonstances où l'on peut désirer en armer un plus petit avec des pièces à feu d'une de ces espèces, plutôt qu'avec des pièces à feu de l'autre.

Les Projectiles qu'on emploie pour ces deux bouches à feu, sont les Boulets Ronds, les Boulets Ramés ou demi-boulets réunis au nombre de deux par une barre de fer, et les Biscayens ou petits boulets faisant fonction de mitraille et chacun d'une livre ou de deux livres de poids, liés ensemble en un paquet de calibre, lequel figure une Grappe de Raisin, nom qu'on donne à cet assemblage. On emploie aussi des boîtes en tôle, dites Boîtes à Balles, et qui renferment de petites balles de 8 onces. Les uns et les autres doivent avoir très-peu de Vent, c'est-à-dire qu'il doit exister le moins de différence possible entre le diamètre du projectile et celui de l'ouverture du canon

qui doit recevoir ce projectile : à cet effet on doit, à bord et
dans les arsenaux, user de quelques précautions pour que
ces diverses sortes de boulets ne soient pas réduites de grosseur par suite de leur exposition à l'humidité. Les boulets ramés nuisent beaucoup au gréement, et les biscayens
sont très-funestes à la vie des hommes par la séparation et la divergence de leurs petits boulets ; ces deux
projectiles déplaçant à chaque instant, pendant leur
course, une quantité d'air assez considérable vont beaucoup moins loin, et ils ont un mouvement moins régulier, moins certain que les boulets ronds ; on se contente
de désigner spécialement ceux-ci sous le nom de boulets.
Les boulets ramés porteraient probablement plus loin,
et causeraient plus de dégâts s'ils étaient pleins, c'est-
à-dire oblongs, ou de forme cylindrique, terminés par
deux parties hémisphériques. On charge souvent les
pièces avec diverses sortes de projectiles à-la-fois ; mais
il y a divergence, on est moins sûr de l'effet, et ce
moyen ne peut guère être employé que lorsque le but
est peu éloigné.

Pour ces mêmes pièces, on propose depuis quelque
temps, ainsi que pour de nouvelles pièces à feu, nommées *Canons à Bombes*, l'emploi de projectiles creux qui
causeraient de bien plus grands ravages dans la muraille
d'un bâtiment, et qui peut-être nécessiteraient l'emploi
de bandes en fer dans ces mêmes murailles, ou même
encore un système de construction particulier. De telles
innovations ne semblent vraiment utiles que lorsque
l'on peut primer sur son ennemi, ou l'étonner ainsi une
fois, et le réduire avant qu'il ait pu les connaître et les
adopter : mais quand les nouveaux moyens d'attaque
sont devenus égaux des deux parts ainsi que ceux de

défense, l'avantage cesse d'exister, et alors il ne reste plus que l'inconvénient et le malheur d'avoir rendu la guerre plus meurtrière, et d'avoir accru ses dépenses : il faut cependant être en garde contre celui qui pourrait s'emparer de pareilles innovations, quoique propres à être repoussées par de tels motifs, et c'est à la sagesse du gouvernement à s'exercer et à prononcer sur cette question.

Un canon est en batterie quand l'affût touche la muraille du vaisseau, et que l'extrémité la plus faible ou la volée du canon sort par un sabord : on l'y place à l'aide de palans ou poulies qui s'accrochent au bord des deux côtés du sabord, et il rentre dans le vaisseau en reculant par l'effet du Tir, ou bien quand on se sert de palans pour donner de l'espace aux chargeurs, ou pour mettre ce canon à la Serre. Cette dernière opération consiste, dans les batteries basses, à amarrer fortement le canon en dedans du bord, afin de pouvoir laisser tomber les mantelets et fermer le passage aux lames. Dans les batteries élevées, ce sont les faux mantelets qui garantissent de l'introduction de l'eau par les sabords, et les canons s'y mettent à la serre sans être rentrés; quelquefois cependant pour rapprocher leur poids du plan diamétral, on les hale tout-à-fait en dedans, on les range le long du bord dans le sens de la muraille du vaisseau, et on les bride fortement dans cette position.

Pour maintenir les canons en batterie et pour les y haler, on voit de chaque côté du sabord une boucle et un croc au-dessus, qui servent à accrocher et à amarrer deux palans doubles ou à deux réas, lesquels agissent sur l'affût au moyen d'une boucle de chacun de ses côtés, à laquelle ils s'accrochent dans l'autre sens; les boucles du bord servent encore à fixer ou frapper les deux bouts d'une Brague, ou gros cordage dont le milieu passse au travers de l'affût en dessous du canon, et a assez de longueur pour donner au recul une limite qui l'empêche d'excéder. La brague prévient donc les accidens fâcheux auxquels pourrait donner lieu une pièce à feu qui, au roulis ou autrement, viendrait à se démarrer de ses palans, et pourrait alors fracasser le bord opposé ou causer de grands dégâts. Si malgré la brague ou de telle manière que ce fût, un pareil événement avait lieu, il faudrait jeter sur le passage de la pièce, des sacs à valets, des sacs ou hamacs de l'équipage, et engager adroitement des leviers sous quelques parties de l'affût, afin de contenir et de ramener la pièce.

Sur sa longueur de brague, le canon a sa bouche à deux pieds en dedans de la muraille; les garans ou cordages des palans de côté ont assez de longueur pour pouvoir multiplier les tours et fortement saisir le canon quand on le veut mettre à la serre. Un autre palan double, nommé palan de retraite, s'accroche du côté de l'affût opposé à la bouche, et à une boucle que l'on trouve sur les hiloires du pont; il sert à rentrer le canon dans la batterie quand on le juge à propos. Dans la batterie basse, quand le canon est rentré, on le met à la serre, en laissant tomber la culasse ou partie la plus renflée sur la plate-forme de l'affût, dont elle était séparée par des coussins ou coins de mire en bois qui sont destinés à régler le pointage; le canon étant supporté et à-peu-près balancé sur son affût par deux portions d'un axe ou arbre transversal en fer appelées tourillons, voit sa volée s'élever jusqu'au-dessus du sommier du sabord, où il trouve pour appui la pièce de construction que

nous avons désignée sous le nom de fronteau de volée,
et qui est en saillie sur la bauquière ; on y remarque une
boucle qui sert à passer un Raban (sorte de petit filin
ou cordage) de 3 à 4 brasses de longueur ; ce raban s'appelle de Volée ; il saisit la volée du canon, la bride, et
l'assujettit à la muraille, en quoi il est aidé par les tours
des palans de côté dont nous avons déjà parlé. A ces
moyens, on peut encore, par un très-mauvais temps,
ajouter de fausses bragues, un palan dit de Croupière,
des Cabrions cloués sous les roues des affûts, et un grelin
tendu de bout en bout du vaisseau de chaque côté, qui
s'applique contre chaque culasse, et qui est rappro-
ché du bord à force de palans, dans l'intervalle de chacune des deux pièces consécutives, de chaque bord
du navire.

Les caronades s'installent généralement avec des bragues fixes, et l'appareil en est plus simple ; aussi leur
manœuvre demande-t-elle beaucoup moins de monde.
Les bragues fixes sont celles qui retiennent la pièce au
sabord sans qu'elle puisse reculer ; de sorte que tout
l'effet du recul produit par l'inflammation de la poudre
et par son action sur les points intérieurs de la pièce qui
s'opposent à sa dilatation, de sorte que cet effet, disons-
nous, agit d'abord sur la brague qui est d'un très-bon
et d'un très-fort filin, et ensuite sur la muraille du vaisseau où sont deux crocs pour tenir cette brague, ou
bien qui est traversée par cette même brague au-dessous
du seuillet du sabord. Cette brague ne passe pas dans
l'affût, comme celle des canons, mais dans un œillet en
fer ménagé derrière la culasse de sa pièce, lors de son
coulage : on présume que tous les canons seront pourvus
dorénavant d'un semblable œillet ; on présume aussi que,

pour obtenir une diminution de poids dans l'artillerie et
les munitions de guerre des vaisseaux, sans pourtant
que la différence du calibre et de la longueur de la pièce
apporte au système militaire une influence trop marquée, désormais les canons et les caronades de 36 seront
les uns et les autres remplacés par des pièces du calibre
de 30. On s'occupe enfin de chercher les moyens de
pouvoir fabriquer des canons qu'on chargerait par la
culasse, ce qui exposerait moins les chargeurs, puisqu'ils sont obligés de se présenter pour leurs fonctions,
à la volée qui est alors à l'ouverture des sabords, sous
la mousqueterie de l'ennemi; d'ailleurs on ne serait
plus dans le cas d'avoir autant à agir sur le palan de
retraite, pour haler la bouche du canon à longueur de
brague, ou à 2 pieds en dedans de la muraille; cette
opération est pénible au roulis, ou quand le vent fait
incliner le vaisseau sur le bord où l'on se bat.

Les caronades se mettent à la serre en raidissant
leurs bragues, si elles ont pris du mou; et en maintenant leurs affûts par des Aiguillettes (bouts de petit filin)
passées vers la culasse, en deux pitons du châssis ou de la
plate-forme de l'affût. Ces aiguillettes tiennent au bord
en passant en deux autres boucles fixées de chaque côté
du sabord.

Les canons et les caronades se prennent dans l'arsenal, d'où, au moyen de machines très-connues, appelées Grues, on les embarque dans des sortes de Chalans
ou bateaux plats appelés Acons; l'acon est conduit ou
halé le long du vaisseau, et c'est de là qu'on hisse l'artillerie à bord. Pour ces mouvemens, la pièce est saisie
par une Erse ou Élingue; c'est un cordage court, fort,
et dont les torons des deux bouts sont épissés ensemble,

c'est-à-dire tellement entrelacés et souqués ou serrés, qu'on ne saurait les séparer sans rupture. Ce cordage se passe dans le bouton du canon ; le bouton est une petite saillie ronde en fer qui tient à la culasse par un collet. Les deux doubles de l'élingue s'élongent ensuite l'un à côté de l'autre, en remontant jusqu'à la volée du canon, à laquelle ils sont saisis par plusieurs tours d'aiguillette ; l'élingue sort de cet amarrage, et ne pouvant ni glisser, puisqu'elle est retenue par le collet du bouton, ni s'écarter de la volée à laquelle elle est bridée, elle permet que, pour hisser la pièce, on accroche deux palans à l'extrémité des deux doubles de l'élingue qui sortent de l'aiguillettage.

Les palans qu'on y accroche à bord sont la grande caliorne et le palan du bout de vergue ; la grande caliorne tient à la tête du grand mât par un cordage appelé Pendeur ou Pentoir (il y en a un autre au mât de misaine pour le mouvement des ancres ou autres fardeaux, appelé Caliorne de Misaine) ; le palan de bout de vergue tient aux extrémités de chacune des deux basses vergues du grand-mât et de misaine ; de sorte que la grand'vergue, par exemple, étant bien appuyée du bord d'où l'on veut agir par sa balancine et par une fausse balancine de renfort, on peut, en faisant usage du palan de bout de grand'vergue et de la grande caliorne, soulever la pièce ; et, suivant qu'on hale plus sur l'un ou sur l'autre de ces palans, approcher, tout en hissant, ou éloigner à volonté cette pièce de l'ouverture du sabord qui est au-dessous ; quand la pièce a été ainsi amenée à la hauteur de cette ouverture, on introduit un levier dans sa bouche ; on l'évite, on la dirige à son aide, de manière à ce qu'elle puisse entrer par le sabord ; on frappe ou fixe un nouveau palan qui, de l'intérieur de la batterie, sort par ce sabord et va s'accrocher près du bouton du canon : intérieurement, l'affût est présenté au sabord ; et en halant sur le palan de batterie, et mollissant ou lâchant ou filant avec mesure les garans de caliorne et de bout de vergue, on parvient à placer la pièce sur son affût. On fait rouler cet affût à un autre sabord, et on le fixe avec ses palans de côté ; on présente un nouvel affût au même sabord sous les palans de caliorne et de bout de vergue, et l'on procède de la même manière pour mettre à bord tous les autres canons ou toutes les autres caronades.

Le canon de 36 pèse 7200 livres ; celui de 30, long, pèse 6200 ; le court, 5350 ; le canon de 24 pèse 5150 ; celui de 18, 4250 ; celui de 12, 3000 ; celui de 8, 2450. La caronade de 36 pèse 2500 livres ; celle de 30, 2100 ; celle de 24, 1700 ; celle de 18, 1200 ; celle de 12, 800.

SÉANCE XXII.

Aperçus sur les Manœuvres de l'Artillerie à bord.

Chaque partie d'un canon ou d'une caronade et de leurs affûts est un objet utile à connaître ; mais une description aussi étendue serait superflue ici, et nous allons nous contenter de faire l'énumération des noms, en engageant les jeunes gens à apprendre leur définition dans les Dictionnaires de marine, ou, mieux encore, devant les objets eux-mêmes.

— *Pour toute Pièce à feu.* — La Volée, le Renfort, le Cul-de-Lampe et son Bouton, la Bouche, le Bourrelet, les Tourillons (pour canons) ou le Support (pour caronades), la Lumière, la Culasse, le Support de Batterie, le Trou de Brague (pour caronades seulement) ainsi que le Trou de Vis.

— *Pour les Affûts de Canons.* — Les Flasques, l'Entretoise, le Croissant, les Essieux, les Roues, la Sole, les Susbandes, les Chevilles à mentonnet et à tête plate et ronde ou carrée, les Pitons de côté ou de manœuvre, les Esses.

— *Pour les Affûts de Caronade.* — La Semelle, le Châssis et ses Supports, le Boulon-Tourillon, les Crapaudines, le Pivot, les Boucles de brague, les Boucles d'assemblage, la Plaque de levier et de vis de pointage, la Cheville ouvrière, le Piton de la cheville ouvrière, le Briquet.

— *Pour le Gréement ou la Manœuvre du Canon.* — La Brague, l'Estrope de culasse, le Raban de volée, l'Aiguillette, la Croupière, les Palans de côté, le Palan de retraite, les Rabans et l'Itague, ainsi que les Palanquins servant à ouvrir et fermer les mantelets.

— *Pour l'Armement du Canon.* — La Corne d'amorce, l'Épinglette, le Dégorgeoir, la Boîte à étoupilles, le Doigtier, la Platine ou Batterie, le Couvre-lumière et les Rabans, la Tape, le Coussin, le Coin de mire, l'Anspect ou Levier, la Pince, le Gargoussier, le Boutefeu garni d'une Tresse en rabans, les Boulets ronds et ramés ou à mitraille, les Valets, les Bailles, les Fauberts, l'Écouvillon, le Refouloir, la Cuiller, le Tirebourre.

— *Pour le Gréement et l'Armement de la Caronade.* — La Brague, la Corne d'amorce, l'Épinglette, le Dé-

gorgeoir, la Boîte à étoupilles, le Doigtier, la Platine ou
Batterie, le Couvre-lumière et ses Rabans, la Tape, la
Vis de pointage, le Levier, le Gargoussier, le Boutefeu
garni d'une tresse en rabans, les Boulets ronds et à mitraille, les Valets, l'Écouvillon, le Refouloir, les Bailles,
les Fauberts, le Coin de mire pour suppléer la vis de
pointage (un pour deux caronades); il en sera de même
d'un Anspect et d'une Pince.

Un canonnier par pièce doit avoir un petit tablier avec
une poche pour contenir les pierres à feu de rechange,
ainsi que le vieux linge qui doit servir à nettoyer la
platine; et deux canonniers par batterie auront chacun
un grand sac où se trouveront un Vilebrequin, quatre
Vrilles, un Tournevis, deux Platines de rechange, de
la Ligne pour platine et du Vieux Linge.

On ne saurait trop recommander l'adoption générale des Platines à double tête et à double pierre, pour
obvier à la perte d'une d'entre elles : les pierres doivent
toujours être placées de manière que le tranchant soit
parallèle à la batterie. Ne serait-il pas même très-convenable d'employer, pour cet objet, des Platines à Piston et à Poudre Fulminante ou des Platines à Percussion?
Depuis l'émission de ce vœu, et avant que nous trans-
crivissions ici cet article, les Platines à Percussion ont
été proposées et essayées avec succès : cette innovation
importante sera due à M. le colonel *Gerdy*, de l'artillerie de marine, autrefois officier de la marine, et que
la gloire de nos armées et le dénuement où se trouvait
alors le corps où il avait débuté, appelèrent dans les
camps, où il se fit toujours remarquer par ses succès et
ses talens.

Ci-dessous est le tableau des hommes nécessaires pour

le service d'un canon, suivant son calibre. Il est inutile
de dire que par calibre, on entend le diamètre de l'ouverture de la pièce, ou le poids du boulet rond qu'elle
est destinée à contenir. C'est un de ces mots dont tout
le monde connaît la signification, et qu'on peut se dispenser de définir.

Calibre	36	30	24	18	12	8	6	4
Chefs de Pièce....	1	1	1	1	1	1	1	1
Servans.........	12	10	10	8	8	6	4	4
Pourvoyeurs	1	1	1	1	1	1	1	1
Totaux........	14	12	12	10	10	8	6	6

La charge de la poudre est de 4 livres pour les caronades de 36; de 3 livres $\frac{1}{4}$ pour celles de 30; de 2 livres $\frac{3}{4}$ pour celles de 24; de 2 livres $\frac{1}{4}$ pour celles de 18;
d'une livre $\frac{1}{4}$ pour celles de 12, etc. On emploie généralement pour les canons une quantité de poudre égale
au $\frac{1}{3}$ du poids du boulet; ces charges se diminuent pour
les saluts. La force que l'on est parvenu récemment en
France à donner à la poudre, permettra sans doute de
diminuer les charges; et il est important que l'on ré-
pande l'emploi des moyens par lesquels on peut éprouver si elle s'est altérée, et ceux d'y remédier au besoin :
l'honneur du Pavillon a souvent dépendu du peu de
soin qu'on apporte à ces objets, et du défaut de connaissances spéciales à cet égard.

Pour une caronade de tout calibre, il ne faut qu'un
chef de pièce, 2 servans, 1 pourvoyeur; total, 4.

Chaque batterie à bord d'un vaisseau est pourvue ordinairement de projectiles à raison de 20 boulets ronds,
de 5 boulets ramés et de 5 paquets de mitraille par
pièce. Les parcs ou enceintes pour boulets qui étaient le
long du bord et construits en fer ou en bois, sont remplacés, à cause de leurs éclats quand ils étaient atteints
des boulets de l'ennemi, par des Parcs à boulets en corde,
ou faits avec un cordage replié sur lui-même en forme
de cercle; chacun contient 7 boulets; les boulets ramés
se placeront sous les croissans des affûts, et les paquets
de mitraille seront suspendus le long du bord, par des
bouts de cordages faits en forme de tresse, à la hauteur
de la fourrure de gouttière; 13 autres boulets ronds par
pièce, que ne contiendront pas les parcs en corde, seront
déposés pour les besoins de la batterie lors d'un combat,
au milieu du vaisseau, dans plusieurs parcs formés par
de simples cabrions évidés en dessous, et ne portant sur
le pont qu'aux endroits où en seront les clous. Entre ces
parcs, il faudra se ménager la faculté de pouvoir passer
un canon d'un bord à l'autre. L'approvisionnement général d'un vaisseau est ordinairement calculé sur le pied
de 70 coups par bouche à feu; nous avons vu en traitant de l'arrimage, où se plaçait la masse de cet approvisionnement, mais il paraîtrait que les diverses dispositions pour loger les boulets pourraient contribuer, et
c'est fort important, à altérer leur diamètre : il serait
utile pour y obvier qu'ils fussent moins exposés à l'humidité, et quelquefois peints et graissés.

Le gargoussier aura une place fixe dans le voisinage
de sa pièce, auprès de laquelle il sera suspendu ou placé;
le long de la muraille ou entre les baux seront rangés les
sacs à valets, écouvillons. refouloirs. pinces, anspects.

On voit des capitaines mettre aussi près des pièces, les armes blanches ou d'abordage des canonniers à qui elles sont destinées; et dans leurs batteries, disposer tous les objets relatifs au combat, avec un ordre et un goût vraiment militaires.

Il y aura pour chaque pièce à feu, une baille de combat, retenue ordinairement entre deux courbes, contre le bord, par des bouts de ligne. Ces bailles de la forme d'un cône tronqué, pourront loger les valets. Au-dessus de chaque canon sera suspendu un seau à incendie en bois, dans lequel sera placé un fanal de combat.

Les ponts seront en outre percés d'écoutillons convenablement placés, et toutes les précautions les plus efficaces prévues par les réglemens, ou qui paraîtront donner le plus de garanties seront adoptées pour se préserver du feu, et pour que le service des poudres, pendant un combat, se fasse avec vigueur et sans accident; nous en expliquerons quelques-unes en parlant de l'installation générale des batteries.

L'exercice du canon et de la caronade est encore un point pour lequel nous croyons devoir renvoyer soit aux réglemens, soit à l'usage des vaisseaux où cet objet est d'une pratique presque journalière. Nous citerons cependant quels en sont les Commandemens, au nombre de 13 pour le canon, au nombre de 11 pour la caronade, sans y comprendre deux roulemens, l'un avant, l'autre après.

— *Pour le Canon.* — 1. Détapez, Démarrez vos Canons! 2. Dégorgez, Amorcez! 3. Pointez! 4. Au Boutefeu, Armez la Batterie! 5. Feu! 6. Bouchez la Lumière, Écouvillonnez! 7. Au Refouloir! 8. La Gargousse dans le Canon, à la Poudre! 9. Refoulez! 10. Le Boulet et

le Valet dans le Canon ! 11. Refoulez ! 12. En Batterie !
13. Tapez, Amarrez vos Canons !

Pour la Caronade : 1, Détapez vos Caronades, Démarrez le Couvre-lumière ! 2, Dégorgez, Amorcez!
3, Pointez ! 4, au Boutefeu ! 5, Feu ! 6, Bouchez
la Lumière, Écouvillonnez ! 7, la Gargousse dans la
Caronade ; au Refouloir ; à la Poudre ! 8, Refoulez !
9, le Boulet et le Valet dans la Caronade ! 10, Refoulez ! 11, Tapez vos Caronades, Amarrez le Couvre-
lumière !

Quelquefois les Anglais mettent ensemble la gargousse,
le boulet et le valet dans le canon ; il y a du danger
pour la pièce, mais on y trouve le grand avantage d'a-
bréger la durée de la charge.

En général, les valets, du moins ceux de combat,
doivent être bien calibrés et entrer dans la pièce sans
perte de temps ; il suffit qu'ils éprouvent assez de frottement pour empêcher la charge de sortir d'elle-même
au roulis, ou de jouer dans la pièce.

On s'instruira soigneusement à bord de ce qui concerne le service des pièces quand on se bat des deux
bords, ou tantôt d'un bord, tantôt d'un autre. On verra
soigneusement aussi amarrer les bouches à feu, pour les
maintenir solidement sur le vaisseau, pour les mettre à
la serre, pour les rentrer en les plaçant le long du bord,
dans le sens de la longueur du bâtiment ; on verra comment on devrait s'y prendre, s'il y avait lieu dans un
combat, à remplacer une brague, une partie cassée d'un
affût, ou bien un affût lui-même ; et enfin comment,
en un très-mauvais temps, pendant des circonstances
extrêmes, ou dans un échouage, on procède pour jeter
à la mer les pièces à feu du vaisseau : tout ce qui a trait

à l'artillerie est d'une importance à laquelle on ne saurait attacher trop de prix ; il est temps que tout le monde en soit convaincu, que chacun y coopère, que les connaissances qui y sont relatives se propagent, et qu'il soit fait des expériences et des essais en tout genre.

Sans entrer à cet égard dans des détails qui ne sont pas du ressort de ce traité, nous pouvons cependant citer, à cause de leur utilité, quelques résultats dus à des recherches soignées, et nous les extrairons des meilleurs sur cette partie. Nous établirons d'abord que la Ligne de Tir est l'axe de l'âme ou du creux du canon ; que la Ligne de Mire est la ligne comprise dans le plan vertical de l'axe, et qui va de la surface du Renfort à celle du Bourrelet, qu'on appelle en cet endroit Raz de Métal ; que l'Angle de Mire est l'angle formé par ces deux lignes à leur rencontre hors du canon, et que cet angle est environ de 1° 35′ pour le calibre 12, de 1° 40′ pour celui de 18, et de 2° 20′ pour celui de 36.

Cela posé, 1°. la Pesanteur agissant à chaque instant sur le boulet dans sa course, donne à-peu-près au boulet rond de tout calibre, 21 pieds d'Abaissement à 2 Encâblures de portée ; au boulet ramé, 33 ; au paquet de mitraille, 42.

2°. Cette distance de 2 encâblures doit être celle de tout combat, à moins de raisons particulières ; 3 encâblures sont la plus grande distance où l'on puisse se battre pour compter sur le tir avec quelque sécurité ; et à 1 encâblure, le boulet n'a pas encore eu d'abaissement sensible.

3°. Si à une encâblure, et moins de distance, on vise à un objet par la ligne de mire, le boulet passera beaucoup au-dessus de cet objet, car la ligne de mire est toujours

plus inclinée à l'horizon que la ligne de tir; il faut alors
pointer par le côté du canon, où il est utile qu'il y ait
une ligne, appelée *Ligne de Mire latérale*, qui soit
bien tracée à cet effet.

4°. A ces distances, on connaît toujours le rang de
son ennemi, et par conséquent à-peu-près la hauteur de
sa mâture; il faut donc peu de calcul pour savoir à quel
point en hauteur il faut viser pour atteindre tel autre
point, et chaque chef de pièce doit avoir une petite instruction à cet égard.

5°. Le Boulet rond sort rarement du canon suivant la
ligne de tir; et à cause du Vent, il s'en écarte même
souvent beaucoup au dernier bond qu'il fait en quit-
tant la pièce, et dont rien ne peut indiquer la direction;
le boulet ramé s'en écarte beaucoup moins à cause de
sa longueur, mais il porte moins loin. Il m'a souvent
paru convenable d'essayer, au lieu de boulets ronds,
des projectiles un peu allongés, c'est-à-dire ayant entre
deux demi-sphères, une partie cylindrique de calibre
et de 1 à 3 pouces de longueur : je crois que le pointage
y gagnerait beaucoup, que l'effet en serait plus désas-
treux, et que ces boulets seraient moins préjudiciables à
la pièce que les boulets ramés ordinaires.

6°. De très-près, un boulet rond ne doit être envoyé
qu'avec une réduction de charge de poudre; car un boulet rond avec toute sa vitesse ordinaire initiale parcourt
alors une ligne droite, et ne fait dans le bois qu'un très-
petit trou sans éclat; la mitraille ne doit jamais être em-
ployée au-delà de 2 encâblures; il ne faut tirer à double
et triple projectile que de très-près en raison de la déviation et de la diminution qui en résulte dans la portée,
et que rarement parce que deux coups seulement tirés de

suite avec une telle charge, peuvent faire éclater une pièce ;
alors on met le boulet dans le canon, puis le boulet ramé ,
enfin la mitraille ; si l'on ne fait usage que de deux projectiles, ce sont les deux derniers qu'on emploie.

7°. L'Obus ou boulet creux ordinaire, à cause de sa
légèreté, porte plus loin que le boulet de même grosseur ;
cependant avec une caronade on ne doit pas l'essayer au-
delà de 3 encâblures, non plus que le boulet rond au-delà
de 2. L'obus est fort rarement employé en raison de son
peu de masse.

8°. Enfin, les endroits d'un vaisseau ennemi qu'il est
le plus désirable d'atteindre sont en général : le Mât de
Misaine vers la hauteur du trelingage, où se trouve sa
réunion avec le petit mât de hune et la vergue de misaine ; le Corps du Vaisseau qui contient en masses
les hommes et les affûts ; la Flottaison ; la Roue du
Gouvernail, à cause de sa proximité avec le Mât d'Artimon, la place du Capitaine et la Barre du Gouvernail,
ainsi que le gouvernail lui-même ; au-delà de 2 encâblures, le boulet ramé ne se dirige que dans le grément ;
la mitraille est destinée principalement pour les gaillards. Le Tir Horizontal présente beaucoup d'avantage
en raison du ricochet.

Des Écoles de Tir à Boulet et des Écoles de Théorie
pour dresser des servans de pièces à remplacer le chef
en cas de perte de celui-ci, des exercices de tout genre
seront institués par les commandans des vaisseaux. Le
but de ces exercices est d'entretenir chacun dans l'habitude de ses obligations ; aussi faut-il se souvenir toujours
qu'il n'est pas de moment au monde, même lorsqu'on
pourrait se croire dans la plus parfaite sécurité, où l'esprit militaire ne soit pas si bien établi à bord qu'à l'in-

14

stant même chacun ne puisse se rendre à son poste de
combat, connaître tous ses devoirs, et, en moins de cinq
minutes, avoir contribué à faire éclater par-tout un feu
terrible et bien dirigé.

SÉANCE XXIII.

De quelques Installations et Dispositions Particulières ou Générales de l'Armement.

ENTRE les allonges de la poupe, il pourra être établi
des Caissons ou Coffres, mais ils seront tous amovibles,
et susceptibles d'être enlevés pour le moment d'un combat, soit à cause des éclats, s'ils étaient frappés par les
boulets ennemis, soit afin de laisser plus d'espace pour
la manœuvre de l'artillerie.

Des écoutillons un peu plus grands que les diamètres
des garde-feux seront percés dans les ponts pour le passage des poudres. Les écoutilles par lesquelles se fera la
distribution des gargousses, seront entourées pendant le
combat de manches en gros drap qui, isolant les hommes
chargés de cette distribution, préviendront les accidens
que le feu peut occasionner pendant la transmission des
poudres. Dans les planchers des ponts, seront des écoutillons qui se correspondront sur une ligne oblique depuis les gaillards jusqu'à l'entrepont, et qui serviront à
renvoyer en bas les gargoussiers vides sans rencontrer
les gargoussiers pleins. Pour établir cette correspondance ou communication, des manches en laine ou en
toile serviront de conduite entre les écoutillons supérieurs et les inférieurs, de sorte que les gargoussiers

glisseront jusque dans l'entrepont par l'effet de leur propre poids. Ces manches ne s'installeront qu'au moment même où il y aura lieu de s'en servir ; des hommes placés aux points où elles viendront aboutir, feront le triage des gargoussiers, suivant leurs calibres, et ils les feront passer par les ouvertures pratiquées dans les soutes, à ceux qui devront les remplir.

Les Écoutilles qui restent ordinairement ouvertes dans les batteries, auront aux quatre angles, des chandeliers en fer poli, surmontés de pommes tournées ; ces chandeliers seront assemblés deux à deux par des traverses de même métal. La communication entre les batteries, s'établit comme nous l'avons indiqué par des échelles faciles, appliquées contre les hiloires des écoutilles ; elles y tiennent par de forts crochets, et leur pied est garni d'un piquant en fer, ou environné de taquets à gueule pour que ces échelles ne glissent pas sur le pont inférieur.

L'avant de la seconde batterie sera destiné à servir d'Hôpital, d'Infirmerie, ou de Poste des Malades ; il sera séparé du reste de la batterie par une cloison à claire-voie, ou par une toile peinte tendue transversalement entre les deux premiers et les deux seconds sabords, ou même plus en arrière si le nombre des malades est trop considérable ; les sabords de ce poste sont garnis de châssis vitrés, et en cas de combat, les malades et les effets qui les concernent se descendent provisoirement dans l'un des deux entreponts.

Les Armoires d'Office pour les Cuisines seront établies sur l'avant de celles-ci contre la muraille du vaisseau. La partie de batterie qui avoisine les cuisines, sera souvent peinte à la colle et à la chaux.

14.

Les Cages à Volailles et les Moutons se placeront au milieu de la batterie supérieure, entre la grande écoutille et celle de l'avant, de manière à ne gêner en aucun cas, ni le service de l'artillerie, ni la communication d'un bord à l'autre.

Les Matelots, Soldats et autres mangent par plats de 8 hommes; chaque plat reçoit une table carrée et des planches ou bancs de six pieds. Ces objets seront suspendus au haut de la batterie, par quatre bouts de ligne qui partiront des quatre coins ou angles de la table ou du banc; ces tables et ces bancs, après qu'on s'en sera servi, se soulèveront et se logeront entre les baux, contre le tillac supérieur.

Les embarcations principales emboîtées les unes dans les autres, et sur deux rangs si la largeur du bâtiment le permet, seront placées entre les gaillards, sur l'avant du grand mât. D'autres Canots ou embarcations trouveront leur place, suspendus à des bossoirs ou arcs-boutans en bois ou en fer, établis très-solidement à la poupe, ou par le travers des haubans de l'arrière. On multiplie autant qu'on le peut les embarcations d'un bâtiment; il serait en effet à souhaiter qu'en un cas pressant, l'équipage entier pût à leur aide, et en un seul voyage, évacuer son vaisseau et trouver son salut à terre ou à un autre bord. Chaque canot ou bateau à son poste, doit contenir ses avirons, sa gaffe, son gouvernail, c'est-à-dire tout ce qu'il faut pour qu'en l'affalant, s'il y a lieu, ou le laissant filer le long de ses palans à la mer, les canotiers puissent tout de suite le faire marcher et le diriger. Pendant le cours d'une campagne on a également soin de maintenir un peu d'eau dans le fond des embarcations qui sont trop exposées à l'air et au soleil, afin que les bordages se conservant humides, ne se retirent pas assez pour donner lieu à des voies-d'eau ; quelques canots plus soignés, et du nombre de ceux qu'on est le moins souvent dans le cas d'affaler sous voiles, pourront, de plus, être enveloppés de chemises en toile qui les garantiront un peu des variations de la température ; mais il faudra de temps en temps enlever ces chemises, pour renouveler l'air intérieurement retenu.

Les mâts et les vergues de rechange qui constituent ce qu'on appelle la Drôme, seront placés tribord et babord des embarcations entre le grand mât et le mât de misaine ; on a soin de les couvrir de prélats peints.

Pour embarquer tous ces objets et pour les mettre en place, outre les palans dont nous avons parlé en traitant de l'embarquement des canons, on fait de plus usage du Bredindin ou Palan d'Étai, c'est-à-dire d'un palan qu'on aiguillette sur l'étai du grand-mât au-dessus de la grande écoutille ou ailleurs, et encore d'autres poulies ou palans qu'on frappe, qu'on établit en divers points du grément et du vaisseau ; avec ces moyens et d'analogues, on hisse, on soutient, on dirige convenablement les fardeaux qu'on veut placer.

Le long du bord, sur les gaillards, seront un certain nombre de banquettes amovibles à deux marches, qui permettront aux soldats de tirer par-dessus les bastingages, et de charger ensuite leurs armes plus à l'abri. Un petit escalier mobile garni d'une rampe à main, et surmonté d'une plate-forme, sera fixé par des crochets de chaque côté du vaisseau, et il sera de telle hauteur que le commandant ou l'officier de quart, c'est-à-dire de service, puisse en y montant, voir la mer, l'horizon, le temps, et tout ce qui se passe au dehors.

Les Ancres au nombre de quatre, en n'y comprenant pas la maîtresse ancre dont nous avons déjà parlé, s'amarreront sur le vibord, un peu en avant du mât de misaine. Quand il y aura lieu à s'en servir, deux d'entre elles, l'une nommée ancre d'Affourche, et l'autre de grande Touée, seront placées en Mouillage, c'est-à-dire qu'elles seront suspendues au bossoir par un cordage appelé Bosse de Bout; le bec de celle-ci est le plus souvent relevé sur l'arrière du bossoir, par un autre cordage appelé serre-bosse qui vient du vibord. On appelle Faire Penean, lâcher la serrebosse pour laisser tomber l'ancre à l'appel du bossoir, sur la bosse de bout qui passe par l'organeau ou l'anneau de l'ancre. La Bosse de bout a deux maîtres-baux en longueur et $\frac{1}{60}$ de maître-bau en grosseur. Les deux autres ancres s'appellent Ancres de Veille : le poids de chacune des quatre ancres dont nous venons de parler est de 6 à 8 mille livres. Sur une des ancres de bossoir, est Étalinguée (nouée, fixée) une longueur de deux ou trois câbles appelée Grande Touée; ces câbles sont épissés l'un à l'autre et bout à bout; le plus fort, le maître-câble a environ pour circonférence, moitié autant de pouces que le maître-bau a de pieds, et il pèse à-peu-près le double de son ancre. On est encore muni de plusieurs ancres plus petites, dites à Jet, ou autres, qui servent pour des besoins momentanés et qui se logent dans les porte-haubans.

A la mer, les ancres, ainsi que les objets dont nous avons parlé tels que Drôme, embarcations, etc., sont saisis ou bridés d'une manière très-solide et très-serrée, au moyen de cordages, de boucles, de taquets, d'apotureaux. Il faut en effet qu'il n'y ait pas le moindre jeu dans ces amarrages, car au tangage ou au roulis, ce jeu ne ferait que s'accroître, et il occasionnerait bientôt la détérioration et la rupture du cordage.

Au pied des trois mâts verticaux seront établies des barres rondes en fer poli, sur lesquelles on frappera autant de poulies mobiles que le besoin l'exigera : ces barres seront parallèles au pont, à 3 ou 4 pouces de distance de celui-ci, et elles formeront autour des mâts, des cercles qui leur seront concentriques. Nous avions déjà indiqué plusieurs de ces objets ; nous y revenons ici plus en détail pour marquer plus particulièrement leur place.

On trouve sur les gaillards et autour des cabestans, des armes en très-bon état, et divers objets d'utilité, emblèmes, ornemens, avoisinant la roue du gouvernail ou l'escalier d'entrée de la batterie, qui décorent parfaitement cette partie arrière du vaisseau. Nous nous abstiendrons de parler de la place qu'occupent plusieurs autres objets fort peu importans, dont même la plupart se casent très-diversement à bord, sans qu'on puisse assigner d'autres causes à ce défaut d'uniformité, que des convenances de localité, ou autres qui se rencontrent inégalement à bord de chaque bâtiment ; mais quelle que soit cette variété, il n'est pas moins en fait de discipline et d'installation, une règle constante pour chaque bâtiment, dont tout le monde sur le vaisseau doit être bien pénétré ; cette règle la voici : A bord, un Poste pour chacun, une Place pour chaque chose ; et chacun à son poste, chaque chose à sa place !

Des Meubles commodes et même élégans sont accordés à chaque Commandant, à chaque personne de l'État-Major, à chaque Élève, Chirurgien, Maître-Chargé, chacun suivant son rang, et d'après les dispositions arrêtées par un réglement spécial.

On voit qu'en tout, jusqu'au moindre détail, le gouvernement donne une attention particulière à toutes les branches de ce service, et une grande impulsion à l'esprit des Marins. Les Officiers sont animés du désir de suivre cette impulsion; nos vaisseaux depuis 10 ans ne sont plus reconnaissables, tant il s'y est opéré d'heureux changemens; ils sont devenus des modèles, et le jour est venu où ces modèles seront imités par tous les marins du monde. Je parle ici à des jeunes gens que le Roi comble de ses faveurs les plus bienveillantes; et ces jeunes gens monteront un jour et commanderont ces vaisseaux qui cesseraient de faire l'admiration de l'univers, si l'accomplissement de leurs devoirs, en tous lieux et en tout temps, ne les rendait dignes de paraître avec avantage sur un théâtre si glorieux.

SÉANCE XXIV.

I. Définition et But de la Science du Grément.—II. Des Divers Moyens par lesquels un Corps Flottant acquiert de la Vitesse dans l'espace, et particulièrement de celui connu sous le nom de Vapeur.

I. Il n'est personne qui ayant entrepris la lecture de cet ouvrage, et l'ayant amenée au point où nous nous trouvons, ne sache quelle diversité infinie règne dans la forme ou la dénomination des bâtimens en général, et dans celle dont la mâture, les vergues, les voiles y sont disposées.

Le *Grément* est la science d'installer ces mâts, ces vergues et leurs voiles; de faciliter leur manœuvre, leur jeu, leurs mouvemens ou leur orientement, et de donner cependant au système entier, une solidité suffisante pour résister à un grand vent, ou aux oscillations produites par une forte mer. Ce sont des cordages qui, par leur force et leur souplesse, procurent à la fois cette solidité quand elle est nécessaire, ou permettent les mouvemens soit circulaires, soit ascensionnels que l'installation et l'orientement peuvent exiger. Leur nombre est très-grand, aussi bien que les effets qui en peuvent résulter, et il serait beaucoup trop long d'en faire une description complète. L'objet serait même inutile pour nous; ces détails fatigueraient, on y perdrait un temps précieux, on ne les comprendrait qu'imparfaitement. L'ensemble suffit dans notre plan : que l'on aperçoive en effet comment on opère dans cet ensemble, que l'on entende comment tout se lie, se tient ou doit se tenir; que l'on conçoive l'analogie qui doit exister entre les travaux expliqués et ceux dont on doit négliger ici de s'occuper ; que l'on distingue nettement le but; que l'on ait enfin l'intelligence d'un certain nombre des grandes opérations du grément; et sans doute, on sera bien préparé à tout imaginer, à tout voir sans étonnement. Nous osons l'affirmer, tout décrire est impossible ici ; et d'ailleurs les innovations surviennent, les procédés changent, et tant d'exactitude serait souvent devenue superflue, lorsque le livre serait connu dans les ports.

Tel est donc le plan auquel nous devons nous astreindre : 1°. Indiquer pour un grand vaisseau, la place, l'u-

tilité, l'installation, la dimension, le but de chaque
objet principal; 2°. Décrire quelques opérations majeures du grément, comme Mâter les Bas Mâts avec des
pièces de bois appelées Bigues, et sans le secours de la
machine à mâter; Capeler ou Établir une Hune; Hisser
ou Guinder un Grand-Mât de Hune; à quoi nous join-
drons la description de l'Abattage en Carène, l'Aperçu
du Halage d'un vaisseau sur une Cale de Construction,
et l'explication de la manière de mettre en place ou de
Monter le Gouvernail.

II. Nous savons que la fin de l'art du grément consiste
à donner au vaisseau, le libre usage des voiles qui lui
procurent la communication d'une partie de la vitesse du
vent; ce n'est pas, toutefois, la seule manière d'imprimer la vitesse à un corps flottant, et il est plusieurs autres moyens d'y parvenir suivant le temps et les lieux.

Nous ne parlerons pas des *Avirons, Rames, Pagayes*,
etc., tout le monde en connaît la figure, l'application et
l'effet; tout le monde sait que c'est la résistance de l'eau
sur la pale ou le plat, pendant qu'on agit à force de
mains sur la poignée ou le manche de l'aviron, qui sollicite le corps flottant à céder à la force imprimée. On ne
se sert d'avirons qu'à bord de canots, embarcations, ou
autres constructions désignées sous le nom général de
bâtimens à rames; quand les dimensions sont plus fortes, on n'en fait usage que pendant des temps calmes;
et si l'on embarque des avirons à bord des grands vaisseaux, ils sont seulement au nombre de 4 : On les nomme
avirons de Galère, par allusion à cette ancienne sorte
de navires, et on ne les emploie non plus que par un
vent très-faible, afin de faire tourner ou éviter le bâtiment à la mer ou en rade : on les manie alors en les fai-

sant sortir par les sabords de l'arrière de la batterie
basse ; ces avirons ont 40 pieds de longueur. La *Godille*
se classe évidemment dans le cas de l'aviron, et elle ne
peut servir que pour un fort petit bateau, ou sur des
eaux très-tranquilles. Les petites embarcations se meuvent encore avec une *Gaffe* (sorte de crochet garni d'un
manche), ou avec une *Perche* qu'on appuie au fond
quand il est de peu de profondeur, et sur l'autre extrémité de laquelle on fait effet en marchant dans l'embarcation ou en la poussant avec les pieds : cette manière
d'imprimer le mouvement est analogue à l'effet que l'on
produit le long d'un quai ou d'un bâtiment en y appliquant les mains, ou sur lequel on accroche une gaffe ; en
faisant effort, l'embarcation obéit, et elle se dirige suivant cet effet. On peut voir que ces derniers moyens
sont très-bornés.

Le *Halage* est encore un moyen d'opérer un changement de position; ce sont des hommes, des chevaux
ou des machines sur le rivage qui agissent à l'aide d'un
cordage amarré au bâtiment. Quand ce sont des hommes
qui hâlent en marchant, l'opération prend le nom de
Cordelle, et si l'action était produite par un autre bâtiment ou en vertu d'une force quelconque placée sur
l'eau, cette même opération s'appellerait *Remorque* ;
alors le bâtiment remorqué suit le corps flottant auquel
il tient par un cordage un peu long, et qui est lui-
même en mouvement. Le halage peut aussi s'opérer en
envoyant un canot amarrer le cordage à un point fixe à
terre, ou sur un bâtiment également fixe, et dans la direction voulue; dans ce cas, l'effort se fait à bord sur
le cordage. Si, au lieu de prendre un point fixe hors de
l'eau, comme on vient de le dire, on le cherche au

fond par le moyen d'une ancre, on peut parvenir au même but ; mais l'opération s'appelle *Touage*, et les cordages employés, Touées.

Un bâtiment abandonné à l'action d'un courant est dit aller en *Dérive*; un peu de réflexion sur la quantité dont un corps flottant s'enfonce dans les couches supérieures de l'eau, ainsi que sur la différence de vitesse qui doit exister dans un courant, entre les eaux les plus et les moins élevées de ces mêmes couches, démontre bientôt qu'un tel corps, s'il est oblong, ne saurait se maintenir en longueur dans le sens du courant; il y prend bientôt une direction perpendiculaire à celui-ci; on dit alors qu'il vient, qu'il est en Travers; et dans une rade, dans un port étroit, il est tellement dangereux de se laisser aller au courant, que jamais on ne doit faire dériver un navire, qu'en le retenant ou le contretenant au moyen de ses voiles, ou de cordages amarrés extérieurement à des points fixes, et qu'on ne file qu'avec précaution. On voit sur les rivières, des bateaux, des bacs de passage qui, abandonnés au courant, et contretenus avec intelligence, traversent ainsi d'eux-mêmes d'une rive à l'autre.

On a inventé une infinité de procédés mécaniques pour mouvoir un bâtiment. Ce sont ordinairement des Roues, des Pelles, des surfaces qui sortent du navire, qui frappent l'eau, qui poussent le bâtiment, et qui sont mues intérieurement par des hommes, des animaux, des cabestans ou d'autres machines. C'est l'action de l'aviron reproduite sous une forme plus ou moins ingénieuse, ou avec plus ou moins d'avantage. On se sert encore de l'action elle-même du courant pour faire remonter des bâtimens contre ces mêmes courans : mais

ces inventions, jusqu'ici, n'ont servi que pour des
voyages de rivière, des traversées locales, des changemens simples de place dans les ports ou les rades : telle
n'est pas pourtant, dans ce nombre, l'application de la
Vapeur de l'eau bouillante aux machines servant à faire
agir sur l'eau une ou plusieurs roues extérieures, qui
vient de prendre un si brillant essor, et dont les effets se
montrent tous les jours plus précieux.

Depuis long-temps, ce moteur puissant était connu
dans les Arts et Métiers, mais, jusqu'à nos jours, jusqu'à l'Américain *Fulton*, et malgré plusieurs efforts
louables, notamment ceux de M. *Périer*, sur la Seine,
en 1775, et du Marquis *de Jouffroy* sur la Saône,
en 1782, on n'était parvenu qu'à donner, par ce moyen,
peu de vitesse à un navire de peu de grandeur ; encore
fallait-il l'encombrer par les détails de la machine, et
par une quantité énorme de combustible. Aujourd'hui le
mécanisme est considérablement simplifié, sa puissance
a été accrue, la consommation du bois ou du charbon
de terre a été diminuée, les accidens ont été prévus, et
cette navigation est généralement adoptée.

On sait que l'eau, soumise à une forte chaleur, acquiert, en se dégageant en vapeur, une grande puissance expansive. Si, partant d'une chaudière, cette
vapeur ne peut avoir d'issue qu'en poussant un piston
à se soulever, et qu'étant alors condensée par son contact avec l'eau froide, ce piston puisse revenir sur lui-
même par l'effet de la pression de la colonne d'air supérieure, ou par tout autre, il s'ensuivra avec le
renouvellement successif de pareils effets, un mouvement alternatif de va-et-vient, qui, à son tour, pourra facilement donner naissance au mouvement circulaire d'une

ou plusieurs roues, garnies d'aubes ou pales qui frap-
peront l'eau, et qui pousseront le navire ; tel est le principe sur lequel repose cette machine étonnante.

On ne peut douter que rien ne soit plus avantageux,
plus commode, plus prompt en général, que cette manière de naviguer sur les rivières sinueuses, contre les
courans, sur les étangs, ou dans les eaux basses et tranquilles ; les bateaux à vapeur sont encore fort utiles pour
les remorques dans les rivières, pour le curage des ports,
et pour une infinité d'opérations particulières ; mais en
pleine mer, la force de la lame, l'embarras de la machine, l'encombrement d'un volume considérable de
combustible, la nécessité d'avoir des dépôts de bois ou
de charbon sur des points de la traversée, le désagré-
ment ou la perte de temps, ainsi que les frais qu'occasionnent les relâches, la cherté du charbon de terre, du
mécanisme et de son entretien, l'obligation d'avoir cependant, en cas d'événement fâcheux, un grément complet pour aller à la voile ; tout donne à penser que cette
manière de naviguer y sera fort restreinte, et ne sera
usitée que secondairement et dans les temps de calme.

Quelques essais qu'on vient de faire, mais que cependant on ne peut regarder ni comme assez nombreux, ni
comme assez concluans, paraissent même prouver que
dans les voyages un peu longs, les chances de la mer et
des vents sont telles que l'avantage d'avoir à bord une
machine à vapeur, est au moins balancé par l'augmentation de dépense à laquelle elle donne lieu et par la perte
de chargement qu'elle cause ; mais cet inconvénient cesse
d'en être un pour les paquebots, et autres bâtimens sans
chargement, qui ont peu d'équipage, ou qu'on destine
à établir des communications promptes, à faire un coup

de main, et à porter des avis, des lettres, ou paquets très-pressés.

Cependant des bâtimens à vapeur d'une nature redoutable ont été construits aux États-Unis, et on leur a donné le nom de Frégates à Vapeur; mais leur forme ne paraît pas se prêter à une navigation hasardeuse loin des côtes; et sans doute, il serait un bien que la nature des choses empêchât de les perfectionner assez pour qu'il en fût ainsi, ou pour qu'ils pussent traverser les mers, et porter la guerre au dehors. Chaque nation, en effet, pourrait alors avoir de pareils boulevarts à l'entrée de ses ports ou à l'embouchure de ses fleuves; on n'aurait pas à y craindre d'avoir de semblables ennemis à combattre; quelques heures de calme suffiraient pour voir les frégates à vapeur sortir, détruire les blocus les plus formidables, et la liberté du commerce serait assurée au moins en ce qui concerne un état isolé. Voilà le caractère des inventions militaires vraiment utiles: celui de protéger le faible contre les agressions du fort; et telle ne serait point peut-être l'application, que l'on commence à faire, de la vapeur aux pièces d'artillerie, et aux moyens de multiplier ainsi les fléaux de la guerre; puisque, ainsi que nous l'avons remarqué ailleurs, leur succès et leur adoption par toutes les puissances belligérantes, mettant celles-ci toutes de pair, pour pouvoir s'entrenuire plus efficacement, rien ne serait changé quant au fond de la question.

Cependant encore la navigation par la vapeur n'est en ce moment que dans l'enfance, et ses résultats sont considérables; ce serait donc trop présumer que de vouloir assigner où doivent précisément s'arrêter ses progrès, et prédire qu'ils ne causeront pas des changemens nota-

bles dans le système de la construction, de la navigation
et de la guerre maritime. L'emploi de bâtimens en fer,
celui de bateaux sous-marins peut aussi apporter des
modifications à ce système ; quoi qu'il en puisse être,
ces objets et l'installation des machines à vapeur ne
sont nullement de notre compétence ; il nous suffit d'en
avoir fait mention, et nous allons principalement, par
la suite, nous entretenir de la manière de gréer notre
vaisseau.

SÉANCE XXV.

Dénominations des divers Mâts, des Voiles et des Vergues d'un Vaisseau.

Nous avons déjà pourvu le vaisseau de ses *Bas Mâts* ;
il s'agit actuellement de consolider ces mâts et de les assujettir, de les garnir de leurs hunes ou de capeler
celles-ci ; de les faire surmonter par des mâts supérieurs
qui s'appellent généralement *Mâts de Hune* ; d'élever
encore au-dessus de ceux-ci d'autres mâts nommés *Mâts
de Perroquet* ; de les assujettir également, et de mettre
en croix sur l'avant de tous ces mâts, des vergues susceptibles de glisser de bas en haut ou de se hisser, et de
haut en bas ou de s'amener, ainsi que de tourner horizontalement d'un certain nombre de degrés ou de s'orienter ; il
faut aussi pouvoir apiquer ces vergues, c'est-à-dire élever une de leurs extrémités pendant que l'autre s'abaisse.
Ces mêmes vergues sont destinées à porter des voiles

qui y seront tenues ou lacées par leur têtière ou côté supérieur, et qui quoique trapézoïdales (ayant leurs côtés parallèles, horizontaux) sont dans la pratique nommées *Voiles Carrées*; or comme c'est du nom particulier de chacune de ces voiles que provient, en général, celui des vergues qui les portent, nous nous trouvons dans la nécessité de désigner ces noms avant ceux des vergues, quoique nous ayons à nous occuper de l'installation des mâts et des vergues, avant de détailler celle de la voilure et de ce qui y a rapport.

Il s'agit encore d'établir sur la mâture, des cordages sur lesquels se développeront d'autres voiles soit Triangulaires dites *Latines*, soit Trapézoïdales dites *Auriques* (ayant leurs côtés parallèles, verticaux); et pour achever ici la nomenclature des voiles, nous dirons les dénominations des voiles latines, auriques ou autres, après avoir dit celle des voiles carrées. Quoique les trois mâts de hune portent réellement ce nom générique, cependant, ainsi que les bas mâts, ils ont chacun un nom particulier : celui du grand mât s'appelle Grand Mât de Hune ; celui du mât de misaine, Petit Mât de hune ; celui du mât d'artimon, Mât de Perroquet de Fougue. Le mât qui sert d'allonge à celui de beaupré, se nomme Bout Dehors de Beaupré ou Bâton de Foc. De même et dans le même ordre, les mâts de perroquet sont désignés par les noms suivans : Mât de Grand Perroquet, Mât de Petit Perroquet, Mât de Perruche, et Bâton ou Bout Dehors de Clin Foc. Celui-ci est une sorte d'allonge du bout dehors du beaupré. Quelquefois les trois premiers d'entre les quatre que nous venons de citer, sont encore surmontés d'un Mât de Grand Cacatois, d'un Mât de Petit Cacatois, et d'un Mât de Caca-

15

tois de Perruche, lesquels ont un ton de longueur un
peu forcée, qui prend généralement le nom de *Flèche*,
et chaque flèche se distingue par le nom de son mât :
Flèche de Mât de Grand Cacatois, etc. S'il n'y a pas de
mâts de cacatois, la longueur du ton, qui forme alors
la flèche des mâts de perroquet, est un peu plus forcée
encore, et ces flèches s'appellent par analogie : Flèche
de Mât de Grand Perroquet, etc. Quelques personnes
au lieu de dire Mât de grand perroquet, etc., désignent
ces mâts par le nom de Grand mât de perroquet, etc. ;
il est facile de voir que cette dénomination est vicieuse ;
et bien dire est un point si difficile et qui éclaircit tellement les idées, qu'on ne saurait trop s'y habituer, ni
de trop bonne heure : si même il n'y avait pas allongement, ce qui est encore à éviter, il serait plus régulier
de dire Mât de grand hunier, Mât de petit hunier, que
Grand mât de hune, Petit mât de hune.

Chaque flèche, à son extrémité supérieure, a la forme
d'un tenon, lequel reçoit une petite sphère en bois,
très-aplatie, cerclée en cuivre et nommée Pomme : un
clan de chaque bord y est destiné à recevoir un réa en
fonte garni d'un essieu de fer, et c'est là que l'on passe
des cordages appelés Drisses de Flammes, servant à
hisser des Pavillons, des Flammes ou banderoles étroites
terminées en pointe, des Guidons et Cornettes ou banderoles de largeur moyenne terminées par deux pointes,
et des Fanaux pour signaux de nuit. Nous ajouterons
ici en passant, et par occasion, que les pavillons, flammes,
guidons, cornettes, girouettes même, sont des espèces
d'étendards, bannières, drapeaux faits en toile quand ils
sont blancs, ou en étoffe légère de laine, appelée Étamine,
quand ils sont de couleurs variées. Ils servent de marques

distinctives pour les nations, les escadres, les vaisseaux ou
autres bâtimens, pour les grades divers des amiraux et
des commandans ; et on les emploie avec beaucoup d'u-
tilité pour les signaux de mer. La flamme et la cornette
ont leur côté opposé aux pointes, fixé à une petite vergue
qui s'y engaîne, de sorte que leur largeur doit flotter
horizontalement en l'air. Le pavillon et le guidon tiennent au contraire à la drisse, de manière à flotter verticalement. Drisse est un terme générique pour tout cordage servant à Hisser (élever) les vergues, les voiles, etc.

Les Voiles carrées ou portées par des vergues, ont des
noms qui participent de ceux des mâts où celles-ci sont
installées ; on dit ainsi Grand'Voile, Misaine, Grand-Hunier, Petit-Hunier, Perroquet de Fougue, Grand-Perro-
quet, Petit-Perroquet, Perruche, Grand-Cacatois, Petit-
Cacatois, Cacatois de Perruche : sur les flèches des mâts
de cacatois, on place aussi quelquefois d'autres voiles très-
légères ; si elles se terminent triangulairement en pointe à
la pomme, on les nomme Ailes de Pigeon ; et Papillons ou
Royaux, si elles sont carrées ou portées par des vergues :
celles-ci ne restent pas à demeure à cette hauteur ; on les
amène, c'est-à-dire qu'on les affale ou les fait descendre
quand leur voile a été serrée. Nous remarquerons qu'il
n'y a pas de voile carrée au mât d'artimon ; elle embar-
rasserait le gaillard d'arrière où tout doit se voir, d'où tout
ordre doit émaner ; et l'on concevra bientôt qu'elle y serait moins utile pour les évolutions que les voiles auriques que ce mât sert à établir ; en effet nous avons vu que
le but de ce même mât était moins pour servir à produire
une augmentation de vitesse, que pour faciliter au manœuvrier les moyens d'obtenir l'équilibre entre la voilure
de l'avant et celle de l'arrière ; il en est de même des

15.

voiles latines qui s'installent sur le beaupré, et que nous nommerons tout-à-l'heure. Cependant le mât de beaupré, et son bout dehors (ou au moins le premier) portent chacun une vergue qui s'appelle Vergue de Civadière pour le mât de beaupré, de Contre-Civadière pour le bout dehors, et à ces vergues peuvent être lacés les côtés supérieurs ou têtières (ainsi que nous l'avons dit; car nous nous plaisons à répéter les définitions de quelques termes qu'il importe d'inculquer dans la mémoire) de voiles carrées qui pendent sous ces mâts, et qui s'appellent Civadière et Contre-Civadière; mais le peu d'effet de ces voiles et l'embarras de leur établissement, les font supprimer en général, ainsi que leurs vergues. La vergue de Civadière est cependant conservée par plusieurs Capitaines, parce qu'elle sert de point de divergence et d'appui pour des cordages qui aboutissent à l'extrémité du bout dehors de beaupré, et qui par conséquent consolident celui-ci contre les efforts latéraux des voiles latines qu'il doit porter. C'est ensuite une pièce précieuse pour remplacer des vergues à-peu-près égales en grosseur qui viendraient à casser dans le reste du grément, et elle serait elle-même remplacée par une autre pièce moins utile.

Nous avons fait remarquer que par opposition aux haubans, les mâts étaient tenus à leur tête, sur l'avant, par des cordages appelés Étais; ceux-ci prennent le nom des mâts qu'ils consolident. Sur ces cordages, ou pour ne pas les fatiguer, sur des cordages qui leur sont parallèles appelés Drailles, situés dans le plan diamétral du vaisseau et plus ou moins inclinés à l'horizon, sont établies des voiles auriques dites d'*Étai*: on trouve ainsi la voile du Grand Étai ou plutôt la Pouillouse qui, fort basse, trop souvent abriée, d'une toile très-forte, ne s'installe

que rarement et dans les fort mauvais temps ; viennent
ensuite la Grand'Voile d'Étai ou Voile d'Étai de Hune,
la Voile d'Étai de Perroquet (et entre ces deux dernières
la voile supplémentaire appelée Contre ou Fausse Voile
d'Étai), la Voile d'Étai de grand Cacatois, la Voile d'É-
tai d'Artimon ou plutôt le Foc d'Artimon, la Voile d'É-
tai de Perroquet de Fougue ou plutôt le Diablotin, la
Voile d'Étai de perruche, et la Voile d'Étai de Cacatois
de Perruche. Les voiles d'étai du mât de misaine sont
toutes triangulaires ou latines, et prennent le nom de
Focs : quatre focs sont pour l'ordinaire un nombre suffisant, et on les nomme, en commençant par le plus voisin
du mât de misaine : Petit Foc, Grand Foc, Faux Foc
et Clin Foc.

Outre les voiles auriques que nous avons déjà citées,
on trouve encore la Brigantine et l'Artimon, toutes deux
susceptibles de s'orienter dans le plan diamétral, à l'arrière du mât d'artimon sur lequel elles sont lacées par le
plus court de leurs côtés verticaux ; elles ne servent pas
à-la-fois, et l'Artimon étant plus petit et plus fort s'établit durant le mauvais temps ; quelquefois même pendant
les tempêtes, pour ne pas exposer cette dernière voile,
on installe, s'il y a lieu, une voile plus petite encore,
de forme triangulaire, nommée Foc de Cape. La têtière
de la brigantine et de l'artimon devant saillir vers l'arrière, ne peut pas être établie sur un étai, puisqu'il n'y
a pas de mât à l'arrière du mât d'artimon pour l'aboutis-
sement supérieur de cet étai. On y supplée par une espèce de vergue garnie d'une mâchoire à son extrémité ;
cette mâchoire s'applique vers la tête du mât, et de là sa
vergue s'élance vers l'arrière, en s'élevant de 20° à-peu-
près au-dessus de l'horizontale, et toujours dans le plan

diamétral ; elle s'appelle Corne d'Artimon ou Pic, et elle
est maintenue dans sa position par un cordage qui part
de la tête du mât de perroquet de Fougue et qui se nomme
Martinet. D'autres cordages venant du bout extérieur de
la corne, qui paraîtrait seul devoir porter le nom de Pic,
arrivent aux deux extrémités latérales du couronnement,
peuvent s'y amarrer et raidir, et permettent de fixer, quand
il est nécessaire, cette espèce de vergue dans le plan diamétral ou de l'en éloigner à volonté ; leur nom est Gardes ou
Palans de Garde. Plusieurs capitaines préfèrent en général, pour les voiles d'étai, les Cornes aux Drailles,
en ce que celles-ci sont plus cassantes, qu'elles ont souvent besoin d'être raidies, et qu'elles ne le sont même
jamais assez pour que, lorsque la voile se gonfle par l'impulsion du vent, sa têtière ne contracte pas, ainsi que la
draille, un arc qui est nuisible à l'effet de la voile; cependant une corne est plus lourde, plus embarrassante
à cause des gardes, et son coup-d'œil est moins agréable
que la draille. On voit à bord de certains bâtimens des
cornes pour plusieurs voiles d'étai; on voit même ces
voiles multipliées avec beaucoup de profusion au moyen
de drailles ou cornes intermédiaires. Les noms de ces
voiles et autres de fantaisie sont indéterminés; ils ont
pourtant de l'analogie avec la position de la voile.

Si nous supposons enfin que de chaque côté d'une
vergue on fasse saillir ou glisser en dehors, des pièces
de bois qui la débordent de beaucoup, on pourra encore
imaginer que ces pièces de bois, nommées Bouts-Dehors
portent des voiles légères qui se trouveront tout-à-fait
hors du système de voilure fixe, et qui ne serviront habituellement que par un bon vent et par un beau temps.
A cause de l'abri qu'occasionneraient ces voiles nommées

Bonnettes, si on les plaçait aux endroits que nous allons citer, on n'en trouvera pas ordinairement le long ou à côté de la grand'voile, ni dans toute la mâture du mât d'artimon. La Bonnette de la misaine s'appelle Bonnette Basse de l'Avant ou de Misaine, ou seulement Bonnette Basse (de Tribord ou de Babord), et les autres : Bonnette de Grand Hunier, de Petit Hunier, etc., enfin Bonnette de Gui, de Sous-Gui et Flèche-en-Cul toutes trois pour la Brigantine. Par abus de langage, quelques personnes disent Bonnette d'en Bas ou de Bas pour Bonnette Basse ; d'autres disent encore Catacouas pour Cacatois ; ce dernier me semble préférable et devoir être uniquement employé.

Nous pouvons actuellement donner le nom des vergues : Grand'Vergue, Vergue de Misaine, Vergue de Grand Hunier, et ainsi de suite en ajoutant au mot vergue le nom de la voile portée par celle-là ; il en est de même pour les vergues des bonnettes, lesquelles ne sont pas fixées à la mâture, mais volantes comme la voile de la bonnette. La vergue du mât d'artimon ne porte pas de voile, et par cette raison, elle s'appelle Vergue Sèche ou Barrée.

Ajoutons quelques observations : on dit souvent et simplement le Grand-Mât pour désigner toute la mâture portée par ce mât, et de même pour les autres. La Grand'voile, la Misaine et leurs Huniers s'appellent ensemble les quatre Voiles Majeures. Le Fût des Girouettes ou leur Douille, si elles sont en métal, tourne autour du Paratonnerre, lequel surmonte la Pomme des Mâts. Et quand, pour les mauvais parages, les mâts de perroquet s'emploient sans flèches et sans mâts de cacatois, on les appelle Bâtons d'Hiver.

~~~~~~

SÉANCE XXVI.

I. Classifications générales des Cordages ou Manœuvres. — II. De quelques Opérations de la Garniture et du Grément, telles que Fourrer, Garnir, Congréer, Épisser, Brider, Estroper, Étriver ou Faire des Étrives, Aiguilletter, Rouster et Velter, Fouetter, Frapper, Bosser, Genoper, Surlier, Amarrer. — III. Des principaux Nœuds.

I. **Les Cordages** qui sont employés dans le grément se divisent en deux classes; l'une qui comprend les cordages employés à la tenue des mâts et qu'on nomme *Manœuvres Dormantes*; l'autre où se trouvent ceux qui servent au jeu des voiles et qui s'appellent *Manœuvres Courantes.* Nous avons actuellement à nous occuper de la tenue des mâts, et, par conséquent, des manœuvres dormantes.

Avant de transporter à bord les manœuvres, on les prépare dans un atelier du port, appelé Garniture; de manière qu'en arrivant sur le vaisseau, elles puissent aussitôt être placées pour leur usage; et on ne les y transporte que lorsque toutes celles qui ont à y servir ont reçu cette préparation, de sorte que l'on peut, aussitôt après, procéder à la tenue complète des mâts. Dès la mise en armement, on a dû détacher une partie de l'équipage sous les ordres de Maîtres et Officiers-Mariniers ou de Sous-Officiers, et sous la surveillance particulière d'un Officier du vaisseau, pour travailler à la confection du grément; mais si le bâtiment avait déjà

été. armé, les vieux agrès auraient été, au désarmement, déposés dans un magasin, et le détachement aurait eu à s'occuper de sa réparation.

II. Les Travaux de la *Garniture* consistent à couper le
cordage de longueur voulue, suivant les proportions et les
qualités requises; à Fourrer, Garnir, Congréer, Épisser,
Brider, Estroper, Étriver ou faire des Étrives, Aiguilletter, Rouster et Velter, Fouetter, Frapper, Bosser,
Genoper, Surlier, Amarrer, enfin à faire certaines opérations préliminaires toutes pratiques, et dont on ne
peut même avoir d'idée quelque peu nette, malgré les
descriptions et les tableaux les plus étendus, si l'on n'y
a travaillé soi-même, ou au moins si l'on n'y a vu travailler assidument. Nous n'expliquerons donc pas les
méthodes employées dans ces cas, non plus que les
Nœuds en usage à bord, et qui tiennent à l'art du grément; ce serait complétement superflu; il faut absolument que nous renvoyions à la pratique, et nous ne pouvons qu'indiquer le sens des principales de ces opérations, et le nom de la plupart de ces nœuds.

Fourrer, c'est entourer un cordage avec des torons,
du bitord, du fil de caret et de la ligne, pour le garantir lui-même du frottement. Quelquefois on couvre
préalablement le cordage de bandes de toile goudronnées, appelées Limandes, et c'est sur ces limandes que
s'exécutent les tours serrés et nombreux du petit cordage qui sert de Fourrage. Les manœuvres fourrées se
trouvent aux lieux où d'autres corps souvent en mouvement, peuvent leur causer du dommage; la limande et
le fourrage ne contribuent pas à la force du cordage,
mais ils empêchent qu'il ne soit lui-même attaqué; et
lorsqu'ils sont détériorés, on y obvie. L'action de

fourrer se produit au moyen d'un Maillet, appelé Mailloche, ou Mailloche à Fourrer. La mailloche est garnie
d'un canal dont l'ouverture est prise sur la hauteur de
la surface cylindrique; ce canal est de dimension à recevoir le cordage qu'on veut fourrer; on fait deux tours de
bitord tant sur la mailloche que sur son manche, et si
l'on fait alors tourner, autour de la manœuvre, la
mailloche qui acquiert en même temps un mouvement
progressif, le bitord glissera avec quelque peine, et il
Souquera (serrera, comprimera) cette même manœuvre.
Quand le cordage est très-petit, on substitue à la mailloche une petite planche percée, appelée Minahouet;
son action est la même : il faut absolument voir ces objets, et les voir agir, pour les bien comprendre et sur-
tout pour en retenir le mécanisme. Malgré l'avantage
incontestable du fourrage, quand il y a lieu à frottement,
on doit éviter de fourrer là où cette opération est inutile;
car il est bien reconnu que tout cordage couvert s'é-
chauffe et se détériore promptement, beaucoup plus
même que s'il était exposé à l'air.

On appelle en général *Garnir*, pourvoir un mât, par
exemple, de toutes les poulies, de toutes les parties du
grément qui lui sont nécessaires. En particulier, on
garnit une jarre de torons de fils de caret nattés, pour
amortir les chocs qu'elle peut recevoir. On garnit un
Tournevire de Pommes ou Bourrelets en petits cordages
nattés qui, placés de distance en distance, sur un grelin, constituent ce qu'on nomme tournevire. C'est une
occasion d'expliquer comment se fait l'opération du cabestan sur les câbles des ancres que l'on veut lever, et
nous ne la laisserons pas s'échapper, quoique ce soit une
digression.

Le Tournevire est un cordage sans fin, c'est-à-dire dont les deux bouts sont Amarrés (réunis, liés) ensemble ; on lui fait faire plusieurs tours sur le cabestan, et on le dirige de chaque bord sur l'avant, où, avec des espèces de Bosses à main, en tresses plates, appelées garcettes, on le fixe au câble ; en virant au cabestan dans le sens convenable ; le tournevire se raidit, s'enroule d'un côté, se déroule de l'autre, et le câble rentrant à bord et se logeant à mesure si l'on veut, dans la fosse aux câbles, le vaisseau s'avance jusqu'à l'à-plomb de l'ancre sur laquelle on fait force, et qui bientôt elle-même est soulevée. Cependant les garcettes les plus de l'arrière se sont trouvées rapprochées du cabestan ; les hommes qui les tenaient les lâchent, les retirent ; mais auparavant, le tournevire en tournant par le bord opposé, de l'arrière à l'avant, aura été saisi à de nouveaux points du câble qui viennent de rentrer à bord, par de nouveaux hommes munis eux-mêmes de garcettes, et ainsi de suite. L'utilité des pommes est d'empêcher les garcettes de glisser sur le tournevire qui reçoit souvent, du contact du câble, une vase très-gluante ; on obvie encore à cet inconvénient en mettant du sable, ou des balais entre les garcettes et le câble. On appelle Emboudinure une sorte de garniture faite à la cigale ou à l'Organeau (anneau) de l'ancre ; elle sert à empêcher le câble d'agir immédiatement sur la substance métallique de l'organeau qui la détériorerait.

L'action de *Congréer* consiste à garnir les hélices d'un grelin, avec un petit cordage qui contribue par là à en arrondir ou unir le contour. Plusieurs tours serrés de Quarantainier, nommés Guirlandes, et placés à 3 ou

4 pieds les uns des autres retiennent le congréage bien appliqué dans le vide, entre les torons.

Épisser, c'est croiser les torons, les uns dans les autres, de deux bouts de cordages, sur une longueur de 4 à 5 fois leur diamètre, et les entrelacer de manière qu'en serrant, ces cordages se trouvent fortement unis sous le plus petit volume possible; il y a deux sortes d'épissures, les carrées et les longues.

On appelle *Brider*, rapprocher par un cordage, deux ou plusieurs autres cordages tendus à-peu-près parallèlement, et qui laissent quelque distance entre eux; on voit que le bridage fait travailler avec plus d'unité les cordages bridés, et qu'il augmente encore leur tension. Si l'on ne bride pas avec l'un des bouts du cordage bridé qui dépasse, alors on en emploie un plus faible pour cette opération.

L'action d'*Estroper* consiste à envelopper une poulie selon une direction perpendiculaire à sa gorge, d'un cordage qui la presse, qui la serre, et qui est bridé ou amarré au-dessus ou au-dessous de la caisse. L'Estrope est généralement fourrée, et, près de la bridure, elle porte ordinairement un croc, ou bien un anneau en fer nommé Cosse, à l'aide duquel elle s'accroche ou se fixe en un lieu désigné pour son action; l'estrope sert donc à empêcher que la caisse de la poulie ne se fende ou ne s'éclate, et à pouvoir faire servir la poulie en un endroit quelconque du vaisseau. Les poulies estropées en fer se nomment Poulies Ferrées. Au lieu d'une cosse simple, on trouve quelquefois deux cosses l'une dans l'autre, ou bien un bout de cordage nommé Fouet qui sert à remplacer le croc, à l'effet d'attacher la poulie sur une manœuvre du vaisseau que l'on veut raidir.

Étriver ou plutôt Faire une ou des Étrives, c'est amarrer un cordage sur lui-même, quand il a embrassé un objet quelconque, tel qu'un Cap de Mouton; cet amarrage se fait avec de la ligne ou du menu cordage: l'endroit où les doubles du cordage commencent à se rencontrer, se nomme Croisure; celle-ci doit être le moins grosse possible.

On appelle *Aiguilletter*, unir momentanément un bout de cordage à un autre bout, ou à un point quelconque d'un autre cordage; l'aiguillette ou quarantainier qui sert à faire l'aiguillettage ne fait partie d'aucune des manœuvres réunies. On aiguillette un palan, une poulie, une bouée sur son orin qui est le cordage qui la fait tenir à l'ancre; on aiguillette aussi les deux bouts du tournevire ensemble, c'est ce qu'on appelle Mariage.

Quoique le *Roustage* et le *Veltage* ne soient pas précisément deux opérations de la garniture, elles regardent tellement le gréement que nous pouvons en parler ici : par le premier, on enveloppe deux pièces de bois, de tours pressés de cordage qui les réunissent solidement. On rouste des jumelles sur des mâts ou sur des vergues; on rouste des Jas, ou traverses en bois, qui surmontent les ancres, et qui sont à angles droits soit avec leurs verges, soit avec le plan de leurs pattes ou becs; nous avons vu qu'on roustait des colombiers, des coittes, etc. Le veltage est une espèce de roustage que l'on fait, pour unir et tenir le ton des mâts avec la partie inférieure de ceux qui sont établis au-dessus; pour ces opérations, on emploie du cordage qui ait déjà servi avec effort, afin qu'il soit moins exposé à s'allonger.

L'action de *Fouetter* consiste à tortiller une espèce de bosse appelée Fouet, sur un cordage raidi, afin que le premier ne puisse pas glisser quand on vient à agir sur lui ; les garcettes se fouettent ou se frappent sur le câble.

Frapper, c'est amarrer solidement et momentanément, deux manœuvres qu'il fallait réunir pour une opération ; on frappe un palan à une manœuvre pour agir dessus avec plus d'efficacité ou avec moins de monde ; on frappe une bosse sur un câble, etc.

On appelle *Bosser*, retenir avec un cordage que l'on fouette ou frappe, et qui part d'un point fixe, une manœuvre déjà tendue, et de telle sorte que si la manœuvre est larguée, lâchée ou bien mollie de l'autre côté du fouet, elle ne cesse pas d'être raide dans la partie opposée.

Une *Genope* est une façon d'entrelacer, entourer, réunir, serrer deux cordages de manière qu'ils ne puissent se séparer par un effort direct.

Le *Surliage* est une opération qui consiste à faire sur le bout d'un cordage plusieurs tours avec de la petite ligne, qui soient bien arrêtés, et qui empêchent les torons de ces cordages de se détériorer et de se désunir ou décommettre ; on dit aussi Sourliage et Sourlier.

L'action d'*Amarrer* est celle de tourner, assujettir, lier, arrêter une manœuvre ou un objet, en se servant de taquets, cabillots ou cordages, et à l'aide de ceux-ci on fait des amarrages Plats, à Étrive, avec des Commandes, etc. On appelle Commande, deux ou trois bouts de fils de caret tortillés ensemble à la main, d'une brasse de longueur ou au-dessous, servant à faire des amarrages grossiers.

III. Il nous reste à nommer ceux des *Nœuds* usités à bord, sur lesquels il est à désirer que l'attention se

porte principalement : Nœud Plat ; d'Anguille ; de Bois ;
d'Écoute ; de Tireveille ; de Gueule de Raie ; de Tête
de Mort ou d'Alouette ; de Bouline ; d'Agui ; d'Ajût ;
à Plein Poing ; Coulant ; de Jambe de Chien ; de Vache ;
de Hauban ; Demi-Nœud ; Demi-Clef. Il faut encore savoir ce que c'est qu'un Laguis ; une Risse ou Saisine ;
un Trévire ; un Tressillon ; une Estrope ; un Mariage ;
une Marguerite ; un Tour-Mort ; une Élingue ou Erse ;
une Queue de Rat ; une Étalingure ; une Portugaise ; un
Collier et Collet d'Étai ; un Maillon ; une Guirlande ;
une Emboudinure ; un Bouton ou une Pomme d'Étai
ou de Tournevire ; une Bosse ; une Barbarasse ; une Gar-
cette ; un Raban ; et une variété considérable de divers
amarrages.

Ces Nœuds , ainsi que la plupart des divers travaux de
la garniture, ou des Opérations du Grément, même
la Manœuvre des Bâtimens à Rames , et plusieurs détails
pour lesquels, dans le cours de cet ouvrage, nous ren-
voyons aux Dictionnaires, au Séjour ou aux Visites des
Vaisseaux ou des Arsenaux, sont enseignés aux Élèves
du Collége Royal de Marine par les soins, principalement, du Maître d'Équipage attaché à l'établissement.

L'enseignement de la Nomenclature et de la place des
Manœuvres leur est donné dans la Salle du Vaisseau-Mo-
dèle par le même Maître qui, d'ailleurs, est chargé de diriger les leçons de Natation. Nommer cet homme zélé et
estimable , et qui possède toutes les qualités d'un bon et
vrai marin, c'est servir l'attachement et la reconnaissance
des Élèves, c'est payer le tribut que lui doivent ses chefs ;
il s'appelle *Bertucci*, il a toujours servi avec la plus
grande distinction, et depuis long-temps il est Membre
de la Légion-d'Honneur.

SÉANCE XXVII.

I. Des Élongis.—Des Traversins.—Du Bourrelet.—II. Des Hau
bans.—Des Étais et des Faux Étais.—Du Ridage.—Des Col-
liers, Collets et Faux Colliers d'Étai. — Du Coinçage des
Mâts. — Des Braies.—De l'Étai de Tangage. — Des Pendeurs
ou Pentoirs.—III. De la Liure et de la Fausse Liure.—De la
Sous-Barbe ou du Barbe-Jean et de la Fausse Sous-Barbe.—
IV. Des Enfléchures. — Du Trelingage.—Des Quenouillettes.
—Des Gambes.—Des Pataras.

I. Le vaisseau ayant été mâté de ses bas mâts, il faut
poser sur les jottereaux et cheviller de chaque côté de la
tête de ceux de ces mâts qui sont verticaux, des barres
ou pièces de chêne nommées *Élongis*, de la longueur
du $\frac{1}{2}$ bau pour le grand-mât dont nous nous contenterons ici de parler, puisqu'on pourra raisonner généralement par analogie pour les autres. La largeur des élongis est les $\frac{5}{12}$ de leur longueur, et l'épaisseur est la
moitié de la largeur. Chaque élongis est entaillé en arrière et en avant du mât, et il reçoit, à angles droits,
deux autres barres pareilles, nommées *Traversins*. Le
traversin de l'arrière touche le mât, celui de l'avant en
est à une distance un peu plus grande que l'épaisseur du
pied ou de la caisse du mât de hune. Les élongis sont
entaillés pour mieux faire corps avec la tête du mât, et
les traversins ont dans le sens de leur longueur une légère courbure dont le bouge est les deux tiers de leur
largeur. Avant tout on commencera par disposer autour

des mâts, et au-dessus de ces mêmes élongis et traversins, un entrelacement de cordes et tresses nommé *Bourrelet*, lequel servira à adoucir et à supporter le frottement
et le poids des manœuvres dormantes que nous allons voir
appliquer en cet endroit pour la tenue des mâts ou pour
d'autres usages.

II. Les Pendeurs, dont nous parlerons incessamment,
les *Haubans* et les *Étais* qui doivent consolider les
mâts, vont actuellement être mis en place, et nous commencerons par traiter des haubans : ceux-ci sont distribués par paires, c'est-à-dire qu'un même cordage fortement lié, en se doublant par le milieu de sa longueur et
en formant une espèce de boucle, sert pour deux haubans; chaque extrémité reçoit un cap-de-mouton. La
boucle embrasse la tête du mât, c'est-à-dire lui est Capelée, et le cap-de-mouton correspond à un des caps-de-
mouton de porte-hauban; un cordage appelé *Ride* passera dans tous les trous des deux caps-de-mouton : ce
cordage sera arrêté à l'un de ces trous par un nœud de
cul-de-porc fait sur une de ses extrémités, et l'autre
bout, pris par un palan à fouet (ou par toute autre poulie) frappé sur le hauban même, ou venant de cette direction, servira à tendre le hauban en raidissant sa ride;
cette opération est le *Ridage* et elle s'appelle Rider; on
aura soin en la pratiquant, ainsi que pour tous les cas
analogues, de se servir de suif, pour que le cordage
glisse mieux dans les trous du cap-de-mouton, appelé
aussi Tête-de-Mort. Il faut rider souvent, avant d'appareiller, pour que les haubans aient moins d'allongement à subir à la mer. L'entourage des caps-de-mouton
par le bout du hauban, se fait au moyen d'une étrive ;
il faudra que le ridage puisse avoir un certain espace,

16

afin que les caps-de-mouton ne se touchent pas, quand les haubans auront pris tout leur allongement; et souvent on sera obligé à cause de cet allongement, de défaire les étrives et de les reprendre; alors on en égalise bien les extrémités, pour flatter le coup-d'œil qui est beaucoup dans le grément. On doit éviter autant que possible d'avoir cette opération à faire à la mer; car il faudrait pendant le temps qu'elle durerait, appuyer les mâts d'une manière provisoire, et qui pourrait être insuffisante. L'extrémité de l'étrive du hauban est surliée, et la surliure retient un petit bout de toile goudronnée appelé Coiffe, qui met l'intérieur du filin, à l'abri de l'humidité en cette partie. Le bout de la ride sur lequel on palanquera pour rider, se tortillera et s'amarrera sur la croisure de l'étrive. Une autre Coiffe, mais beaucoup plus considérable, se placera dans un but analogue par-dessus tous les cordages qui se capèlent à la tête du mât, et où nous avons vu que l'on commençait par installer un bourrelet; elle recouvrira ce qu'on appelle le Capelage du mât.

Le nombre des haubans est de 10 à 12 de chaque côté pour un grand mât de vaisseau; on en capèle d'abord, pour le grand-mât et pour le mât d'artimon, une paire à tribord, ensuite une à babord, et successivement; pour le mât de misaine, on commencera par capeler à babord; c'est l'usage : si le nombre en était impair, une branche de la dernière paire tomberait à tribord et l'autre à babord. Les premiers haubans capelés sont ceux du travers du mât; les derniers sont ceux qui s'en éloignent le plus sur l'arrière. Sur la face extérieure des élongis, et entre les traversins, il a fallu mettre un coussin de sapin arrondi qui empêche, pendant le ridage, les haubans d'être écorchés ou coupés en ce point, par leur pression contre ces mêmes élongis. La grosseur d'un hauban (par là, nous entendons toujours la circonférence du cordage) est le $\frac{1}{72}$ du bau. Les perfectionnemens successifs de la fabrication du cordage rendent ces mesures très-variables, et contribuent beaucoup à la beauté et à la légèreté du grément en permettant d'en réduire les grosseurs.

Par-dessus les haubans, on capèle les *Étais* et les *Faux Étais* qui sont des cordages deux fois commis, tandis que les haubans sont à quatre torons. Ils servent à consolider le mât contre l'impulsion ou les efforts provenant de la direction de l'avant, tandis que les haubans les maintiennent par l'arrière et par le travers de chaque bord. La grosseur de l'étai est le $\frac{1}{48}$, et celle du faux étai est le $\frac{1}{100}$ du bau : l'usage s'introduit avec raison, je crois, de donner au faux étai la même grosseur qu'à l'étai. L'étai et le faux étai n'ont chacun qu'une branche, et ils ne peuvent pas se capeler comme les haubans ; on y parvient en faisant une de leurs extrémités un œillet dans lequel on fait passer et courir l'autre extrémité, jusqu'à ce qu'une pomme faite à peu de distance de l'œillet vienne arrêter ce mouvement ; il en résulte une sorte de boucle appelée *Collier d'Étai*, qui doit être assez grande pour pouvoir embrasser le mât. On préfère aujourd'hui que l'extrémité supérieure de l'étai, au lieu d'être à pomme, soit à deux branches ; celles-ci embrassent le mât, s'aiguillettent sur l'arrière du capelage des haubans ; et en tout temps, le changement d'un étai devient plus facile : les mâts supérieurs apportent des obstacles à ce que le capelage ordinaire soit praticable à la mer, et comme les étais sont peu nombreux et ne peuvent pas rester

en souffrance, il a fallu chercher un moyen commode de
les remplacer promptement, pour ne pas laisser les mâts
sans appui dans cette direction. L'extrémité inférieure
embrasse un cap-de-mouton ou plutôt une Moque (espèce de cap-de-mouton à un seul grand trou au lieu de
trois petits) au moyen de laquelle l'étai se ride, à l'aide
de la correspondance avec une autre moque estropée ou
fixée sur un point du vaisseau ou d'un autre mât. Cette
estrope s'appelle *Faux Collier d'Étai*; il paraîtrait plus
convenable de l'appeler *Collier d'Étai* et de donner le
nom de *Collet* à la boucle du capelage ou au contour de
la partie aiguillettée. Le faux étai se place comme l'étai
et se raidit de même. Les étais sont moins nombreux
que les haubans, mais ils sont plus forts et leur angle
est plus avantageux; cependant un mât est bien moins
tenu en étais qu'en haubans. Par cette raison les étais se
rident avant les haubans, et quand le ridage est fini, le
mât est fortement consolidé par des *Coins*, contre l'étambrai supérieur; pour un second ou pour tout autre ridage, il faut avoir soin de retirer ces coins pendant l'o-
pération; on prévoit, en effet, que sans cette précaution,
la nouvelle tension des étais et des haubans pourrait faire
arquer le mât, à partir du lieu où il se trouverait
coincé.

Les coins dont nous venons de parler, seront recouverts de *Braies*; on donne ce nom à des morceaux de
grosse toile goudronnée qui couvrent le vide aux étambrais des bas mâts, du gouvernail et des pompes; elles
sont clouées autour des mâts, des pompes, et sur l'arrière du gouvernail, avec des plis par le haut, et le bas
sur un bourrelet en bois qui entoure les étambrais; elles
servent à détourner les eaux qui peuvent les atteindre.

Les braies des mâts sont quelquefois garnies avec goût,
de petites bandes de tresses plates, en petit filin très-
propre, qui y sont clouées en figurant de jolis contours
et de jolis dessins ; là comme par-tout, la main de l'homme
entendu, de l'homme d'ordre, peut se faire reconnaître :
le soin porté jusqu'aux plus petites choses décèle l'esprit qui y a présidé ; et sur-tout dans le grément d'un
vaisseau, il produit un grand effet et un bien remarquable

On donne à chaque paire de haubans de grand mât,
3 baux $\frac{1}{2}$ de longueur, et 2 baux $\frac{1}{2}$ à son étai. Le mât
d'artimon, les mâts de perroquet et de cacatois ne doi-
vent pas avoir deux étais, ce serait superflu et embarrassant, car on doit voir déjà que les étais, et c'est ce qui
en empêche la multiplicité, entravent le jeu des voiles
carrées. Le premier de ces mâts ne porte pas en effet lui-
même de voile carrée, et les derniers n'ont pas de voiles
dehors, ou même se rentrent à bord, quand le temps est
mauvais. En revanche, le mât de misaine a pour ces cas
un *Étai de Tangage* qui s'aiguillette au-dessous des étais
ordinaires, et se raidit au moyen d'une caliorne sur le
bout de l'étrave. Le mât de misaine et le mât d'artimon
ont, le premier un hauban, et l'autre quatre de moins
de chaque bord que le grand - mât.

Nous ferons observer qu'avant même les haubans, on
a dû capeler un bout de cordage de la grosseur des haubans, appelé *Pendeur* ou *Pentoir* ; il est garni d'une
cosse à son extrémité inférieure, et cette cosse sert à
accrocher des Caliornes, Candelettes, Palans, ou en
général quelque appareil funiculaire pour soulever ou
mouvoir de pesans objets ; il est d'autres pendeurs de
moindre diamètre qui servent aux palans de bout de

vergue, à ceux de bredindin, etc. Les pendeurs sont fourrés.

III. Sur le mât de beaupré sont tenus en étai, le mât de misaine et ceux qu'il supporte ; et sur la mâture de misaine, et par conséquent aussi du beaupré, vient en définitive aboutir encore l'effort des étais de tous les mâts supérieurs ; il faudra donc fortement soutenir le mât de beaupré contre l'action des manœuvres dormantes, lesquelles en acquièrent une augmentation considérable quand le navire se redresse au tangage ; aussi a-t-on ajouté aux moyens que le constructeur a adoptés intérieurement à cet effet, les liaisons extérieures que nous allons décrire. L'éperon présente deux mortaises oblongues ; un gros cordage devenu souple, et qui a acquis tout son allongement par un service antérieur, traverse la première de ces mortaises, vient par-dessus le beaupré, et fait ainsi plusieurs tours successifs qui composent ce qu'on appelle la *Liure de Beaupré* : de même à l'autre mortaise, on en forme une seconde, nommée *Fausse Liure*. Ces tours de cordage sont contenus sur le beaupré par des taquets qui les empêchent de glisser ; chaque tour a été raïdi au cabestan ; et pour faciliter l'effort de cette machine, le beaupré est chargé d'un poids considérable suspendu à son extrémité. Si le mât de misaine était garni ou gréé avant celui de beaupré, ce qui tiendrait à des circonstances particulières, on ne pourrait pas le tenir dès-lors par ses étais ; mais on y emploierait momentanément ses pendeurs garnis de candelettes, qui s'accrocheraient à deux erses portées par les bossoirs du vaisseau.

Aux liures du beaupré, l'on ajoute encore deux espèces d'étai, l'un nommé *Sous-Barbe* ou *Barbe-Jean* et l'autre *Fausse Sous-Barbe*. La sous-barbe est un gros cordage doublé qui passe dans un trou garni de basane percé sur le taillemer et va prendre le beaupré sous le violon, où elle est fourrée et ridée au moyen de deux caps-de-mouton; la fausse sous-barbe va plus bas que la première, et elle s'éloigne jusqu'au voisinage de l'emplacement de la vergue de civadière.

IV. Quand les haubans ont été bien ridés, on travaille à les Enflécher ou à faire les *Enfléchures* : ce sont des échelons en quarantainiers fixés horizontalement sur les bas haubans ou sur les haubans des bas mâts, sur ceux des mâts de hune, et sur ceux de perroquet. On y travaille en employant des espars qui se brident provisoirement aux haubans, les tiennent dans un écartement convenable et servent d'appui aux pieds des matelots qui sont chargés de cet ouvrage. Les enfléchures sont tenues à chaque hauban par une demi-clef; pour chaque mât, elles ne vont pas plus haut que le *Trelingage* : celui-ci est une suite de bridages des haubans de tribord à ceux de babord, à la hauteur du bas des jottereaux ; et ces bridages qui s'opèrent à l'aide d'un fort filin passant et repassant d'une Quenouillette à l'autre, se trouveront ainsi à la hauteur où l'on établira la vergue du mât. On appelle *Quenouillettes* de petites barres de fer rondes, couvertes de limandes goudronnées; elles croisent les haubans de chaque bord à la hauteur du trelingage. C'est sur les quenouillettes qu'une espèce de petits haubans de revers, nommés *Gambes*, s'appuiera pour soutenir les bords des hunes contre les efforts que nous verrons qu'exercent sur elles les haubans des mâts supérieurs. Les gambes des hunes ont aussi des enfléchures : quelques capitaines suppriment les quenouillettes et les trelingages; ils rident les haubans des mâts supérieurs dans des cosses garnies, et estropées sur les mâts inférieurs au-dessous des jottereaux. On se dispense aussi quelquefois de placer des enfléchures entre les deux premiers haubans de l'avant de chaque bas mât, et entre les trois derniers de l'arrière. Il est plus difficile en effet d'y monter que sur les autres, et c'est un ouvrage, un volume presque inutile ; or on doit sentir la nécessité de réduire, quand on le peut sans inconvénient, le poids du grément qui, sur-tout quand le vaisseau est incliné sous voiles, tend considérablement à détruire la bonne influence d'un arrimage bien conçu, sur l'assiette et la marche du vaisseau.

Il est encore une sorte de haubans faits en gros cordage ou avec des grelins qui ont subi tout leur allongement, et qu'on nomme *Pataras*. On en prend trois pour chaque bord et pour chaque bas mât; quand on les place, c'est avec beaucoup de tension; mais on ne s'en sert que lorsque les haubans sont vieux, avariés, ou que l'on craint un mauvais temps. Il y en a quelquefois 2 à branches (un pour chaque bord), qui se croisent.

SÉANCE XXVIII.

I. Du Chouquet. — II. De la Hune. — Des Galhaubans. — Des
Araignées. — III. De la Tenue des Mâts de Perroquet et de
Cacatois.—Des Barres de Perroquet et de Cacatois.—Des Clefs
de Mâts et des Clefs à levier. — IV. Des Mâts ou Bâtons de
Foc et de Clin-Foc. — De l'Arc-Boutant de Beaupré. — Des
Martingales. — V. Dimensions des Mâts de Hune, de Perro-
quet, de Cacatois, de Foc, de Clin-Foc et des Flèches.

I. De même qu'un bas mât repose sur une emplanture; qu'il trouve un point d'appui contre l'étambrai du
pont supérieur, et que sa tête est maintenue dans tous
les sens par les haubans et les étais; de même aussi nous
réussirons par des moyens analogues à fixer un mât de
hune au-dessus. Le pied ou la caisse du mât de hune est
d'une figure carrée dont les arêtes vont, en s'amoin-
drissant, se perdre dans la rondeur du mât; cette caisse
sera supportée sur les élongis par une cheville ou clef
de fer qui traversera un trou carré dont elle sera pourvue; voilà l'emplanture. Le mât de hune repose donc et
s'élève sur l'avant du ton du bas mât; de là on le voit
traverser un billot qui recevra le tenon que nous avons
dit se trouver à la tête du bas mât, et où sur l'avant, on
remarque une ouverture ronde d'un peu plus de diamètre que celui du fort du mât de hune. Cette pièce
s'appelle *Chouq* ou plutôt *Chouquet*. Le chouquet a de
longueur trois fois le diamètre du bout du mât qui le
reçoit; sa largeur est les $\frac{2}{3}$ de sa longueur, et son épais-

seur en est le $\frac{1}{4}$. Cette espèce de chapeau est entourée
sur son épaisseur de deux liens en fer, et garnie de pitons et de réas pour y pouvoir accrocher ou passer au
besoin des poulies, des cordages, des palans. Le chouquet se met en place quand le capelage est fini : on y
emploie ordinairement un mât de hune ou même un mât
plus léger que l'on élève ou Guinde en partie, comme
il sera expliqué par la suite, et dont la tête, parvenue à
la hauteur convenable, sert à placer le chouquet sur le
tenon du bas mât ; c'est ensuite l'ouvrage du maître charpentier de le consolider. On parvient également à démonter le chouquet, en le fixant à un mât de hune
amené à-peu-près aux deux tiers, et qu'on guinde ensuite
un peu pour qu'il fasse l'effort nécessaire à ce démontage.
On voit que cette pièce doit servir d'étambrai au mât qui
la traverse. Enfin ce même mât est soutenu par des haubans et des étais, qui se capèlent comme nous l'avons
dit pour le bas mât ; les haubans viennent se raîdir tribord et babord sur la Guérite (renfort sur le côté) de la
Hune, au moyen des caps-de-mouton qui y tiennent par
des bandes et lattes de fer, lesquelles les entourent et les
fixent ; l'étai et le faux étai se rident au mât de misaine
sous le trelingage. Nous n'interromprons pas l'ordre de
nos descriptions, nous dirons plus tard comment on procède pour Guinder ou hisser en place un mât de hune,
et pour le moment actuel nous le supposerons guindé.

II. Nous savons qu'une *Hune* est une espèce de plate-
forme presque carrée ; elle n'est que d'un quarantième
plus large que longue ; elle doit être traversée par le ton
du bas mât, et elle est solidement établie sur la surface
supérieure des élongis et des traversins ; le milieu de la
hune est muni d'une grande ouverture pour le bas mât ;

le mât de hune, le capelage et le passage des matelots.
On compte trois hunes à bord; savoir : la Grand'Hune,
la Hune de Misaine, la Hune d'Artimon; et c'est ainsi
que la plupart des objets se différencient de nom, suivant la mâture où ils se placent. La grand'hune a en
longueur la moitié du bau; la hune de misaine a un pied
de moins de côté que la grand'hune; ces plates-formes
ont leurs deux angles et leur côté antérieurs arrondis,
pour ménager la toile du hunier qui touche souvent en
cette partie. La guérite est renforcée par une bande de
fer, et sa plate-forme par de forts liteaux, ou par des taquets longs placés au-dessus comme des rayons. Le passage que leur ouverture laisse aux matelots s'appelle Trou
du Chat.

Les hunes ont sur l'arrière un garde-corps ou liteau
en bois porté par des chandeliers en fer; elles servent
elles-mêmes au ridage des haubans de hune, à fournir
un point d'appui aux matelots pour diverses manœuvres,
à recueillir momentanément des menues voiles, ainsi
que des cordages ou des objets de rechange et d'occasion;
et l'on peut convenablement les armer, pour un combat,
de petites Caronades, de Pierriers, Tromblons, Fu-
sils et Pistolets.

Outre ses haubans, un mât de hune est encore pourvu
de *Galhaubans* ou nouveaux haubans plus longs que les
autres, car les galhaubans de mât de hune, et même
ceux de perroquet et de cacatois viennent se rider sur
les porte-haubans, où ils trouvent des caps-de-mouton à
cet effet; on voit par là que même la rupture de la hune
ou des Barres qui la remplacent pour les mâts plus élevés,
n'entraînerait pas nécessairement la chute des mâts supérieurs, puisque les galhaubans lui resteraient, et qu'ils

tiennent à un point fixe du bord. Il paraît même que les galhaubans, quoique perdant de leur force, et donnant plus de chances à leur rupture par leur longueur et leur flexion, contribuent davantage à tenir les mâts supérieurs que leurs haubans; il suffit en effet de remarquer que les haubans agissent sur les bords de la hune, et que celle-ci ne résiste à cet effort que par les gambes ou haubans de revers, par les quenouillettes, le trelingage, les haubans de bas mât ou bas haubans, qui sont loin de présenter la fixité des porte-haubans, où les galhaubans aboutissent directement. A la mer, on augmente l'effet des galhaubans du vent, qui sont ceux sur lesquels le mât fait alors effort, en mettant leur flexion à profit; il suffit de leur donner plus d'épatement, en les écartant des bords de la hune qu'ils rasent ordinairement, au moyen d'un arc-boutant qui s'appuie sur le ton du bas mât, et qui en sortant horizontalement hors de la hune, par le travers, pousse le galhauban au large en cette partie. Les lattes de fer dont nous avons parlé et qui, d'un bout, servent d'estropes aux caps-de-mouton, sont trouées de l'autre bout pour recevoir les crocs des gambes. Quelques personnes désireraient la suppression des lattes, caps-de-mouton, gambes, quenouillettes, trelingages. On ferait alors passer les haubans de hune sur des réas en fonte au bout de chaque traversin, et on les raidirait sur les bas mâts au-dessous des jottereaux. Nous avons déjà fait connaître que quelques capitaines s'en tenaient à la suppression des quenouillettes et des trelingages.

La hune tient aux pièces dites Élongis et Traversins, par des pitons fixés sur ces pièces, qui traversent la plate-forme et sont chevillés par-dessus. Autrefois plusieurs petits cordages passés en forme de patte-d'oie, dans des trous sur tout le pourtoir du côté arrondi de la hune, se réunissaient en faisceau sur le faux étai; ce réseau s'appelait *Araignée*, et il empêchait le hunier de s'engager ou de se frotter contre la hune. On donne actuellement moins de saillie aux hunes, et, sous voiles, on remplace l'araignée par un bourrelet d'étoupe couvert de grosse toile, ou par une sangle, ou par une natte en cordage lardée d'étoupes ou de fils de caret, appelée Paillet, dont on garnit le bord de la hune. La hune se met en place après le capelage; nous dirons aussi plus tard comment on y procède, cette opération s'appelle Capeler la Hune.

III. Les Mâts de hune et ceux de perroquet qui sont au-dessus n'ont pas de jottereaux, mais en les façonnant, on leur laisse un renfort, appelé Noix, qui les supplée, et sur lequel repose un assemblage d'élongis et de barres, appelé *Barres de Perroquet* ou *de Cacatois* : celles-ci ne sont pas surmontées de plates-formes, ce serait trop lourd et trop embarrassant. A l'aide d'un chouquet, d'une clef, de haubans, de galhaubans, d'étais et de barres (qui sont en fer quand ce sont celles de cacatois) on *tient* aussi les mâts de perroquet, et au-dessus ceux de cacatois. Ces barres sont réunies à leurs extrémités du même bord, par des bandes en fer qui leur donnent de la solidité et qui permettent d'y placer un hauban de plus, lequel traverse ces bandes dans leur milieu; car ce sera par ces extrémités que passeront les haubans des mâts auxquels elles servent à donner de l'épatement. Ces haubans vont se rider au-dessous du capelage du mât où ces barres sont établies. Quelques vaisseaux, outre les noix qui sont garnies d'adens appelés Épaulettes, et qui servent à supporter les élongis des barres, font encore installer des petits jottereaux volans ou de renfort ; c'est une amélioration utile. On cherchait aussi un moyen solide d'établir la *Clef* des mâts au-dessous des élongis, car on voit que pour amener ou caler un mât, tel que nous l'avons supposé mis en place, il faut préalablement soulever un peu le mât pour ôter cette clef ; or cette opération pouvait être dangereuse quand on la pratiquait à la mer, puisqu'on ne soulevait pas le mât sans larguer ou mollir ses étais, faux étais, haubans et galhaubans, c'est-à-dire ses appuis. Plusieurs procédés avaient été proposés pour obvier à ces inconvéniens, mais il en existait de nouveaux, et aucun n'était généralement usité, lorsqu'on a récemment annoncé que M. *Rotch*, avocat de Londres, venait d'inventer une *Clef à Levier* (Lever-fid) au moyen de laquelle on peut, en moins de deux minutes, amener un mât de hune ou de perroquet, avec le travail de deux hommes, et sans larguer aucune ride, ni aucune partie du grément ; l'Amirauté Anglaise, en a adopté l'invention, elle a accordé à M. *Rotch* une récompense de 5 mille livres sterling (120 mille francs environ), et le Commerce Britannique a acheté de lui la faculté de faire usage de cette clef : Le Roi de France, notre très-respectable Souverain, fait aussi parvenir avec une grande générosité, 50 mille francs à M. *Rotch*. Cette innovation va être introduite à bord de nos bâtimens.

Les haubans du grand-mât de hune ont pour grosseur $\frac{1}{96}$, et les galhaubans $\frac{1}{90}$ du bau. Les haubans du mât de grand perroquet ont $\frac{1}{192}$, et les galhaubans $\frac{1}{168}$ du bau. L'étai du grand-mât de hune a $\frac{1}{120}$, et celui du mât de grand perroquet $\frac{1}{144}$ du bau. La longueur de la paire de haubans du grand-mât de hune a 3 baux ; celle de ses galhaubans, 5 ; celle des haubans du mât de

grand perroquet $1\frac{1}{3}$; celle de ses galhaubans, 7; celle
de l'étai du grand-mât de hune, 3; et celle de l'étai
du mât de grand perroquet, $3\frac{1}{2}$.

IV. La tête du mât de beaupré est aussi garnie d'un
chouquet qui donne passage au *Bout dehors de Beaupré*
ou *Bâton de Foc.* Celui-ci dépasse le beaupré des $\frac{2}{3}$ de
sa longueur; le tiers qui double le beaupré repose sur
le violon, espèce de hune dont nous avons parlé, et il
est retenu par une aiguillette qui presse et tient les deux
mâts l'un contre l'autre. Ce mât est tenu tribord et babord par des haubans qui acquièrent de l'écartement et
de l'épatement au moyen de la vergue de civadière, sur
l'étendue de laquelle ils trouvent des cosses estropées
qu'ils traversent à cet effet. Ils se raidissent ensuite et
se fixent en définitive sur l'avant du bord. Contre l'effort de bas en haut, tel que celui des focs et des étais de
la mâture de misaine, ce mât ou bâton, et un autre qui
le dépasse ont deux étais ou *Sous-Barbes* nommées aussi
Martingales, qui vont également se fixer et se raidir au
bord sous le beaupré, et qui acquièrent un angle favorable au moyen d'un arc-boutant en fer à deux branches, placé à-peu-près verticalement sous le bout du
mât de beaupré auquel il est cloué; cet arc-boutant est
garni, à ses extrémités inférieures, de clans et de réas
en cuivre, pour le passage des martingales; il s'appelle
Arc-Boutant de Beaupré, et il a en longueur le tiers
de celle du bâton de foc: quelques personnes l'appellent
lui-même Martingale, mais le Dictionnaire de l'Amiral
Willaumez redresse les idées à cet égard. Le bâton qui
dépasse celui de beaupré est un mât qu'on rentre souvent
à la mer par précaution, et qui s'installe au-delà du bâton de foc, à-peu-près comme celui-ci au-delà du beau-

pré; il se nomme *Bout dehors de Clin-foc* ou *Bâton de Clin-foc*, ainsi que nous l'avons dit précédemment. On trouve encore sur le beaupré deux cordes amarrées à deux œillets de fer au haut et des deux côtés du beaupré; à l'autre bout de chacun de ces cordages, est frappé un cap-de-mouton, pour servir à les rider sur deux autres caps-de-mouton fixés vers le milieu du fronteau d'avant, de sorte que ces deux cordages, qui se nomment Sauve-Gardes de Beaupré, forment, en cet endroit, deux espèces de garde-corps.

V. Nous allons donner les *Dimensions* actuellement adoptées des mâts dont nous venons de nous occuper, pour un vaisseau de 80; nous avons déjà dit quelles étaient celles des bas mâts en traitant de leur assemblage ou construction, et de celle de leurs Jottereaux ainsi que du violon de beaupré. La longueur de ces mâts est, en général, réglée sur cette condition, que leurs galhaubans raseront les bords de la hune du bas mât auquel ils appartiennent, quand ces mêmes mâts supérieurs seront guindés.

NOM DU MAT.	Longueur totale.		Plus fort diamèt.		Longueur du lon.	
	pi.	pou.	pou.	lig.	pi.	pou.
Grand mât de hune.	70	3	20	6	8	8.
Petit mât de hune.	64	3	20	6	7	8.
Mât de perroquet de fougue. .	50	3	13	0	6	10.
Mât de grand perroquet (terminé par un tenon pour recevoir un chouquet)	37	6	11	0	5	6.
Idem à flèche (sur la longueur de la flèche, il y aura 20 pieds pour installer le						

NOM DU MAT.	Longueur totale.		Plus fort diamèt.		Longueur du tôt.	
	pi.	pou.	pou.	lig.	pi.	pou.

grand cacatois, et pour un capelage; le surplus sera une
petite flèche pour le coup-
d'œil) . . . . **56 9   11 0   24 9.**

Mât de petit perroquet (à tenon). **34 2   9 6   5 0.**

Idem à flèche (sur la longueur
de la flèche, il y aura 17 pieds
pour installer un petit cacatois , et pour un capelage;
le surplus sera une petite flé-
che pour le coup-d'œil) . . . **49 2   9 6   20 2.**

Mât de perruche (à tenon) . . . **32 6   7 6   4 6.**

Idem à flèche (sur la longueur
de la flèche, il y aura 15 pieds
pour installer un cacatois de
perruche, et pour un capelage; le surplus sera une pe-
tite flèche pour le coup-d'œil). **46 0   7 6   18 0.**

Mât de grand cacatois . . . . . **31 6.   7 3   10 6.**

Mât de petit cacatois . . . . . **27 0   7 0   9 0.**

Mât de cacatois de perruche ou
d'artimon. . . . . **23 6   5 3   8 0.**

Bâton de foc ou bout dehors
de beaupré . . . . **55 0   14 0   0 0.**

Bâton ou bout dehors de clin-
foc (y compris 9 pieds de
flèche) . . . . **54 0   9 0   9 0.**

Toutes les flèches dont nous venons de parler sont

17

surmontées de pommes en bois , ainsi que nous l'avons
déjà mentionné.

Plusieurs personnes disent indifféremment le Ton ou
le Tenon du mât; on doit avoir remarqué la grande
différence qui existe entre l'un et l'autre.

Enfin, tous les mâts dont nous venons de parler sont
généralement d'une seule pièce; ce n'est que dans les
temps de disette de bois qu'on a pu penser à en construire d'assemblage, et quelque rigidité qu'on leur ait
donnée, quelque unie que l'on puisse faire leur surface
cylindrique, jamais on n'est parvenu, surtout sous un
égal volume, à acquérir la force de résistance que donne
la flexibilité, ni le poli qui sert tant au jeu des vergues,
et que l'on trouve dans les mâts tels que la nature les
donne. On fait actuellement pour cet objet des essais
sur des mâts creux en fer.

SÉANCE XXIX.

I. Du But que l'on se propose dans l'installation des Vergues
et des Voiles.—II. Dimensions des différentes Vergues et des
Bouts-dehors.

I. Jusqu'ici, nous n'avons eu à nous occuper que des
manœuvres dormantes, et l'on s'est convaincu que ce
nom était indiqué par la nature même de leurs fonctions
qui consistent dans un effort permanent, c'est-à-dire
qu'elles sont fixées par les deux bouts d'une manière,
pour ainsi dire, stable; ou qu'en général, une de ces
extrémités est arrêtée à poste fixe, et qu'à l'autre, on

peut appliquer un appareil funiculaire pour les tendre
ou pour obvier par suite à leur allongement. Les manœuvres courantes, au contraire, sont employées à chaque instant pour faire changer la direction des vergues
ou la surface des voiles, et elles passent ou courent
dans des poulies qui facilitent leur jeu. Les cordages
des manœuvres courantes sont plus souples et moins
commis que ceux des manœuvres dormantes. L'explication que nous venons de donner rend faciles à distin-
guer ces sortes de manœuvres les unes des autres; et
quoique, dans l'installation des vergues, on rencontre
encore quelques manœuvres dormantes, nous trouverons
inutile de les faire toujours remarquer, puisqu'il suffira
de se faire la demande de leur nature, et de se souvenir
de la définition que nous venons d'établir, pour pouvoir
les classer convenablement. Avant, toutefois, d'expliquer comment les vergues et les voiles sont installées,
nous dirons quel est leur objet, et quel est le *But* qu'on
se propose en les installant; on comprendra mieux ainsi
l'utilité des manœuvres que nous verrons y être appliquées.

Les voiles carrées sont portées par les vergues, et
elles doivent être tendues par leurs deux angles inférieurs; si c'est une basse voile, c'est-à-dire une voile
des deux bas mâts principaux, ces angles sont fixés au
corps du vaisseau; si c'est une voile haute, ces angles
sont fixés vers les extrémités de la vergue immédiatement inférieure : c'est par des rabans que les voiles
sont lacées ou qu'elles tiennent aux vergues supérieures;
et par des cordes, et souvent au moyen de poulies, que
les angles inférieurs sont fixés; de sorte que toutes les
voiles d'un même mât, étant développées et tendues, il
en résulte une sorte de trapèze de voilure (car les vergues

17.

supérieures sont de plus en plus courtes) qui, selon
l'état naturel des choses, se présente à l'esprit dans un
plan parallèle à celui du maître-couple.

On comprendra facilement qu'en raison des divers
degrés d'intensité du vent, et que, pour la sûreté de la
mâture, il doit être utile de pouvoir réduire la surface
de ce trapèze, soit en rapprochant les vergues supérieures des vergues inférieures, soit en larguant et filant
les manœuvres qui fixent les angles inférieurs, et en pesant ensuite sur d'autres cordes qui rapprochent de la
vergue supérieure ces angles, ainsi que diverses parties
intermédiaires prises sur les ralingues de ces voiles,
afin d'envoyer des matelots sur les vergues achever de
réduire, d'étouffer la toile, en la serrant et l'amarrant
fortement contre cette vergue supérieure. On concevra
encore combien cette faculté de pouvoir réduire la surface du trapèze par parties détachées que les vergues séparent, est précieuse pour obvier efficacement à une
trop grande force dans le vent. Enfin on doit voir qu'il
est non moins utile de pouvoir faire tourner, d'une cer-
taine quantité, le plan du trapèze de voilure, ou de la
partie qui en est développée, si toute la voilure du même
mât n'est pas dehors, autour du mât auquel appartient
ce trapèze, et de manière que le plan tracé par l'axe
des vergues soit horizontal, toujours en supposant le
vaisseau droit. Cette condition de pouvoir faire tourner
le trapèze est en effet nécessaire, car les voiles orientées
carrément ou carré, c'est-à-dire dans un plan parallèle
à celui du maître-couple, ne peuvent convenir qu'à un
vent arrière; mais si la route à faire forçait à recevoir
le vent de quelques degrés ou de quelques rumbs de
plus vers la hanche ou vers l'avant, cette situation du

trapèze ne permettrait plus qu'il fût frappé de la manière la plus favorable ; alors pour obtenir la meilleure
position qui conviendrait, il doit y avoir lieu, ainsi
que nous l'avons dit, à faire tourner le trapèze en question autour de l'avant de son mât, d'une quantité dont
la pratique et le calcul enseignent à déterminer la grandeur, suivant l'obliquité du vent qui doit le frapper. .

Cependant, il est des limites dans lesquelles on doit
se tenir pour que le vent puisse produire une marche,
un sillage par l'avant du navire ; si, en effet il souffle
droit de l'avant ou des environs de cette direction, il est
évident qu'il n'y a pas de combinaison de voilure qui
puisse y faire parvenir. Ces limites sont comprises entre
les sixièmes rumbs de chaque bord, à partir de l'avant,
et en faisant le tour par l'arrière ; de sorte que, sur les
32 airs-de-vent de la boussole, il y en a 20 de favorables pour une route voulue ; c'est-à-dire que si le vent,
d'abord droit de l'arrière, vient à changer, mais ne se
hâle pas de l'avant d'un bord ou de l'autre de plus de
10 rumbs ou quarts, on ne cessera pas de pouvoir diriger l'avant vers l'air-de-vent voulu. Quand le vent s'est
hâlé de 10 quarts, il souffle alors de 2 quarts de l'avant
du travers ; or c'est cette position, et l'orientement convenable, que nous avons déjà qualifiés du nom du Plus Près.

Toutefois, la tension des ralingues qui ne peut pas
être parfaite, la courbure inévitable des voiles due à la
flexibilité du tissu de la toile, les principes du plus grand
effet d'impulsion du vent sur les voiles pour le meilleur
sillage qui en peut résulter, exigent que le trapèze de
voilure puisse s'ouvrir de 3 quarts de plus, c'est-à-dire
que ce vent du plus près puisse alors le frapper sous un
angle de 3 rumbs au moins, ce qui donne à la voile 5 quarts

ou 56° 15' d'ouverture sur l'avant du travers. Il faut donc disposer ses vergues de manière que cet angle d'ouverture puisse être obtenu; et c'est afin d'y parvenir qu'on les place sur l'avant des mâts, de manière à être assez élevées vers le sommet de ces mâts, pour que l'étranglement des haubans permette sous le vent d'être à même d'obtenir un tel orientement, mais pas trop pour que l'étai s'y oppose du côté du vent. Il est également nécessaire que chaque vergue soit placée au-dessous de l'étai de son mât; car sans cela, comment pourrait-on, au besoin, amener une vergue supérieure, ou la rapprocher de la vergue inférieure? et comment pourrait-on déployer et tendre la voile par ses angles inférieurs? On a remarqué que le premier hauban de l'avant de chaque bord pour chaque bas mât, tel qu'il se place actuellement, s'opposait beaucoup à la facile ouverture de l'angle des vergues, et l'on a proposé de le supprimer pour ne pas exposer celles-ci à s'arquer sous l'effort des bras.

Il n'y a pourtant que les vergues hautes qui s'amènent ainsi pendant la manœuvre, et on a pour but en cela de pouvoir réduire la voilure plus promptement au besoin, de donner aux matelots qui la serrent plus de chances de sécurité, en rapprochant ces vergues des points où leur maintien est plus facile, et où le roulis et le tangage sont moins sensibles et font moins fouetter la mâture, enfin de soulager la tête des mâts supérieurs d'un poids considérable, et de soustraire ces voiles autant que possible à l'air des régions élevées qui est toujours plus vif et plus animé. Le volume extrêmement lourd des basses vergues et de leur garniture, l'embarras qu'occasionnerait la voile, laquelle encombrerait le pont et qui, par ses battemens, y mettrait les hommes en danger,

ont fait établir ces vergues à un point fixe de hauteur
d'où on ne les fait descendre que dans certains cas tout
particuliers : d'ailleurs les têtes des bas mâts sont très-
fortes, peu élevées et très-bien appuyées ; il faut enfin
que les basses vergues soient prêtes pour pouvoir tendre
les huniers, même dans les plus mauvais temps ; et par
toutes ces raisons, on a dû agir en ceci d'une manière
différente entre les basses vergues et celles des voiles supérieures. Les basses vergues demandent en outre un
appareil de force et de précautions peu ordinaire,
pour être hissées en place à la hauteur exigée. Les vergues de perroquet et de cacatois se dégréent même quelquefois tout-à-fait ; et par précaution, alors, on les descend sur le pont ; il arrive enfin que pendant un mauvais
temps, on cale ou amène, et l'on dépasse ou met sur le
pont les mâts de cacatois et de perroquet, afin de soulager la tête des mâts de hune.

On doit voir actuellement combien d'avantages présente le trapèze dont nous avons parlé. 1°. Il peut se réduire de surface à divers points de sa hauteur ; 2°. chacune de ses parties se peut manœuvrer ou serrer sans
excéder les forces d'une portion convenable de l'équipage ; 3°. il peut tourner pour se prêter à toutes les directions favorables du vent ; 4°. enfin, comme les mâts
supérieurs ont le moins d'appui, le plus de faiblesse, le
bras de levier le plus long, ils sont chargés de vergue s
de plus en plus courtes et minces, et de voiles de plus
en plus étroites, et légères en qualité.

II. Suivent les *Dimensions* des vergues d'un vaisse au
de 80 canons ; la dernière colonne donne la longueur
des deux Bouts de la vergue ; pour comprendre cette ex-
pression, il est utile de savoir que les extrémités d'une

vergue sont façonnées et taillées de manière à ménager tout autour et de chaque côté, plusieurs coches appelées taquets, qui servent à fixer les angles supérieurs des voiles et quelques autres objets : on laisse en dehors des taquets extérieurs, et pour les besoins éventuels, une petite longueur de bois auquel on donne l'épithète de Mort; c'est ce Bois Mort qui se nomme Bout; la moitié de chaque nombre de la troisième colonne sera par conséquent la longueur d'un seul de ces bouts.

NOM DE LA VERGUE.	Longueur totale.		Plus fort diamèt.		Longueur d. 2 bouts.	
	pi.	pou.	pou.	lig.	pi.	pou.
Grand'vergue	100	3	25	6	9	0.
Vergue de misaine.	91	0	23	0	8	6.
Vergue sèche ou barrée. . . .	64	4	15	0	6	8.
Vergue de civadière	67	0	14	3	7	0.
Vergue de grand hunier. . .	75	3	15	6	15	0.
Vergue de petit hunier	68	0	15	0	14	0.
Vergue de perroquet de fougue.	52	3	9	3	7	0.
Vergue de grand perroquet . .	47	3	8	6	4	4.
Vergue de petit perroquet. . .	42	0	7	6	4	0.
Vergue de perruche.	36	0	6	6	3	6.
Vergue de contre ou fausse civadière.	44	0	8	0	4	0.
Vergue de grand cacatois, appelé quelquefois grand perroquet volant.	35	9	5	6	2	8.
Vergue de petit cacatois ou de petit perroquet volant. . . .	34	0	5	0	2	6.
Vergue de cacatois de perruche ou de perroquet volant de						

NOM DE LA VERGUE.	Longueur totale.		Plus fort diamèt.		Longueur d. 2 bouts.	
	pi.	pou.	pou.	lig.	pi.	pou.
perruche	27	0	4	6	2	0.
Vergue de grand papillon, appelé quelquefois Royal du grand mât	24	0	4	0	2	6.
Vergue de petit papillon ou de royal de misaine	23	0	3	9	2	0.
Vergue de papillon ou de royal de perruche ou d'artimon . .	18	0	3	0	1	8.
Corne d'artimon.	51	3	10	9 seul bout.	1	6.
Bôme ou Gui (vergue basse pour le développement de la brigantine)	64	2	12	3	0	0.
Bout dehors de grand'vergue. .	46	0	8	3	0	0.
Bout dehors de vergue de misaine	45	9	7	9	0	0.
Bout dehors de vergue de grand hunier	34	0	7	0	0	0.
Bout dehors de vergue de petit hunier	34	0	7	0	0	0.
Bout dehors de vergue sèche ou barrée	32	0	6	3	0	0.
Bout dehors de gui.	34	6	6	0	0	0.
Bout dehors de grand perroquet.	23	0	3	6	0	0.
Bout dehors de petit perroquet.	21	0	3	6	0	0.
Vergue de bonnette de grand'-voile	25	0	6	0	1	0
Vergue de bonnette de misaine.	23	9	6	0	1	0.
Vergue de bonnette de grand hunier	18	7	4	6	0	8.

NOM DE LA VERGUE.

.ww.ww.

	Longueur totale.		Plus fort diamèt.		Longueur d. 2 bouts.	
	pi.	pou.	pou.	lig.	pi.	pou.
Vergue de bonnette de petit hunier	17	0	4	6	0	8.
Vergue de bonnette de perroquet de fougue	12	9	4	0	0	8.
Vergue de bonnette de grand perroquet.	12	0	0	9	0	8.
Vergue de bonnette de petit perroquet.	9	9	3	0	0	8.

www.www.www.www.www.www.www.www.www.

SÉANCE XXX.

ir

Suite de la Séance précédente, où l'on expose le But que l'on
a en vue dans l'Installation des Vergues et des Voiles ; on y
trouve jointe l'explication de divers termes relatifs à la Ma-
. nœuvre ou au jeu des Vergues et des Voiles.

LES quatre angles des voiles carrées portent les noms
suivans : les deux supérieurs, *Empointure*, Tribord ou
Babord, du vent ou de sous le vent ; et les deux inférieurs, *Points*, Tribord ou Babord, du vent ou de sous
le vent. Pour une basse voile, le Point du vent se nomme
Amure, celui de sous le vent *Écoute* ; pour une voile
haute le nom d'*Écoute* s'applique indifféremment aux
points du vent ou de sous le vent, de tribord ou de babord : le point du vent d'une voile, ou tout autre objet
qu'on désigne par les mots Du Vent, est celui de son
espèce qui se trouve, au moment où l'on parle, le plus

près de l'origine du vent; selon la direction de celui-ci, l'objet en question peut être à tribord ou à babord; le point de sous le vent est le plus éloigné de l'origine du vent, et il peut encore se trouver à tribord ou à babord.

Tendre une voile sur une vergue par ses points supérieurs ou ses Empointures, et y fixer les parties intermédiaires de la ralingue avec des Rabans dits de *Faix*, de *Têtière* ou d'*Envergure*, c'est *Enverguer* cette voile. La tendre, l'établir par ses points inférieurs, si c'est une basse voile, c'est l'*Amurer* d'un côté et la *Border* de l'autre; si c'est une voile supérieure, c'est la *Border* des deux bords, Tribord et babord, au vent et sous le vent. Les cordages avec lesquels on agit dans ces cas-ci, se nomment également *Amures* s'il s'agit d'Amurer, et *Écoutes* s'il s'agit de Border; ils sont fixés aux angles inférieurs des voiles, ou passent dans des poulies estropées à ces mêmes angles.

D'autres cordages nommés *Cargues*, servent en agissant, en pesant dessus, après avoir largué les amures, les écoutes, etc., à ramener les points et d'autres parties des ralingues contre la vergue; c'est ce qui s'appelle *Carguer* la voile. Les manœuvres qui sont fixées à ces points ou qui passent dans des poulies qui y sont fixées, vont trouver d'autres poulies et descendent ensuite sur le pont, le long des mâts et des haubans; il y a en bas, d'autres poulies dites de Retour qui, pour la commodité de l'opération, sont destinées à changer la direction des manœuvres, et comme nous l'avons vu, on y trouve également des taquets, cabillots, tournages, etc., pour les tourner ou amarrer au-delà et près de leurs poulies. Il y a aussi sur les bas haubans, des margouillets ou bagues de conduite en bois, et de petites poulies également de conduite, pour servir à conduire directement la manœuvre vers sa poulie de retour. Ces manœuvres, quoiqu'en grand nombre, ont chacune leur nom particulier, et toutes aboutissent à des places fixes, soit dans les hunes, soit sur le pont, soit dans la batterie haute. C'est une étude importante de pratique à bord, que de chercher à connaître et ces noms et ces places : pour soulager la mémoire à cet égard, pour éloigner la confusion, pour éviter les méprises et par suite peut-être des accidens fâcheux, surtout pendant la nuit, on s'applique dans la distribution de ces cordages et autant que possible ; 1°. à les placer dans des positions analogues pour chaque mât ; 2°. à laisser de préférence aux pieds des mâts, les cordes présumées les plus utiles lors d'un combat, afin que les matelots de la manœuvre soient moins exposés à gêner les matelots du canonnage et réciproquement.

Faire tourner autour d'un mât une voile pour faire route, c'est l'*Orienter :* les cordes nommées *Bras* qui la font tourner, sont fixées vers les extrémités des vergues, ou passent par des poulies qui y sont fixées ; elles vont passer dans d'autres poulies estropées sur quelques parties du grément d'un autre mât, et elles descendent sur le pont. Quant on hale sur un bras et qu'on file l'autre, en mollissant d'ailleurs quelques cordages s'il y a lieu, la vergue doit tourner. Agir sur un bras, c'est *Brasser,* il y a ici comme pour toutes les manœuvres doubles ou paires, bras de tribord ou de babord, ou bras du vent ou de sous le vent. Cependant, les vergues sont soutenues dans leur situation horizontale par des cordages qui appellent de la tête de leurs mâts et qui se nomment *Balancines.* Les balancines aboutissent généralement sur le pont ; les tendre également des deux bords, c'est mettre la vergue *Carré* ou *Carrément* sur ses balancines ; tendre également les bras, c'est mettre la vergue *Carré* ou *Carrément* sur ses bras ; une vergue est dite *Droite* quand elle est carrée sur ses bras et sur ses balancines. En rade et même à la mer, s'il y a lieu, une vergue est toujours placée rigoureusement ainsi. Un vaisseau doit plaire à l'œil dans toutes ses parties, par son ordre, par sa propreté, par son élégance, par son attitude militaire, et le grément en est une des dépendances principales. Une corde mal surliée, une voile mal serrée, une vergue de travers, un simple bout de fil de caret qui pend dans un hauban, une manœuvre mal amarrée et mal cueillie ou lovée après son amarrage, la moindre négligence enfin, n'échappent point à l'observateur, et nuisent à la bonne réputation du vaisseau qui doit être le but des efforts de tous ceux qui lui appartiennent.

Cependant les balancines des vergues les plus élevées ne descendent pas jusque sur le pont ; elles s'arrêtent à la hune ; et s'y amarrent ainsi que plusieurs autres cordages légers, lesquels y sont manœuvrés par les matelots qui en font le service et qui portent le nom de Gabiers.

C'est donc en brassant une vergue que l'on oriente carré une voile ; mais pour bien l'orienter au plus près, il est une autre manœuvre à haler avec force, nommée *Bouline* ; celle-ci est fixée, en patte d'oie, sur chacune des deux ralingues verticales dites de *Chute* ; elle va passer dans une poulie frappée sur un point du pont ou du grément du mât, immédiatement de l'avant ; et en agissant dessus, il est clair que la souplesse de la ralingue lui permettra, en s'arquant en avant, de contribuer à un orientement, où les haubans et les étais empêcheraient les vergues de parvenir ; et lors même que les vergues y arriveraient, la ralingue du vent ne pourrait jamais être assez tendue, pour ne pas laisser la voile *Battre*, *Faseyer* ou *Barbeyer*, sur-tout pendant les mouvemens occasionnés par le roulis et le tangage. L'effet des voiles serait par là considérablement diminué, si même il n'était entièrement annulé ; et la bouline, par cela seul, serait encore utile pour le vent du plus près et pour ceux qui l'avoisinent. Les autres ralingues de la voile ont aussi leur nom particulier, savoir la supérieure *Tétière* ou *Envergure*, et l'inférieure *De fond* ou *De Bordure*.

On trouve dans une voile carrée des *Carguepoints*, des *Cargueboulines*, des *Carguefonds*, c'est-à-dire des manœuvres qui sont fixées sur des parties de la ralingue qui avoisinent les Points et le Dormant des boulines, ou qui appartiennent à la ralingue de fond. Les carguefonds et les cargueboulines passent contre la vergue et sur son avant dans une poulie de conduite, puis dans une autre poulie, à la tête du mât, d'où elles descendent par le trou du chat, et viennent aboutir sur le pont ainsi que nous l'avons dit. En pesant dessus, on contribue à étouffer la toile, ou à la rapprocher par plus de points, de la vergue sur laquelle des matelots iront se placer, pour *Serrer* ou *Ferler* la voile à force de bras, et avec des rabans dits de *Ferlage*.

Cependant les vergues supérieures pour glisser le long de leurs mâts et pour pouvoir tourner autour, n'y tiennent que par une sorte de bague appelée *Racage* ; c'est un collier formé d'un ou de plusieurs chapelets faits avec des *Pommes* en bois, séparées par des pièces plates, également en bois, appelées *Bigots*. Les pommes et les bigots étant percés, on y passe un bout de filin nommé *Bâtard* qui fait le tour du mât de hune qu'il embrasse. Les bâtards de tous les chapelets se réunissent de chaque bord en un seul faisceau que l'on garnit, et ils se fixent au milieu de la vergue qu'ils retiennent en l'entourant. Pour les vergues hautes et légères, on fait usage de racages en filin sans pommes ni bigots. La hauteur verticale d'une voile s'appelle le *Guindant*, la longueur de la têtière se nomme l'*Envergure*, et celle de la ralingue de fond la *Bordure*. On nomme *Fond* d'une voile toute la partie centrale de la voile au-dessous des bandes de Ris dont nous allons parler.

Pour terminer ce que nous avons à dire sur les voiles, nous parlerons des *Ris*. Un *Ris*, une *Bande de Ris* consiste en un petit renfort de toile à voile, cousu à angles droits sur les laizes qui forment la voile, et dans lequel sont percés et façonnés avec du fil à voile, des œillets nommés *OEils de Pie*. Ces œillets sont destinés à recevoir des rabans en tresse plate du nom de *Garcettes de Ris*, qui y sont arrêtés par des nœuds, et qui dépassent de chaque côté de la voile. Il y a une ou plusieurs bandes pareilles à chaque voile principale. Rapprocher une, deux, etc., de ces bandes de la vergue, et l'y fixer avec des garcettes, après avoir préalablement amené la vergue d'une quantité suffisante, réduire ainsi la surface de la voilure de Une, Deux de ces Bandes, c'est *Prendre un Ris, Deux Ris*, etc. Pour y parvenir commodément, il y a ordinairement deux manœuvres dont l'effort est souvent augmenté par une poulie, et qui s'appelle *Palanquin de Ris*. Les huniers ont deux palanquins de ris, ils

font dormant ou s'accrochent sur les extrémités de la
bande inférieure de ris, passent, chacun de son bord,
dans un clan au bout de la vergue, vont de là vers la
tête du mât, et descendent enfin sur le pont; il s'ensuit
qu'en amenant la vergue et pesant sur les palanquins, on
approche de la vergue les deux extrémités de la bande inférieure des ris, et les matelots ont la prise nécessaire
pour plier la toile du ris le long de la vergue, et pour l'y
fixer en nouant les garcettes intermédiaires, et en premier lieu les rabans dits d'Empointure qui, seuls ici, un
de chaque bord, ne sont point en tresse plate, mais en
quarantainier sur une longueur de deux à quatre brasses.
Cette opération que nous n'avons décrite qu'accidentellement, pour expliquer ce que le grément a de commun
avec elle, et qui est du ressort des évolutions ou manœuvres à la mer, demande beaucoup de précautions et d'ensemble. Les palanquins de ris ainsi installés nuisent cependant à ce qu'on amène facilement une vergue, et c'est
fort important; si au lieu de traverser la vergue par le
clan, ils passaient dans une poulie fixée sous le bout de
vergue, et que de là ils élongeassent la vergue par dessous en allant à son milieu, pour descendre le long du mât
jusque sur le pont, cet inconvénient serait non-seulement évité, mais il en résulterait encore, en pesant sur
les palanquins, un nouveau moyen de faciliter l'abaissement de la vergue.

La corde qui sert à *Hisser* une vergue s'appelle *Drisse,*
et ce nom se donne à toutes les manœuvres du même
genre ou du même usage. Les drisses des vergues appellent de la tête des mâts sur l'avant; une vergue
s'*Amène* en larguant la drisse, par l'effet de la pesanteur de la vergue, et en filant les palanquins; si le vent

fait exercer au racage un frottement, une pression qui
s'opposent à ce qu'elle s'amène, on pèse sur les carguepoints sans larguer les écoutes ; ceux-ci faisant ainsi effort sur la vergue inférieure, et passant dans une poulie
estropée en arrière de la voile et sous la vergue supérieure, tendent à rapprocher cette dernière vergue du
chouquet, sur la partie antérieure duquel elle doit reposer quand elle est dite amenée tout bas sur ses balancines.

Quand une Corde agit sur un point par une poulie,
elle est dite en Double, Triple, Quadruple, suivant le
nombre des Cordons ou Courans que les diverses combinaisons des poulies et des cordages permettent d'employer ; elle est dite en simple, s'il n'y a pas de poulie,
et que la corde soit fixée au point lui-même sur lequel
on veut agir. Le bout du cordage qui est fixé, s'appelle
en général le Dormant, et celui sur lequel on hâle, le
Courant, si, toutefois, il n'y a pas de poulies intermédiaires, autres que celles de conduite ou de retour ;
dans le cas contraire, ce bout se nomme Garant.

Les voiles d'étai se lacent au mât par le côté vertical
de l'avant, ou glissent en hauteur le long d'un cordage
qui l'élonge ; leur Têtière peut glisser par des anneaux
de fer dont elle est garnie, en se hissant le long de
l'étai ou de la draille ; lorsqu'on pèse sur la drisse, la
têtière s'étend, et le quatrième angle va tenir au corps
du vaisseau par une double Écoute (une de chaque
bord) qui s'amarre d'un côté (sous le vent). En dé-
marrant ou larguant la drisse, en filant l'écoute, en pesant sur un cordage qui agit dans le sens inverse de
cette drisse appelée *Hâle-Bas*, la voile revient sur elle-
même ou s'amène. Les voiles à corne s'y enverguent

18

par leur têtière, et se lacent au mât par leur guindant ou leur ralingue d'avant, d'ailleurs elles se fixent comme les voiles d'étai ; et comme elles, leur point opposé à celui de l'Écoute se nomme Amure. La Brigantine se borde en dehors du navire au bout d'une vergue qui s'appuie par une mâchoire sur un bourrelet en bois au bas du mât d'artimon, qui sort horizontalement par l'arrière en rasant le couronnement, et qui, par son extrémité extérieure, peut se pousser sous le vent de la quantité nécessaire à l'orientement. Cette vergue s'appelle Bôme ou Gui.

C'est au bout de la bôme qu'est attachée une Échelle en corde avec traverses en bois, laquelle pend jusqu'à la mer, et dont on se sert pour monter à bord quand le temps est mauvais, et que les embarcations courraient risque de se briser le long du bord en acostant sous l'escalier. C'est encore vers le bout de la bôme qu'est placée la Bouée de Sauvetage, qui est destinée à être larguée à la mer, lorsqu'un homme vient à y tomber, afin qu'il puisse s'y accrocher, s'y soutenir, et donner le temps d'y expédier un canot. Sous le bout extérieur de la bôme se trouve un Marchepied ; on va voir l'explication de cette manœuvre dormante.

SÉANCE XXXI.

De l'installation particulière des Vergues.

Avant de hisser une Vergue en place on la garnit de ses diverses poulies, de son Marchepied et de ses Étriers. Le marchepied est un cordage placé sous chaque moitié d'une vergue pour servir d'appui aux matelots qui vont y enverguer et déverguer des voiles, les ferler ou serrer, les déferler ou larguer, et prendre ou larguer des ris. On y trouve des nœuds de distance en distance qui maintiennent les pieds sans glisser, et de petits bouts de cordages appelés Étriers qui font dormant sur la vergue, et dont le double sert d'estrope à une cosse dans laquelle passe le marchepied, lequel est ainsi retenu, pendant qu'il y a des hommes dessus, à deux pieds environ le long et au-dessous de la vergue : Il y a deux ou trois étriers de chaque bord aux vergues principales. Sans les étriers, les pieds des matelots tendraient tous à se rapprocher d'un même point du marchepied, et leur position serait fort gênante. On trouve aussi au bout des vergues principales, de petits marchepieds sans étriers qui sont destinés pour l'homme qui travaille à prendre ou saisir l'empointure d'envergure ou de ris : on ne laisse point en rade, ces marchepieds pendans sous la vergue, ils y feraient un effet désagréable à l'œil ; on les relève et les bride provisoirement sous la vergue. Il en est de même d'une infinité de cordes, voiles, poulies dont on n'a besoin qu'à la mer, qu'on masque, dépasse, dévergue ou défrappe lorsqu'on est en rade ; et de quelques autres manœuvres d'un usage peu fréquent, qu'on applique et saisit momentanément le long des vergues et des mâts, afin de dégager le grément et lui donner un aspect plus simple et plus élégant. Il est aussi des paillets, des basanes, des sangles, des tresses, des bourrelets et des cuirs dont on a l'habitude, surtout sous voiles, de garnir certaines parties des vergues, des rides, des haubans, des galhaubans, ou d'envelopper en certains endroits, les câbles, les ancres et les écubiers, afin d'obvier à des frottemens très-forts et très-multi-

18.

pliés; on enlève également, en arrivant en rade, toutes
celles de ces garnitures qui n'y seront plus utiles; et un
bâtiment bien soigné, si le temps le permet, s'occupe de
ces objets, même à la voile, pendant qu'ils est sous la
côte prêt à rentrer. Quelques jours auparavant, il s'occupe aussi de rafraîchir sa peinture, celle de ses embarcations, de sorte qu'arrivé au mouillage, il ne dépare
point, par un air de fatigue et d'imprévoyance, le coup-
d'œil d'ordre et de propreté que doivent présenter les
autres bâtimens. Revenons à notre objet.

Pour *Mettre en Place une Vergue*, la *Grand' Vergue*,
par exemple, que nous supposons dans l'eau, élongée à
babord du vaisseau et en arrière du grand mât, on frappe
un cordage appelé Faux Bras sur le bout de babord de
la vergue, lequel se trouve alors dans l'eau, le plus de
l'arrière; ce faux bras servira à la diriger au besoin. On
fixe une erse au quart de la vergue à partir du bout de
tribord, et on la genope à l'extrémité du bout de la vergue; on croche à cette erse la caliorne qui est à tribord
du grand mât, pour hisser la vergue jusqu'à ce que les
deux poulies de l'appareil soient à joindre; on aiguillette la
caliorne qui est à babord du mât à une petite distance du
milieu de la vergue sur babord; on embraque bien raide
le garant de cette caliorne; on saisit la vergue afin de
pouvoir affaler celle des caliornes qui est à joindre, et
l'aiguilleter ensuite à tribord du milieu de la vergue, à
la même distance que celle qui est à babord; on raidit le
garant de cette dernière caliorne pour pouvoir larguer
la bridure qui saisit la vergue audit montant; on embraque sur les deux garans des caliornes, et l'on hisse
ainsi la vergue sur le plat bord des rabattues de l'arrière, où on la fait porter des deux côtés ou bords pour la

garnir ; on capèle à chaque bout de la vergue les bras ou
leurs pentoirs par-dessus les marchepieds, et les balancines par-dessus les bras. En vertu de cette disposition
les balancines empêcheront les bras de se décapeler quand
ils agiront, et d'un autre côté, comme le bout de vergue
est garni de petits taquets pris dans le bois, ces capelages
arrêtés par ces taquets, ne pourront pas se rapprocher
du milieu de la vergue ; ces taquets servent aussi, comme
nous l'avons dit, à contenir les angles supérieurs des
voiles et les extrémités des bandes de ris. On aiguillette
ensuite deux poulies à trois rouets sur cette vergue, chacune à deux pieds de distance de son milieu ; deux autres
poulies correspondantes sont aiguilletées sur l'avant et
autour du mât, au-dessus du grand capelage. Les deux
drisses qui passent dans ces poulies font dormant au ton
du mât, et viennent s'enrouler au cabestan, à l'aide duquel la vergue est élevée horizontalement à la hauteur du
trelingage.

Cependant ces poulies de drisse ne sont pas destinées à
soutenir à la mer le poids de la vergue ; un cordage
nommé *Suspente* s'emploie à cet usage. La suspente est
une manœuvre en double, aiguilletée autour du mât,
immédiatement au-dessus des haubans, et à la partie inférieure de laquelle on a fixé une cosse que l'on fait passer
à travers la hune, entre les élongis et en avant du traversin ; une semblable cosse est fixée à un autre cordage
qui est aiguilleté au milieu de la vergue. On passe alternativement dans ces deux cosses plusieurs tours d'un autre cordage appelé aiguillette, dont chaque tour doit être
également tendu ; tous ces tours sont ensuite bridés ensemble et ne forment plus que comme un seul cordage.
Ainsi la suspente embrassant le mât au-dessus de son ca-

pelage, soulage les drisses de leur effort, et permet de
les dépasser et de défrapper leurs poulies, en soutenant,
à elle seule, la vergue en l'air par son milieu. Ce cordage est plus léger que les drisses et leurs poulies, et
portant la vergue par le seul point du milieu, comme
aussi ayant moins de cordons et plus de longueur, il se
prête avec plus de souplesse au brasseyage ou à l'action
des bras. La suspente est quelquefois aidée dans son effet
par une fausse suspente. En hissant la vergue, on pèse
convenablement sur les balancines pour la maintenir horizontale, ou telle qu'elle a été placée sur le plat bord
des rabattues ; et comme les bras appellent de dessus le
pont, quand ils ont passé par les poulies et clans de conduite et de retour qui leur sont destinés, on les file à
mesure que l'on hisse. La direction du grand bras qui
appelle obliquement du bout de la vergue à quelque
point du pont, est peu avantageuse pour la force qui agit
dessus ; on verra même à la mer que si la voile est enflée
par un vent un peu frais, et tend à faire plier la vergue
du haut en bas du côté du vent, le bras de sous le vent
peut s'il est amarré, produire par sa résistance la rupture de la vergue ; comme d'ailleurs les vergues hautes
peuvent se hisser à volonté, et servir à divers points de
leur élévation, il doit être très-difficile par ces raisons et
quelques autres provenant de la disposition des choses,
de donner en général aux bras et à plusieurs autres manœuvres, des directions très-favorables dans tous les cas ;
on espère cependant que l'art et l'expérience réussiront
au moins à améliorer celles qui sont actuellement adoptées. Les bras sont généralement installés en allant vers
l'arrière, excepté ceux des vergues de la mâture d'artimon que les localités forcent à diriger sur l'avant de leurs

vergues. Quand on établit des Faux Bras ceux des vergues du grand mât appellent du côté opposé à la direction des bras, c'est-à-dire de l'avant. Le Dormant des
balancines est à un piton du chouquet. La grand'vergue
portée à la hauteur du trelingage par sa suspente, se
trouve placée au-dessous de la hune à une distance qui
varie de la totalité aux $\frac{2}{3}$ de la longueur du ton. Il serait
à désirer qu'on prît un terme fixe qui permît de donner
la même hauteur aux voiles analogues des bâtimens de
même rang.

La suspente a trop de longueur pour servir à d'autre
but qu'à supporter la vergue. Afin que celle-ci transmette
efficacement au mât l'action du vent qui agit sur la voile,
et pour que, tout en étant soumise au brasseyage, elle
ne s'écarte pas trop de ce même mât, on fait usage d'une
espèce de racage appelé *Drosse*: c'est une forte estrope
garnie en basane qui fait le tour du grand mât en embrassant la vergue ; au moyen d'un petit palan de chaque
bord, le long du mât, et dont le garant descend sur le
pont, on resserre ou lâche ce collier suivant les besoins
de ce brasseyage ; plus la vergue est brassée carré, plus
ces palans doivent être raidis ; mais ils ne suffisent pas,
avec les balancines, pour empêcher une vergue, au roulis
de se jeter à droite et à gauche, et de fatiguer considérablement la mâture et le grément, On ajoute alors pour
cet objet, quand il y a lieu, deux petits palans, dits *Palans de Roulis* ou *de Roulage* ; ils sont placés et élongés
sous la vergue, ils se frappent vers le quart de la vergue
de chaque bord, et s'accrochent au grand mât à l'aide
d'une estrope ; le garant passe dans une poulie de retour
aiguilletée sur les jottereaux et descend sur le gaillard ;
on fait quelquefois servir les palans de bout de vergue à

cet usage : pour les vergues de hune, ce sont les gabiers
qui frappent accidentellement de petits palans analogues ;
et pour les vergues de perroquet, on n'emploie pas des
palans, mais des bouts de manœuvre sans usage pour le
moment.

Nous passerons plus rapidement sur la mise en place
des autres vergues, et nous ne parlerons même que des
principales.

Deux poulies simples sont aiguilletées au milieu de la
Vergue de Grand Hunier, pour servir au passage de
deux Itagues avec lesquelles cette vergue est hissée ; on
appelle *Itague* un cordage attenant à un palan pour en
augmenter la puissance ; il est frappé d'un bout sur l'objet
sur lequel il doit agir ; l'autre bout sert d'estrope à une
des poulies d'un palan qui communiquera l'effort à l'i-
tague. Le dormant de chacune des itagues dont nous parlons est au ton du mât de hune, le courant passe dans
les poulies simples aiguilletées dont nous venons de parler, remonte dans une poulie capelée au ton du mât, et
son extrémité en sortant vers l'arrière de ce même mât,
porte une autre poulie double, qui forme un palan avec
une poulie correspondante à Emérillon (qui tourne sur
une estrope en fer) fixée à l'arrière des porte-hauhans. Le
courant de ce dernier palan vient sur le pont, c'est sur
lui qu'on agit pour hisser la vergue, et cet assemblage
d'itagues, de palans, de garans, est la drisse de la vergue
de hune. Quelquefois, on simplifie cet appareil ; on le
simplifie encore pour les vergues du mât d'artimon qui,
relativement, sont beaucoup plus légères que celles du
grand mât et du mât de misaine, et l'on gagne en vitesse
d'exécution, ce qu'à égalité de puissance motrice on perd
en diminution de force d'appareil. On appelle *Gouver-*

nail de Drisse ou *Guide*, une petite barre de fer qui embrasse librement d'un bout le galhauban de hune le plus de l'arrière, l'autre bout est fixé à l'extrémité de l'itague un peu au-dessus de la poulie supérieure du palan sur lequel on agit pour hisser. Ce gouvernail empêche l'itague de tourner et de fouetter ou de se balancer, quand on hisse ou qu'on amène la vergue de hune.

La disposition de la drisse étant conçue, il faut comprendre encore que la vergue de hune étant sur le pont, ne peut, comme la grand'vergue, se hisser horizontalement jusqu'au chouquet, à cause des étais ou autres manœuvres. On la saisit par son milieu ; le cordage qui la saisit et qui vient d'en haut, élonge ensuite la vergue et se bride aux deux tiers vers l'un de ses bouts ; en pesant dessus, la vergue s'incline ou s'apique et se soulève ; on la dirige ainsi à travers les cordages, et afin de faciliter les mouvemens de direction, on capèle les bras et les balancines. Quand la vergue est suffisamment hissée, on largue la bridure en douceur, la vergue tombe horizontalement pour se poser par son milieu sur le chouquet, on la fixe librement au mât par son racage, et l'on passe les itagues de drisses dans les poulies aiguilletées, pour en porter le bout au ton du mât de hune et y faire leur dormant. Les vergues de hune n'ont pas de suspente, et leurs drisses restent constamment passées ; parce que la manœuvre du vaisseau exige qu'elles soient très-souvent hissées et amenées. Les mâts de hune et autres supérieurs sont fréquemment suivés pour leur conservation, et afin de faciliter le jeu de leurs vergues ; les bas mâts, qui sont d'assemblage et où les vergues sont fixées en hauteur, sont seulement peints pour les garantir des intempéries de l'air. Les vergues sont peintes et ordinairement

elles le sont en noir, à l'exception de celles qui ne doivent pas porter de voiles enverguées, comme la vergue
barrée et la civadière qui sont peintes en blanc. On trouve
que le noir fait beaucoup gagner au coup-d'œil du grément, on a cependant éprouvé qu'à cause de l'absorption
très-forte des rayons du soleil par cette dernière couleur,
les bois qui en étaient peints avaient deux ou trois fois
moins de durée. La peinture du vaisseau qui ne peut
guère recevoir sa dernière couche qu'en rade ou à l'instant de prendre la mer, c'est-à-dire enfin quand toutes
les opérations de l'armement sont terminées, est très-su-
jette aux caprices du goût et de la mode. Quand le grément n'est pas dans son neuf, on en recouvre les manœuvres dormantes d'une sorte de noir de goudron qui
donne quelque apparence, et qui sert à le préserver des
variations de l'atmosphère.

Une *Vergue de Grand Perroquet* se hisse au moyen
d'une drisse qui se partage en deux branches dont chacune peut servir à hisser la vergue, et est amarrée de
chaque côté du vaisseau; cette drisse vient de l'arrière
de la tête du mât de perroquet où elle passe dans une
poulie d'itague; cette itague traverse alors, de l'arrière à l'avant, un clan du mât de grand perroquet.
Les balancines et les bras en sont simples. Cette opération de mettre les perroquets en croix ou de les gréer,
et celle de les décroiser et de les renvoyer sur le pont
ou de les dégréer, se pratique très-souvent en rade : on
attache avec raison quelque amour-propre à ce que les
mouvemens soient marqués, vifs, simultanés, et sur-
tout qu'il règne, comme pendant toutes les manœuvres
possibles, le silence le plus absolu.

La *Corne d'Artimon* s'appuie au mât sous le trelin-

gage au moyen d'une Mâchoire ; un racage achève d'embrasser ce même mât ; une poulie frappée sur cette mâchoire sert à hisser cette extrémité intérieure de la corne
qui, ordinairement, reste fixe en hauteur. Le *Martinet*
est un cordage qui remplit le service de la balancine de
la corne ; le dormant est au chouquet, et le double qui
fait le courant, descend au pied du mât ; il y a de plus
un Faux Martinet, celui-ci est simple, capelé au bout
de la corne, et il passe à la tête du mât de perroquet de
fougue ; les palans de garde sont les bras de la corne,
nous en avons déjà parlé. Quelquefois les bas mâts sont
garnis sur leur arrière d'un nouveau mât qui leur est
parallèle, d'un diamètre beaucoup plus faible, et c'est
sur celui-ci que s'embrassent les mâchoires des cornes
et des bômes ; ces mâchoires ont alors besoin d'être
moins ouvertes, et le mât principal est beaucoup moins
fatigué. On appelle ces nouveaux mâts, *Baguettes* ou
Mâts de senau. Un Senau est un bâtiment à deux mâts
où cette installation est constamment en usage.

La *Vergue Barrée* et celle de *Civadière* ont deux
sortes de balancines fixes, ou fausses balancines qu'on
appelle *Moustaches,* lesquelles ont deux branches portant à chaque bout un cap-de-mouton ou une cosse qui
correspond à deux autres caps-de-mouton ou cosses estropées sur ces vergues à un pied du milieu. Généralement, aujourd'hui, la vergue barrée s'installe sur une
suspente et n'a plus de moustaches. La vergue de civadière porte une poulie aiguilletée sur le milieu de sa
longueur ; un cordage appelé *Civière* ou *Erse* passe
dans cette poulie et embrasse le beaupré ; il sert de racage et de suspente, et comme le poids de la vergue
tend à la faire glisser le long du mât, on la retient en

fixant au bout de ce mât un palan dit *De Bout* qui sert
de drisse, et dont la poulie inférieure s'accroche à une
cosse aiguilletée sur la poulie de suspente : le dormant
est sur l'erse de cette dernière poulie, et le courant
s'amarre sur le gaillard d'avant. Les balancines de civadière appellent du bout du beaupré ; les bras se rendent sur le gaillard d'avant, après avoir traversé deux
poulies fixées aux traversins du mât de misaine ; en ap-
puyant sur le bras de sous le vent, et en se rappelant
la disposition des haubans du bâton de foc sur la vergue
de civadière, on verra que l'action de ces bras sera de
raîdir ceux de ces haubans qui seront au vent, ce qui
appuiera ce bâton contre l'effet de ces voiles. Comme
on n'envergue plus de voile à la civadière, on voit que
la vergue ne sert plus qu'en cas de rupture d'une autre
vergue qu'elle puisse remplacer, et que pour l'objet important d'appuyer le bâton de foc.

SÉANCE XXXII.

Des Voiles en général et de l'installation particulière des Voiles Carrées.

UNE *Voile* destinée à recevoir l'impulsion variable du
vent, à être réduite de surface, à être manœuvrée avec
célérité, doit réunir la légèreté, la souplesse, la force,
et sous le plus petit volume, la plus grande étendue su-
perficielle. Les toiles dont les laizes cousues ensemble
servent à les former, sont distinguées par leurs qualités,

et par des noms particuliers, tels que Toiles à Six,
Quatre, Trois ou Deux Fils; Toiles Mélis Doubles,
Simples et Toiles Rondelettes. Celles à six, à quatre fils
servent à faire les basses voiles des grands bâtimens,
ainsi que les prélats et Cagnards, Taudes ou Tauds,
sortes de Tentes peintes en ocre rouge ou jaune. Celles-
ci n'ont que 21 pouces de largeur de laize; celles d'un
tissu plus menu en ont 24. Elles se tirent, en général,
en France, des manufactures d'Angers, Agen, Rennes,
Brest, Strasbourg, Beaufort; on emploie encore des
Toiles dites Rurales, pour les voiles d'embarcations,
pour les tentes ordinaires et pour divers autres usages
journaliers. Les huniers des grands bâtimens sont en
mélis doubles.

Les Laizes, Bandes, ou Cueilles sont, en général,
cousues ensemble l'une à côté de l'autre, dans une situation verticale; chaque laize anticipe un peu sur le
bord de la bande voisine, et elles sont fixées ensemble
par plusieurs suites de points de couture. Cette étendue
s'appelle spécialement couture de la voile, et elle peut
varier suivant les voiles et suivant la position : par
exemple, au haut de la grand'voile, la couture est de
3 pouces, elle n'est plus que d'un pouce à la bordure
et ce moyen contribue à établir la figure de la voile. Les
coutures sont plates dans les voiles principales, et rondes
dans les menues voiles. Les laizes qui avoisinent les ralingues de chute ont plus de longueur que celles du milieu des voiles carrées, afin de faciliter le bordage des
voiles, et de laisser une échancrure suffisante pour les
embarcations de dessus le pont et pour les étais.

On fortifie, en général, l'assemblage des laizes;
1°. par un Ourlet nommé Gaîne, fait autour de la voile

en repliant ses bords sur elle-même pour la renforcer
encore sous le merlin qui servira à coudre les ralingues ;
l'on donne plus de largeur à la gaîne d'envergure, parce
qu'elle doit être percée de plusieurs trous pour le passage des petits cordages qui servent à l'enverguer ;
2°. par une nouvelle Laize qui double les bords latéraux de la voile, et qui est cousue en partie sur la gaîne
et en partie sur le fond de la voile ; 3°. par plusieurs
morceaux de toile nommés Renforts de 3 à 4 pieds de
hauteur, sur une largeur de deux laizes, qui sont cou-
sus aux ralingues de chute et de fond, surtout aux endroits où le filin, près du dormant des carguepoints,
carguefonds et cargueboulines, devra occasionner des
frottemens ; 4°. par les Bandes qui servent pour les Ris
dont nous avons déjà parlé ; 5°. par un doublage nommé
Tablier, cousu vers le bas et sur l'arrière de chaque
hunier ou perroquet, pour le garantir du frottement
contre les hunes et les barres ; 6°. enfin par les Ralingues dont nous avons également parlé. Le tiers de la
circonférence de la ralingue est embrassé par la gaîne.
La ralingue d'envergure n'a de grosseur que les $\frac{2}{3}$ de
celle qui embrasse le contour du reste de la voile ; elles
sont réunies ensemble très-artistement au moyen d'une
espèce d'épissure qui laisse un œillet à chaque empointure, pour servir au passage des rabans de même nom,
lesquels servent à fixer, aux taquets de bouts de vergue,
les angles supérieurs de la voile. Ces œillets et ces épissures sont fourrés. Le cordage d'une ralingue ne se com-
met qu'au quart.

Les ralingues sont doublées d'un petit cordage qui
s'assemble et se coud avec elles pour partager les efforts qu'elles auront à soutenir ; elles reçoivent, au dor-

mant des cordages, un petit renfort et une petite ance ou demi-boucle nommée Pate. Avant de coudre les renforts sur la Voile, on a soin de les congréer et de les fourrer. Avec les mêmes soins et les mêmes précautions, on forme, vis-à-vis du point d'écoute, un œillet pour le passage et l'attache des manœuvres qui servent à déployer la voile et à en carguer les points : quelques petits trous sont percés à cet effet, vers les points de la voile, soit pour lier plus fortement, en cet endroit, la voile à la ralingue, soit pour passer un petit cordage ou merlin à l'effet de brider celui avec lequel on resserre et termine l'œillet de la ralingue. Ces trous sont fortifiés dans leur contour par des bagues de corde de 12 à 14 lignes de diamètre. On trouve aussi, à chaque empointure de ris, des boucles ou pates pour chaque ris ; elles embrassent, sur la ralingue, un espace de 5 pouces, et font un arc dont la flèche est à-peu-près de deux pouces; ainsi que les autres pates appliquées aux ralingues, elles sont épissées avec elles et non pas cousues.

Il s'agit actuellement d'*Enverguer* les voiles, et de les pourvoir de leurs manœuvres, poulies, rabans, et autres garnitures; nous citerons quelques-unes de ces voiles, on jugera des autres par comparaison.

On commencera par porter ou hisser, et par plier une *Basse Voile* sur le pont et un *Hunier* dans la hune; on a soin dans cette opération de dégager les ralingues; on frappe alors vers les empointures, des cordes qu'on y fait arriver des extrémités de la vergue; on frappe aussi le dormant des carguefonds et des carguebeoulines à leurs places respectives sur les ralingues, et de plus on bride momentanément ces cargues à ceux des points de la ralingue d'envergure destinés à se trouver les plus

voisins des poulies qui, sur les vergues, serviront à
conduire ces manœuvres ; nous avons dit précédemment
que ces mêmes manœuvres vont ensuite passer dans
d'autres poulies à la tête du mât, et de là descendent sur
le pont ; il est clair qu'en pesant sur ces cordes, la tétière de la voile monte sous la vergue, s'y place horizontalement, et qu'elle s'en trouve assez rapprochée
et assez tendue pour y être facilement lacée. On conçoit encore qu'après cette opération, il faudra larguer
les bridures ou genopes faites à la ralingue d'envergure,
afin de permettre par suite le jeu des cargues de la voile.
Nous supposons donc la tétière des voiles carrées, soulevée et suspendue tout le long de la vergue en dessous,
et nous allons d'abord nous occuper de la *Grand'-
Voile*; nous supposons aussi qu'on a installé et gréé les
boulines.

Les points supérieurs de la grand'voile se fixent avec
le raban dit d'empointure qui est à trois torons, qui
passe dans l'œillet de la ralingue latérale, et par-dessus le taquet de la vergue : un autre raban dit de Croisure
passe aussi par-dessus la vergue en dedans du taquet,
traverse l'œillet de la tétière, et se réunit fortement
au premier. Alors, dans chaque œillet pratiqué à la
gaîne d'envergure, on fait passer (si préalablement on
n'a pas eu cette précaution ainsi que celle d'installer les
garcettes, ou rabans de ris) un cordage nommé Raban
d'Envergure, de Tétière ou de Faix. Ces rabans sont
moins gros que ceux d'empointure ; ils entrent jusqu'à
leur moitié chacun dans son œillet, et leurs deux bouts,
qu'on fait passer plusieurs fois en sens contraire par-dessus
la vergue et dans l'œillet correspondant de la gaîne, achèvent de lier étroitement la voile à la vergue. Il est con-

venable de dire que ce n'est plus généralement ainsi
qu'on envergue les voiles carrées ; la nouvelle manière
consiste à les attacher, non pas immédiatement à la
vergue, mais à des cordages qui sont fixés sous toute la
longueur de la vergue, au moyen de petites crampes en
fer. Ces cordages se nomment Filières ; ils doivent être
d'un bon filin qui a subi auparavant son effet d'allongement : par ce procédé, la voile n'est peut-être pas assez
étroitement ni assez fortement liée à la vergue ; il est
même possible que ces crampes contribuent à la détériorer un peu ; on ne croit cependant pas que ces inconvéniens soient assez grands pour qu'il y ait aucun danger,
et l'on y trouve tant de netteté, tant d'agrément au coup-
d'œil, que tous les jours, un nouveau bâtiment est tenté
d'en adopter la méthode.

Des manœuvres sont placées aux angles inférieurs de
la grand'voile ; les unes serviront à la tendre, quand
il y aura lieu, par sa partie inférieure, et les autres à
en carguer les points ; on y estrope à cet effet de chaque
bord, une poulie d'amure, une poulie d'écoute, et une
poulie de carguepoint. On passe dans ces poulies l'a-
mure, l'écoute, la carguepoint de tribord et de babord ;
les deux premières de ces manœuvres ont leur dormant
et leurs clans ou poulies de conduite et de retour sur divers points fixes du corps du vaisseau : les carguepoints
les ont sur la grand'vergue et dans le grément ; cependant chaque carguepoint finit par se rendre sur le pont,
d'où elle se manœuvre ; les points sont cargués en se repliant sur l'arrière de la surface de la voile ; les autres
cargues au contraire retroussent la voile par l'avant ;
cela provient de la disposition des poulies de ces cargues, et la voile en est mieux étouffée, mieux carguée.

19

Les ralingues de chute de *Grand-Hunier* ont une
légère courbure rentrante; cette voile a des coutures
égales d'un pouce et quart ; les renforts qui avoisinent
les ralingues y sont très-nombreux ; le nombre des
bandes de ris y est de quatre, tandis qu'aux voiles qui
ne sont pas des huniers, il est rare qu'il y en ait plus
d'un; le perroquet de fougue en a lui-même rarement
plus de trois. La ralingue de bordure du grand hunier
a plus de diamètre que les ralingues latérales, et ces
cordes y sont plus généralement fourrées qu'aux autres
voiles. Vis-à-vis de chaque bande de ris, il y a deux
pates pour faciliter la manœuvre des ris, et au-dessous
des bandes, quatre pates de boulines ; la plus haute de
celles-ci est à-peu-près au milieu de la chute du hunier,
et les autres sont distribuées également entre les points
d'écoute et la pate la plus haute de la bouline. Les Boulines sont gréées sur des branches de cordage, ou espèces
de pates d'oie qui, elles-mêmes, tiennent aux pates
épissées sur la ralingue, de manière que la bouline
ayant sur la grande branche une cosse qui, sans effort,
monte et descend, elle peut agir à-la-fois sur plusieurs
points de la hauteur de la ralingue ou de la voile. Au
moyen d'une autre cosse de pareille grosseur, mais en
bois, on peut semblablement faire agir chaque carguefond sur deux points à-la-fois de la ralingue de fond ;
les basses voiles et les huniers comptent en général six
cargues, trois de chaque bord ; savoir deux carguepoints,
deux cargueboulines qui prennent la ralingue de chute
à la pate du milieu, et deux carguefonds établies chacune vers le tiers de chaque bord de la ralingue de fond :
on y ajoute quelquefois de fausses carguefonds pour
plier et relever la toile entre les deux carguefonds. Les

perroquets n'ont pas de carguebouline, ils n'ont même qu'une seule carguefond simple au milieu de la voile par en haut, et faisant pate d'oie à deux branches par en bas.

D'après ce que nous avons dit précédemment sur l'établissement des voiles en général, on voit qu'il ne doit pas y avoir de poulies d'amure aux angles inférieurs des voiles fixées par en bas sur des vergues, mais seulement une poulie d'écoute, une poulie de carguepoint.

Les *Voiles de Perroquet* ont très-peu de renforts, elles s'enverguent pendant que la vergue est sur le pont, avant qu'on la hisse pour la mettre en croix; il n'y a de poulies ni pour l'écoute, ni pour la carguepoint aux angles inférieurs de la voile; ces manœuvres y sont en simple, et tiennent à la voile par un œillet dont elles sont garnies à leur extrémité supérieure, et qui se capèle à une courte cheville en bois, appelée Cabillot, portée par le point de la voile. La bouline de ces voiles n'a que deux branches.

Les *Cacatois* n'ont ordinairement aucune pate ni de bouline, ni de ris, ni de fond; une bouline m'y semblerait cependant fort utile.

SÉANCE XXXIII.

I. De l'Installation particulière des Voiles Auriques et Latines,
et des Bonnettes.—II. Des Voiles Serrées.—III. Tirant-d'Eau
du Vaisseau après l'Armement complet.

I. Les *Voiles Auriques* dont on se sert à bord d'un
navire sont de deux sortes : Les *Voiles d'Étai* et les
Voiles à Corne; nous ne citerons encore que l'installation de quelques-unes d'entre elles, et il en sera de même
pour les *Voiles Latines* et pour les *Bonnettes*.

La *Grand'Voile d'Étai* ou *Voile d'Étai de Hune* se
lace au mât de misaine par sa chute avant ; celle-ci se
termine en bas par le point d'amure et a pour longueur
2 fois $\frac{1}{2}$ le ton du grand mât; sa chute arrière qui se
termine en bas par le point d'écoute a 1 fois $\frac{1}{2}$ le guindant du grand hunier; sa bordure est les $\frac{5}{4}$ de la distance du grand mât au mât de misaine; la ralingue
supérieure, ainsi que celle des voiles d'étai en général
et des voiles latines, est garnie de plusieurs bagues
prises dans les œillets, et d'une drisse qui passe dans une
galoche au ton du grand mât de hune ou mât de grand
hunier, et de là descend sur le pont. Le cordage ou raban qui lace la voile au mât de misaine, s'enveloppe autour du mât en forme de spirale, en passant à chaque
tour dans un œillet fait à la ralingue; il peut cependant
se lâcher avec facilité pour permettre à l'amure d'aller
s'amarrer sur le premier hauban de l'avant du mât de
misaine; quand la direction du vent ne permet pas cette
installation, l'amure reste au mât; le point supérieur

de la ralingue de chute est invariablement fixé. Pour
installer cette voile, il faut larguer le bout d'en bas de
la draille qui lui est destinée, la passer convenablement
dans toutes les bagues de la voile et la raidir ensuite.
Une manœuvre nommée Hale-bas s'attache au sommet
de la ralingue d'envergure, traverse les bagues en descendant vers le mât de misaine, et arrive sur le pont; il
est évident qu'en larguant la drisse et pesant sur le hale-
bas, la voile doit se replier entièrement sur elle-même.
Si l'on ne veut que carguer la voile, on y parvient aisément au moyen d'une carguepoint et d'une carguefond
de chaque bord; la première fait dormant sur le point
de la voile, l'autre au tiers de la distance de ce point à
la drisse, et toutes deux passent par des poulies frappées
près de l'extrémité supérieure de la ralingue de chute de
l'avant, d'où elles descendent sur le pont. Les écoutes
de la grand'voile d'étai sont en double, c'est-à-dire
qu'elles agissent chacune au moyen d'une poulie placée
au point d'écoute de la voile; leur dormant est sur le
bord près de l'escalier d'entrée, et le courant passe par
un des clans qui avoisinent cet escalier; on ne se sert
que d'une écoute à-la-fois, celle de sous le vent; on
donne alors du Mou (de l'aisance) à celle du vent pour
ne pas atténuer l'effort qu'on a à faire sur celle de sous
le vent, afin de border la Voile. Quelquefois les bagues
ont été installées à la draille pendant qu'on gréait celle-
ci, et elles y restent sans tenir à la voile, mais toutes
prêtes et tout-à-fait au bas de cette draille contre le mât
de misaine; quand on veut enverguer la voile, un homme
est à cheval sur la draille en cette partie; on lace au mât
la chute de l'avant, on frappe la drisse, et à mesure que
l'on pèse sur celle-ci, chaque œillet se présente à l'homme,

qui y passe une bague de la draille; on agit d'une manière analogue pour déverguer la voile. Nous n'indiquerons, des autres voiles qui ont des rapports avec celle-ci, que les différences essentielles.

La *Contre-Voile d'Étai* s'installe par sa ralingue de l'avant sur le petit mât de hune : si le point supérieur en était à poste fixe, il empêcherait le petit hunier de se hisser ou de s'amener; pour y obvier, on a imaginé d'amarrer l'extrémité de cette ralingue à un Rocambeau qui se trouve toujours cependant au-dessous de la vergue, de sorte que cette voile d'étai ne peut réellement servir (et c'est sans inconvénient) que lorsque le hunier est déployé, et que la vergue, étant hissée, permet d'élever le rocambeau. Le *Rocambeau* est un cercle, une grande bague en fer rond, qui doit glisser sur un mât, afin d'y faire monter ou descendre une voile qui y est fixée par un croc dont il est garni. On voit qu'il est facile par là, et au moyen d'un cordage venant de la tête du petit mât de hune, si l'effort de la drisse et de la main des gabiers ne suffisait pas pour pousser ce cercle en haut, de tendre quand on veut cette ralingue de chute de l'avant, dont le point inférieur ou l'amure est arrêté au capelage du mât de misaine. Ce sont ordinairement les gabiers, dans la hune de misaine, qui manœuvrent le rocambeau; cette voile a une drisse, deux écoutes, un hale-bas.

La *Voile d'Étai de Perroquet* a si peu de longueur de ralingue de chute de l'avant, qu'on peut regarder cette voile comme triangulaire; elle n'est ceinte que par une ralingue. Son amure est fixée vers la poulie qui sert à rider par en bas l'étai du mât de grand perroquet.

L'installation des *Voiles à Corne* est à-peu-près sem-

blable à celle des Voiles d'Étai : au lieu de se fixer, par
leur ralingue supérieure, à l'aide de bagues, cette ralingue est lacée à la corne elle-même ; et à divers points de
cette corne et du mât où est lacée la ralingue de chute
de l'avant, on trouve plusieurs poulies qui servent de
passage à des cargues, lesquelles font dormant soit au
point d'écoute, soit à divers endroits tribord et babord
de la ralingue de chute de l'arrière, et dont le courant
vient aboutir au pied du mât.

La *Brigantine* cependant n'est pas toujours lacée à la
corne ; mais alors elle se hisse au moyen de boucles et
d'une draille qui élonge la corne en dessous. La drisse
appelle du bout de la corne ou du pic, et revient par des
poulies au pied du mât ; il y a quelquefois en outre, une
manœuvre appelée Drisse du Milieu qui sert à empêcher
la draille de s'écarter de la corne après que la brigantine
a été hissée ; il faut en voir la disposition et l'usage pour
la bien comprendre, et je la regarde comme très-utile.
La brigantine n'a qu'une écoute et elle se borde sur le
bout extérieur de la Bôme. La bôme se manœuvre avec
des balancines qui appellent de la tête du mât d'artimon et
qui s'appliquent en forme de patte d'oie près du bout de
la bôme, avec un palan d'écoute qui appelle du milieu
du couronnement, et avec un palan de Retenue qui appelle de l'arrière des grands porte-haubans, en dehors des
haubans et des galhaubans d'artimon. La bôme est, à son
bout intérieur, garnie d'une mâchoire destinée à embrasser le mât d'artimon, sur lequel elle s'appuie d'ailleurs dans
la partie inférieure de celui-ci, à l'aide d'un taquet ou
bourrelet en bois circulaire nommé Croissant dont il est
garni. La ralingue-au-mât de la brigantine et de l'*Ar-*

timon, au lieu d'y être lacée, y tient par des cercles qui permettent en s'affaissant au besoin les uns sur les autres, de pouvoir facilement amener la corne.

Le *Petit Foc*, à son sommet, a un cabillot de deux pieds, parallèle à la bordure, afin de maintenir cette voile bien déployée en cette partie; il est retenu à sa place par la ralingue de chute qui (pour un foc) est celle de l'arrière en hauteur, et par la ralingue de guindant qui est celle de l'avant pareillement en hauteur; ces deux ralingues traversent chacune un trou pratiqué à chaque extrémité du cabillot. Le point d'amure du petit foc est solidement fixé à un piton dans le mât de beaupré, entre les violons. Sur le même beaupré, on établit un filet depuis les colliers d'étai de misaine jusqu'au chouquet du beaupré, afin d'y pouvoir serrer le petit foc et le faux foc.

Le point d'amure du *Grand Foc* tient à un rocambeau, afin de pouvoir être porté à tel point du bout-dehors de beaupré que l'on jugera convenable, en raison soit de la force du vent, soit du besoin qu'on a de rendre le bâtiment plus ou moins apte à arriver ; le grand foc a quelquefois une cargue sur le point.

Ainsi que les Voiles Carrées, toutes ces voiles ont divers endroits de leurs ralingues qui sont fourrés, et elles portent divers renforts surtout à leurs angles.

Au moyen de Blins, on peut faire supporter horizontalement par ces vergues, et sur leur avant, des pièces de bois de forme de cône tronqué très-allongé, appelées *Bouts-Dehors de Bonnettes*, ou simplement *Bouts-Dehors*.

Le *Blin* est une sorte de cercle en fer muni de rouleaux et qui est garni d'un collier du même métal à l'aide du-

quel il se fixe à une vergue. On place un bout dehors de
chaque bord de la vergue, et ils ont chacun une longueur un peu moindre que la moitié de la vergue ; pour
le repos, on les aiguillette avec la vergue par leur bout
intérieur, et lorsqu'on veut s'en servir, on largue l'aiguillette et on les fait glisser le long des blins au large,
ou dans le sens du prolongement de la vergue ; on ra-
marre l'aiguillette pour ce nouveau repos. C'est sur les
bouts-dehors que s'installent les *Bonnettes*, quand le
temps le permet. Les bouts-dehors ne sont pas peints,
mais suivés.

La *Bonnette de Misaine* a pour chute les $\frac{8}{7}$ de celle
de la voile de misaine ; l'envergure en a les $\frac{3}{8}$ et la bordure les $\frac{5}{12}$; elle est garnie de deux vergues, une qui est
saisie à la moitié extérieure de la longueur de la ralingue
haute, l'autre qui est lacée avec la moitié extérieure de
la longueur de la ralingue basse : cette voile se hisse sur
une poulie frappée au bout du bout-dehors de misaine,
par une drisse d'en dehors qui s'amarre sur le milieu de
la petite vergue d'en haut de la bonnette ; l'autre moitié
de la ralingue supérieure qui n'a pas de vergue, se tend
au moyen d'une drisse d'en dedans qui passe par l'extrémité de la vergue de misaine, et qui va saisir le point
intérieur de la ralingue supérieure. La vergue d'en bas
de la bonnette est garnie d'un cordage qui s'y fixe en
patte d'oie, et qui rentre à bord par un des clans avoisinant l'entrée de l'escalier. Le point intérieur de la ralingue d'en bas se tend à bord par un cordage simple appelé
Écoute d'En-Dedans. Sur cette vergue, est aussi un cordage nommé Lève-Nez, qui appelle du bout de la vergue
de misaine, et qui sert à relever la vergue de bonnette et

à la mettre à la hauteur du gaillard d'avant pour pouvoir la rentrer. On largue alors les drisses, on file la patte d'oie pour effectuer ce mouvement, et l'on hale sur l'écoute d'en dedans. La bonnette basse s'établit quelquefois, par en bas, sur une espèce de bout-dehors ferré nommé l'angon qui tient au corps du navire vers l'avant par un bout ; l'autre bout est dirigé horizontalement en saillant hors du vaisseau.

Les *Bonnettes de Hune* et *de Perroquet*, n'ont pas de vergue dans leur partie inférieure, et celle de la têtière en prend toute la longueur. Aux points inférieurs, sont une amure qui passe par une poulie à l'extrémité du bout-dehors, pour aller se raidir sur le pont vers l'arrière, et une écoute que les gabiers fixent en haut. On voit que l'amure des bonnettes soutient les bouts-dehors contre l'effort du vent, de la même manière que les bras soutiennent les vergues. Si même la bonnette de misaine était dehors, et que la bonnette du petit hunier fût serrée, il faudrait passer l'amure de celle-ci en insérant et amarrant entre les torons, à une distance convenable, un Cabillot qui, faisant bientôt arrêt sur la poulie, permettrait de raidir cette amure, et d'appuyer ainsi le bout-dehors. Quelques Capitaines installent la ralingue supérieure de leurs bonnettes de hune d'une manière à-peu-près analogue à ce que nous avons décrit pour la bonnette de misaine.

II. Toutes les voiles dont nous venons de parler, carrées, Auriques et autres, se serrent après avoir été carguées ; pour *Serrer* une Voile carrée, il faut rassembler la toile pli par pli sur l'avant de la vergue, en la relevant le plus possible, et en portant, autant qu'on le peut, le gros de la toile sur le milieu de la vergue, afin que les côtés de celle-ci paraissent fins, unis et dégagés. Une voile carrée se peut serrer, 1°. *en Chapeau* ou *en Perroquet*; 2°. *en Chemise*. On dit en Chapeau quand la toile du fond, rapportée au milieu de la vergue, y est pressée en formant une espèce de figure triangulaire, comme celle des anciens chapeaux nommés de Pères Nobles. On y parvient à l'aide d'un raban à pate d'oie, fixé sur deux points du milieu arrière de la vergue, laquelle retrousse le fond de la voile, après qu'elle a été contenue par les rabans de ferlage, et qui l'étrangle en la pressant contre la vergue; ce raban se nomme Couillard; il est plus propre de se servir d'un étui qui est une enveloppe en toile dont le but est le même que celui du Couillard, et qui recouvre le chapeau, le dissimule, et en cache tous les rabans. Les huniers étaient les seules voiles carrées que l'on serrât quelquefois en Chemise; mais cet usage est abandonné, et ne se montre plus que pour celles des voiles auriques ou latines qui, étant amenées, ne reposent pas sur un endroit tel que Filet, Hune et Trelingage. Dans ces deux derniers cas, on les serre en chapeau. La manière de serrer un hunier en chemise, consistait à rassembler la toile du fond en forme de colonne sur l'avant du pied du mât de hune. Des étuis sont encore d'un bel effet sur les voiles auriques serrées en chemise. On appelle Chambrières les rabans qui servent à serrer l'artimon, la brigantine et autres voiles qui sont serrées en chemise.

III. Le Vaisseau étant ainsi pourvu de tout ce qui concerne son grément, nous compléterons cet article en faisant connaître que les agrès, apparaux et rechanges, les mâts et les vergues, les menus objets

d'armement, le poids de l'équipage et de ses effets s'élèvent à 82 Tonneaux, et que le *Tirant-d'Eau* du vaisseau de 80 qui nous a, en quelque sorte, servi de modèle, était, après son armement, ainsi qu'il suit :

AR.	23 pieds.	1 pouce.	6 lignes.
AV.	21	6	0
D.	1	7	6

On trouva cependant ensuite que sa meilleure marche
ne fut acquise que lorsque la consommation journalière
à la mer, eut permis de réduire le tirant-d'eau de l'arrière à 23 pieds, et celui de l'avant à 21 ; différence,
2 pieds.

SÉANCE XXXIV.

I. Mâter les Bas Mâts avec des Bigues.—II. Capeler une Hune.
III. Guinder un Mât de Hune.

I. MATER LES BAS MATS AVEC DES BIGUES. Il est plusieurs situations où un vaisseau peut se trouver, et où
il n'a pas à sa disposition des machines à mâter. Il faut
cependant mettre la mâture en place, ou changer le lieu
d'un mât avec celui d'un autre, ou remplacer un de ces
mêmes mâts ; on y parviendra au moyen de deux pièces
de bois qui s'appuieront vers les bords intérieurs du
vaisseau, et qui, se réunissant vers leur sommet en s'é-
levant au-dessus du pont, et étant fortement saisies ensemble à ce sommet, offrent un point assez haut et assez

fixe pour suppléer la machine. Ces deux pièces de bois se nomment *Bigues*.

On prend donc deux mâts bruts (ou à la mer un grand mât de hune et une grand'vergue), que l'on fortifie par des jumelles si on ne les croit pas assez forts. Il faut qu'ils aient au moins les deux tiers de la longueur du mât que l'on veut mâter. On les couche de chaque côté du pont du vaisseau à mâter, les petits bouts sur le gaillard d'avant, et les gros bouts sur le gaillard d'arrière, entre l'étambrai du grand-mât et celui du mât d'artimon. On porte sur chacun d'eux, à partir du gros bout, une longueur un peu plus grande que la distance qu'il doit y avoir verticalement du gaillard au capelage du mât à mâter, et cela en raison de l'obliquité qu'auront les mâts bruts qui doivent composer le système quand ils seront élevés; on les joint ensemble en cet endroit, en les croisant l'un sur l'autre, et en les liant fortement par plusieurs tours de cordage passés en tous sens dans les angles qu'ils forment. Cet amarrage est appelé Portugaise. On place, à la tête des bigues, des poulies garnies de leurs garans, et l'on installe aussi deux ou trois poulies d'Appareil fixées par un aiguillettage qui entoure la portugaise et les bigues. On frappe sur les mâts servant de bigues, des palans d'étai, de caliorne, de candelette et de bouts de vergue à des distances égales les uns des autres, et on les accroche sur l'avant, sur l'arrière, et en dedans des côtés du vaisseau, à des distances convenables pour servir d'étais et de bras qui rendent la machine stable. On fait porter les pieds des bigues, dont l'une est à tribord et l'autre à babord, sur des savates ou soles, afin de pouvoir les faire glisser parallèlement à elles-mêmes, et les mouvoir au be-

soin ; on épontille les ponts au-dessous du lieu où portent les bigues ; on en saisit les pieds ; on élève, près de
leur tête, un petit mâtereau pour commencer à les soulever, et avec un ou deux appareils aiguillettés sur la
portugaise, et dont on fixe l'autre caliorne sur l'arrière du
vaisseau, autant loin que possible, on mâte ou élève le
système en virant au cabestan sur le garant de la caliorne. Le mot Appareil, en ce sens, est le nom d'une
combinaison de grosses caliornes et de forts cordages
pour être employés à des efforts considérables.

Pour avoir la facilité de mâter le Mât d'Artimon, on
incline la tête des bigues vers l'arrière du vaisseau, jusqu'à ce que les caliornes frappées sur la portugaise
soient à l'aplomb de l'avant de l'étambrai de ce mât :
alors on frappe un appareil sur l'avant de ce mât, au-dessus du milieu de sa longueur, afin que le mât, étant
suspendu, se trouve dans une position verticale ; et l'on
continue l'opération comme nous l'avons expliqué en se
servant de la machine à mâter.

Pour mâter le Grand-Mât, on fait glisser les bigues
sur leurs savates, et sans les désassembler, jusqu'à ce
que les caliornes frappées sur la portugaise, soient à
l'aplomb de l'avant de son étambrai : alors on frappe un
premier appareil près de la tête du mât pour la soulever
au-dessus du plat-bord ; ensuite on prend la mesure du
guindant des bigues que l'on porte sur le mât, à partir
du pied vers la tête, pour marquer l'endroit où l'on
doit frapper un second appareil dont on embraque bien
raide le garant ; on hisse la tête du mât et on la saisit
pour la maintenir. On largue alors l'appareil de la tête
que l'on va frapper plus loin que le second appareil ;
on place sous le mât des cravates pour le soutenir verti-

calement au besoin, et, à sa tête, deux poulies de cartahus garnies de leurs garans.

Alors on garnit les garans des appareils aux cabestans,
on les fait travailler également, en ayant soin, autant qu'il
est nécessaire, de changer les cravates, les unes après
les autres, et de bosser les garans des appareils quand
il y a lieu à cesser de virer au cabestan, pour reprendre
ou pour mettre en haut. Lorsque le pied du mât est
rendu au plat-bord, on lui amarre un bout de corde appelé Faux-Bras, auquel on fait faire un demi-tour à un
point d'appui le plus à portée, de manière à le diriger
en douceur, au-dessus de son étambrai. On amène enfin
avec les mêmes précautions que lorsqu'on mâte avec
la machine à mâter. Tel est le moyen de mâter le grand-
mât; il en est de même pour mâter le Mât de Misaine,
après avoir transporté ou fait glisser les bigues sur l'a-
vant de son étambrai.

Pour mâter le Mât de Beaupré, on consolide le mât
de misaine avec des caliornes que l'on frappe à son capelage pour faire office d'un surplus de haubans, et cela
parce qu'il doit servir de point d'appui aux bigues que
l'on incline sur l'avant du vaisseau, jusqu'à ce que les
caliornes frappées sur la portugaise soient dans la direction de l'axe des étambrais du même mât qu'on appelle
axe du chambrage. On a de plus le soin de frapper autour du mât de misaine, d'autres caliornes que l'on aiguillette sur la portugaise des bigues, afin de soutenir
celles-ci inclinées, indépendamment de leurs bras et de
leurs étais. On frappe un des plus forts appareils sur le
mât de beaupré, un peu en dehors de l'endroit qui devra porter sur l'étrave, et un autre appareil au tiers
de sa longueur à partir du violon, de manière à balancer

le mât à volonté et lui faire prendre la position convenable. On agit ensuite comme nous l'avons déjà décrit.

Si l'on n'a que le mât de beaupré à mâter, on ne prend pas la peine d'installer des bigues, et l'on peut y parvenir à l'aide de la vergue de misaine ou d'une pièce équivalente de la drôme, que l'on met en *Bataille*, c'est-à-dire dans le plan diamétral du vaisseau, fortement saisie par son tiers au mât de misaine, et apiquée de manière à saillir vers l'avant. La partie saillante est garnie en dessus de fortes et nombreuses poulies qui ont leurs correspondantes dans la mâture du mât de misaine, de sorte qu'un fort cordage passant de l'une à l'autre en forme de martinet, et raidi et amarré, soutienne cette vergue également dans la plupart de ses parties, et lui donne la force nécessaire pour soulever le mât de beaupré, qui d'ailleurs se mâte alors comme avec des bigues.

Le système des deux bigues, en quelques ports, s'appelle simplement la Bigue.

II. Capeler une Hune. Nous supposons qu'il s'agit de la Grand'Hune. On prend les deux cartahus qui sont fixés à la tête du mât, on les passe par-dessous l'arrière de la hune; la hune est sur le pont en avant du mât pour le grand mât et le mât d'artimon, et en arrière pour le mât de misaine, de manière enfin à ce qu'on puisse être aidé dans cette opération par le mât voisin le plus élevé; on fait faire à chaque cartahu un nœud de bois double au milieu de chaque côté de la hune, au moyen de quoi, elle pourra être suspendue horizontalement, lorsque la tête du bas mât aura passé dans le trou ou carré de la hune; on fait une genope à chaque nœud de bois en dehors et en dedans des côtés de la hune; on genope ces deux cartahus ensemble, en ar-

rière de la hune; on fait deux pates d'oie avec les cartahus du mât de misaine, l'une sur l'arrière l'autre sur
l'avant de la hune, on hisse la hune avec les deux cartahus de son mât, jusqu'à ce qu'elle soit à toucher les
élongis; on hale sur les cartahus du mât de misaine pour
lui faire parer ou éviter les élongis ; on largue la genope
des cartahus qui les lie ensemble, en arrière de la hune.
lorsque cette genope est rendue aux poulies; on hisse la
hune jusqu'à ce que son ouverture soit parée de la tête
du mât; alors la hune cabane ou s'abat en tombant sur
l'arrière du mât, et elle se trouve suspendue horizontalement par les deux cartahus de son mât ; on l'amène en
douceur pour la faire reposer sur les élongis et les traversins, en ayant soin de présenter les chevilles à œillet
qui sont fixées aux extrémités des élongis et des traversins, dans les mortaises percées aux planchers de la hune.
Ces chevilles s'élèvent assez pour qu'on puisse passer
ensuite dans leur œillet des morceaux de bois qui le doivent remplir, et qui fixent la hune d'une manière solide.

III. GUINDER UN MAT DE HUNE. Le pied du Mât de
Hune s'appelle Caisse ; il est de figure ou carrée ou octogone, et il est percé de deux clans : lorsque la figure
est carrée, les deux clans sont placés l'un auprès de
l'autre, parallèlement entre eux en s'inclinant sur l'arrière du mât de hune. On trouve aussi creusées dans le
mât, des rigoles ou goujures suivant le prolongement
des clans, pour loger le cordage qui servira à le hisser
ou guinder, et qui se nomme Guinderesse : sans cela le
mât et la guinderesse ne pourraient pas passer ensemble
entre les barres, et cette considération rend même la figure octogone préférable en ce cas-ci. Plus haut que la
partie supérieure des clans, on trouve aussi percé le trou

pour le passage de la Clef du mât de hune, qui est en fer. Le mât de hune est censé élongé sur le pont.

Pour guinder un mât de hune dont la caisse est carrée, on croche une poulie de guinderesse à volonté, à tribord ou à babord (prenons tribord pour exemple), à tribord sur le premier pont, auprès de l'étambrai du bas mât ; on y passe la guinderesse ; on la fait remonter par des écoutillons percés dans le pont et le gaillard , auprès de l'étambrai du bas mât et par le trou du chat , dans le clan d'une autre poulie de guinderesse crochée au piton du chouquet le plus près de la tête du bas mât ; on la fait descendre , en la conduisant entre les élongis où doit passer le mât de hune , pour la faire entrer par le côté de tribord de ce mât dans le clan le plus en arrière ; en sortant par le côté babord de ce même clan , on l'élonge le long du mât de hune jusqu'à la noix, où on lui fait faire dormant ; en cet endroit on bride l'autre double de la guinderesse qui se trouve par là élongée sur le côté de tribord du mât. La guinderesse est aussi bridée au-dessus de la caisse, et on élève le mât de hune le long du bas mât en garnissant l'autre bout de la guinderesse au cabestan où l'on vire , jusqu'à ce que la tête du mât de hune soit entre les élongis ou dans la cheminée. Lorsque le mât de hune n'est pas assez long pour que la caisse porte alors sur le pont, on la fait reposer sur la tête des bittons ; on fait tenir bon ou cesser de virer , on largue les bridures ainsi que la guinderesse qui fait dormant à la noix, pour passer cette guinderesse par la cheminée, dans la poulie crochée à babord, afin de la faire venir à babord du mât de hune dans l'autre clan de la caisse ; elle sort par tribord ; on la fait remonter par la cheminée jusqu'au piton de tribord du

chouquet le plus éloigné de la tête du bas mât ; elle
passe dans ce piton , elle y fait dormant au moyen
d'une demi-clef longue, et de plusieurs amarrages que
l'on fait sur le bout. On place les barres de perroquet
sur le chouquet du bas mât, en les y maintenant momentanément avec des bouts de corde appelés Bras ;
alors, on guinde le mât qui se trouvait seulement Présenté, en virant sur la guinderesse jusqu'à ce que la
noix soit à toucher les élongis des barres de perroquet.
On goudronne et l'on suive le ton du mât de hune
pour pouvoir au besoin et à l'avenir décapeler avec
plus de facilité , s'il y a lieu à dépasser le mât de hune.
On capèle les haubans et autres manœuvres dormantes
de la tête du mât de hune ; on met le chouquet de perroquet en place ; enfin on achève de guinder le mât en
ayant soin d'installer le Braguet, cordage destiné à soutenir le poids du mât de hune, dans le cas où la guinderesse mise en action , se romprait subitement ; ce
braguet passe sous le pied du mât de hune dans une
goujure ; un des bouts arrive au Trou du chat à tribord pour être amarré au chouquet ; après l'avoir fait
passer à tribord par le trou du chat, et ensuite dans
une poulie ou chouquet du bas mât, on frappe sur
l'autre bout un palan appelé Caliorne de Braguet,
et celle-ci s'embraque raide à mesure que l'on guinde :
lorsque le trou ou passage de la clef paraît au-dessus des
élongis du bas mât, on y introduit une pince de canon,
et quand la pince ne touche plus les élongis, on cesse de
virer et l'on fait tenir bon au cabestan ; on introduit
alors la clef à coups de masse, peu à peu la pince est re-
poussée, et quand la clef traverse au-dessus des deux

20.

élongis, on fait dévirer la guinderesse que l'on dépasse
si on le juge nécessaire, alors le mât de hune est abandonné à son poids : il est ainsi supporté par la clef qui
s'appuie sur les élongis, et maintenu par le chouquet du
bas mât. On ajoute à la solidité de cette union en ridant
les étais, les haubans et les galhaubans.

Lorsque le mât de hune est trop long pour se présenter
entre les élongis en agissant comme il vient d'être dit,
alors au lieu de faire le dormant de la guinderesse à la
noix, on fait ce dormant aux deux tiers de la longueur
du mât à partir de la caisse; ainsi en soulevant le mât,
il prend une direction oblique qui permet de faire passer sa tête en dehors de la hune, jusqu'à ce que son
pied puisse entrer dans un écoutillon pratiqué au gaillard auprès de l'étambrai du bas mât; on le fait enfin
descendre dans cet écoutillon vers le pont inférieur jusqu'à ce que la tête du mât de hune puisse se présenter
entre les élongis. Tels sont les moyens de guinder un
mât de hune; cependant, s'il s'agissait du mât de perroquet de fougue, on serait obligé quand on l'aurait élevé
le long du mât d'artimon, de le tenir suspendu avec les
deux candelettes d'artimon crochées dans une erse qui
passerait dans le trou de la clef; ce mât est en effet trop
court pour que sa tête étant passée dans la cheminée,
le pied puisse reposer sur la tête des bittons, afin de
pouvoir larguer les genopes de la guinderesse, achever
de la passer, et faire son dormant ainsi qu'il a été indiqué pour les mâts de hune. Quelquefois la caisse du mât
de hune, gonflée par l'humidité, étant arrivée presque
au point de repos, a beaucoup de peine à passer; il
faut alors des efforts très-grands de guinderesse et de ca-

bestan ; aussi pour y aider, faut-il dès que le trou de la
clef commence à paraître au-dessus des élongis, agir des
deux côtés avec une pince à canon qu'on engage dans ce
trou. C'est ici le cas de faire usage pour achever de guinder, et si l'on en est pourvu, de cette Clef à Levier dont
nous avons parlé dans la séance XXVIII.

Lorsque le pied ou la caisse du mât de hune est sur
huit pans ou de figure octogone, les deux clans sont
percés l'un au-dessus de l'autre et à une distance assez
grande pour permettre que le plan du clan inférieur
soit dans la direction de la diagonale qui joint l'arête
antérieure de bâbord à l'arête postérieure de tribord ;
l'autre clan est percé au-dessus du premier dans un plan
qui lui est perpendiculaire ; le trou de la clef est entre
les deux clans. On établit la guinderesse à ce mât de
hune de la même manière que ceux dont la caisse est de
figure carrée ou à quatre pans, et l'on a seulement soin
lorsqu'on est au moment de la faire passer dans les clans,
de commencer par celui qui est le plus bas.

S'il s'agit enfin, comme nous l'avons précédemment
annoncé, de guinder un mâtereau dans le but de mettre
en place ou de démonter le chouquet, on ne peut pas se
servir de la guinderesse, puisqu'il n'y a pas de clans à un
mâtereau pour la passer ; on supplée alors celle-ci par
les palans de caliorne du mât crochés à une erse dont on
garnit le pied du mâtereau, après que celui-ci a été présenté d'une manière analogue à ce que nous avons expliqué pour présenter un mât de hune entre les élongis de
son bas mât.

SÉANCE XXXV.

I. Abattre un Vaisseau en Carène. —II. Haler un Vaisseau sur une Cale de Construction.—III. Monter le Gouvernail.

I. Abattre un Vaisseau en Carène. Abattre un vaisseau en carène, c'est le faire Coucher ou Incliner successivement sur chacun de ses côtés, pour être à même de le Caréner, ou d'y faire quelques réparations ou Radoubs, ou enfin pour le recalfater ou lui appliquer son doublage en cuivre. Il faut avant tout, Recourir ou recalfater le pont et le vaigrage des gaillards du vaisseau, fermer et calfater les sabords, les hublots et la porte de la bouteille du côté que l'on veut abattre : on masque en outre ces ouvertures en dedans avec des bouts de croûte ou de planche, de crainte que le vaisseau étant sur le côté, il ne tombe quelque chose de pesant qui enfonce les portes ou mantelets. On cloue des manches en toile à côté des dalots et dans les endroits où l'eau pourrait se rendre, s'il s'en infiltrait par les écarts ou autres issues qui parfois se forment en vertu de l'effort que l'on fait éprouver au vaisseau en le couchant ou l'abattant ; on saisit fortement tout ce qui peut rester à bord, dans le genre de four, cuisine, etc. ; on réserve et l'on transporte en avant dans la cale, la quantité de lest nécessaire pour mettre le vaisseau sans différence de tirant-d'eau ; on contient ce lest pour qu'il ne se déplace pas pendant l'opération. et l'on fait pour cela des cloisons ou des compartimens. On maintient le vaisseau près du Ponton, Bâtiment ou

Radeau sur lequel on veut l'abattre, avec une aussière qui passe de l'avant à l'arrière et dont les extrémités sont fixées sur des points d'appui placés à une distance convenable de l'avant et de l'arrière du vaisseau. On fait dans la grande écoutille et dans le plan diamétral du vaisseau, une cloison perpendiculaire à la carlingue ; elle se trouvera à-peu-près horizontale lorsque le vaisseau sera abattu en carène, et elle servira de pont aux hommes qui restent à bord, pour pouvoir pomper, et remédier, en cas d'événement, à quelque rupture ou voie d'eau que les pompes n'affranchiraient pas. Ce pont est traversé par trois pompes au petit bout desquelles on a fixé une manne ou petite corbeille, dont l'effet est d'empêcher les ordures de les engorger ; elles serviront à extraire l'eau que pourra faire le vaisseau abattu ; l'une de ces pompes a son pied sur l'extrémité des varangues, et elle se manœuvre dans la seconde batterie ; les deux autres s'appuient par leur bout contre le vaigrage.

On arc-boute les mâts dans la cale près de leur emplanture, de crainte qu'ils ne bougent et qu'ils ne fatiguent les flasques de ces emplantures : on les décoince aux étambrais des ponts ; on ride les haubans dits du vent ou du côté opposé à celui que l'on veut abattre, jusqu'à ce que le mât touche l'étambrai du pont du côté où l'on ride ; on largue à mesure les haubans de l'autre bord ou de sous le vent ; on ajoute à l'effet des haubans, par celui des caliornes de têtes de mât qui sont crochées dans des saisines qui, pour le grand mât, embrassent l'entre-deux des sabords de la seconde batterie en avant du mât, et, pour le mât de misaine, le sabord de chasse et l'écubier le plus voisin. On épontille les ponts par le travers du grand mât et du mât de misaine, afin qu'ils

puissent résister aux efforts que feront les Aiguilles ou
appuis des mâts en bois, qui sont au nombre de deux
pour chaque mât et qui serviront à l'étayer pendant l'a-
batage ; ces aiguilles traverseront les gaillards par des
écoutillons que l'on pratique exprès dans le cours de la
construction du vaisseau vis-à-vis du grand mât et du
mât de misaine, car on ne met pas d'autres aiguilles et
on n'agit que sur ces deux mâts pour l'abatage. Le pied
des aiguilles porte sur une plate-forme composée d'épais
bordages placés sur ceux du second pont ; on cloue autour de ces écoutillons une braie qui les entoure, qui est
également clouée autour des aiguilles à la hauteur de
plusieurs pieds à partir des gaillards, et l'on a soin de
laisser du mou ou de l'ampleur à la toile qui compose la
braie, parce que, devant s'imbiber d'eau, elle se rac-
courcirait probablement assez pour arracher les clous, ou
qu'elle se déchirerait par suite du tremblement que les
aiguilles contractent dans l'abatage ; la tête des aiguilles
est coupée en sifflet concave pour mieux s'adapter au
mât, à la hauteur de quelques pieds au-dessous des jottereaux ; là elles sont solidement liées par un filin de la
grosseur du garant de Capon (cordage qui sert à lever
les ancres depuis la surface de l'eau jusqu'au bossoir)
de plusieurs brasses de longueur, que l'on prend par le
milieu pour l'appliquer sur le mât, à la hauteur où est
placée la tête des aiguilles ; avec un des bouts du cordage
on ceint le mât et les aiguilles de plusieurs tours, en ayant
soin de bien souquer chaque tour : on prend ensuite l'autre bout que l'on tourne par-dessus les premiers tours ;
et, à coups de masse, entre les aiguilles, le mât et les
tours de filin, on introduit des coins de deux à trois
pieds de longueur sur deux ou trois pouces de largeur.

ces coins appelés Coins de Rousture sont concaves d'un côté et convexes de l'autre, pour laisser le moins de vide possible et pour mieux tendre de nouveau chaque tour de filin, afin que les aiguilles soient inséparables du mât et ne puissent pas monter lors de l'abatage. Les amarrages dont nous venons de parler sont appelés Roustures ; pour avoir l'aisance de les faire, on place en arrière du mât et entre les haubans, des hommes suspendus dans des chaises ou sur une barre, et sur l'avant du mât on hisse un filet en forme de sac, que l'on nomme Nid d'Agasse (ou de Pie) lequel contient les objets nécessaires. On installe du côté du vent, au capelage de chaque mât, et au-dessus des roustures les plus élevées, des Pataras et des Palanquins que l'on ride aussi également que possible sur des arcs-boutans saisis dans la batterie, lesquels, sortant par les sabords d'avant, sont contenus par des soubarbes volantes, et qui peuvent par la suite servir à favoriser le redressement du vaisseau ; de pareils arcs-boutans peuvent encore suppléer les saisines dont nous avons parlé pour les caliornes de tête de mât : on introduit enfin, à coups de masse, des coins entre la plate-forme sur laquelle repose le pied des aiguilles et le bordage du pont, et l'on achève par là de consolider l'appareil des aiguilles.

Il faut ensuite placer à chaque mât deux caliornes d'appareil, dont l'une est aiguillettée au capelage du mât, mais on laisse assez de mou à l'aiguillettage pour que la caliorne puisse descendre sous la hune où on lui fait une Cravate (forte espèce d'erse) pour multiplier les points d'appui sur le mât ; la seconde poulie d'appareil est aiguillettée à joindre autant que possible au-dessus de l'aiguille la plus élevée. On fixe par le travers des mâts sur

le ponton, qu'on a eu le soin de charger de lest pour
mieux résister à l'abattage, les caliornes d'appareil correspondantes à celles frappées sur les màts, et l'on procède à installer les cordages appelés Passe-Appareils qui
aident à passer les garans d'appareil ; or il y a deux manières de passer ces garans : La première qui est jugée
la plus solide lorsque l'on doute des poulies d'appareil,
consiste à commencer à faire passer dans la poulie de retour frappée sur le pont du ponton, un des bouts du
garant d'appareil, et au moyen du passe-appareil, on le
fait monter dans le clan du milieu de la caliorne qui est
frappée sur le mât, d'où il descend et remonte successivement dans les clans des caliornes frappées l'une sur le
mât, l'autre sur le ponton ; on lui fait faire dormant au
capelage du mât; dans ce cas il y a un tour dans le garant, mais qui n'offre aucun inconvénient; la seconde
manière est de commencer par faire passer le garant,
lorsqu'on n'a pas d'inquiétude sur la force des caliornes,
dans la poulie de retour frappée sur le pont du ponton,
et, au moyen d'un passe-appareil, on le fait monter dans
le clan le plus près du mât de la caliorne frappée sur ce
même mât; de là il descend et remonte successivement
dans les clans des caliornes frappées, l'une sur le ponton
et l'autre sur le mât : enfin il va faire dormant au capelage; dans ce second cas il n'y a pas de tour dans les garans ; l'autre bout appelé Courant est garni au cabestan :
on fait encore croiser sur le pont du ponton, les courans
des garans d'appareil pour avoir plus de facilité à les bosser en plusieurs endroits ; on place des palans dits de Redresse qui sont destinés, s'il y a lieu, à aider au redressement du vaisseau, et on les frappe d'un côté à la tête
du mât du ponton, et de l'autre côté, à des erses passées

dans des taquets ou mains de fer que l'on cloue sous le vent en dehors du côté du vaisseau; on peut au lieu de ces erses se servir d'une aussière passée, à plusieurs tours, dans les chaînes des haubans, et ayant assez de mou pour figurer, en un faisceau, une élingue sortant de l'eau où l'on puisse crocher lesdits palans de redresse. On fixe aussi des aiguillettes qui sont amarrées aux boucles des pataras et aux chaînes des haubans. Les deux aiguillettes placées les plus en avant et les plus en arrière se croisent pour empêcher les lans ou embardées que les courans ou le vent peuvent occasionner au vaisseau; on met enfin vis-à-vis des porte-haubans, des coussins suivés, en bois, nommés Défenses et qui servent à amortir les chocs extérieurs; on fait virer aussi également que possible, pour que les deux mâts ainsi que les garans fassent effort ensemble, et l'on met les garans hauts aux cabestans les uns après les autres, mais non sans les avoir tous bossés.

Si pendant cette opération, on juge convenable de laisser quelque objet à bord, il faudra l'avoir saisi et passé sous le vent; et si l'on veut aider à l'effet des appareils, on aura pu guinder les mâts de hune qui tendront, par leur poids et leur hauteur, à favoriser l'inclinaison, du moment où les appareils auront commencé à agir.

On vire ordinairement sur les appareils jusqu'à ce que la quille soit Éventée, c'est-à-dire jusqu'à ce qu'elle soit à fleur d'eau, et même entièrement au-dessus. Si, cependant, on n'avait pas besoin de visiter les œuvres-vives dans leurs parties inférieures, on ne virerait qu'autant qu'il serait nécessaire pour le moment. On enlève alors le doublage avarié, s'il y a lieu, et l'on chauffe la

carène pour brûler l'ancien brai ou goudron qui l'endui-
sait, afin de découvrir les réparations à faire ; on procède
ensuite à doubler le navire comme nous l'avons déjà dit.

Malgré l'avantage dont nous avons parlé, Séance XII,
qu'il pourrait y avoir pour la bonté du calfatage, à introduire l'étoupe des œuvres-vives quand le vaisseau
était couché ou abattu, on ne saurait disconvenir qu'une
telle opération ne fatigue beaucoup le bâtiment ; aussi
faut-il se hâter en l'exécutant, pour la mener promptement à sa fin. On trouve donc encore ici un de ces
exemples qui se présentent si souvent sous les yeux de
l'homme de mer, et qui lui apprennent comment, presque
à chaque pas, il rencontre un inconvénient à côté d'un
avantage réel ; c'est dans son attention et son talent à
tout concilier, à tout prévoir, à tout employer convenablement suivant les localités et les circonstances, qu'il
montre sur-tout la justesse, la sagacité, la bonté, l'instruction de son esprit.

II. Haler un Vaisseau sur une Cale de Construction. S'il n'y a pas de bassin disponible dans un port,
pour un bâtiment qu'on ne veut pas abattre en carène,
on le *Remonte* sur une Cale de Construction, et les
plus forts vaisseaux eux-mêmes sont soumis à cette opération qui semble tenir du prodige. « On y emploie
» une espèce de Berceau qui a beaucoup d'analogie
» avec celui du Lancement, et que l'on coule sous le
» navire contre lequel il est assujetti au moyen de cor-
» dages : un puissant appareil composé d'un grand
» nombre de cabestans ou de grues, et appliqué à une
» Ceinture formée de plusieurs câbles qui embrassent
» le Vaisseau, le fait avancer sur la cale. À mesure
» qu'il sort de l'eau, il s'appuie sur des coulisses pla-

» cées à l'avance sur cette cale, et qui servent égale-
» ment au lancement. »

Les lignes précédentes sont textuellement extraites
d'un article de l'Encyclopédie Moderne où brille un talent très-remarquable, et qui ne peut avoir été écrit
que par un habile Ingénieur. Je ne crois pas que le voile
de l'anonyme m'ait empêché de le reconnaître, et, dans
cette persuasion, il m'est agréable de me rappeler les
traits spirituels, instructifs dont il savait assaisonner la
familiarité avec laquelle il m'a été donné de cultiver sa
connaissance pendant plusieurs mois.

En *Écosse,* dit *Dupin* (13e. Leçon de Mécanique), j'ai
vu remonter des navires de la mer sur un plan incliné,
en les plaçant sur des espèces de chariots à petites rou-
lettes qui couraient sur une route en fer. Très-peu
d'hommes suffisaient pour remonter ainsi les bâtimens
du plus grand poids.

III. MONTER LE GOUVERNAIL. On croche une caliorne
assez forte pour soulever le Gouvernail à un piton ou à
une main de fer fixée au bau qui est au-dessus de la Jaumière; on se souvient que c'est le trou par lequel la
tête du gouvernail pénètre dans la seconde batterie. On
peut encore substituer à la main de fer, deux barres de
cabestan placées à se toucher et qu'on fait soutenir horizontalement par deux barriques mises debout sur le pont,
une de chaque côté de la Jaumière. On garnit au cabestan le garant de cette caliorne; par la jaumière, on fait
affaler la caliorne, afin de la crocher à une erse frappée
à la tête du gouvernail, lequel est suspendu sur le côté
d'une embarcation placée en arrière du vaisseau. On
amarre deux bouts de corde appelés Bras sur deux taquets cloués de chaque côté du gouvernail, à la hauteur

du troisième aiguillot, et l'on fait entrer ceux-ci l'un à tribord et l'autre à babord du vaisseau, par les sabords les plus en arrière de la première batterie, à l'effet de pouvoir conduire le gouvernail dans la direction de l'étambot lorsque là caliorne l'aura suffisamment élevé, c'est-à-dire quand les aiguillots seront à la hauteur des fémelots. Au moment d'affaler le gouvernail en douceur pour le faire porter sur ses ferrures, on place une barre de cabestan dans le trou destiné pour sa barre, afin de pouvoir donner quelques petits mouvemens de rotation et faire entrer tous ensemble les aiguillots du gouvernail dans les fémelots de l'étambot. On place ensuite la sauve-garde, les Chaînes, la Barre du Gouvernail et la Braie.

La Sauve-Garde est un gros cordage fourré de bitord qui passe dans un trou traversant la mèche du gouvernail vers la flottaison, et dont les deux bouts vont s'amarrer tribord et babord du couronnement : c'est la sauve-garde du gouvernail qni empêche souvent qu'on ne le perde, s'il est démonté à la mer; on fait une pomme à la sauve-garde de chaque côté du gouvernail, pour que cette sauve-garde ne coure pas dans le trou où elle passe ; elle a assez de longueur pour que le gouvernail puisse avoir son jeu de rotation. Les Chaînes sont à-peu-près pour le même usage, elles prennent dans des pitons vers le bout du safran ; un cordage en guise de sauve-garde frappé sur l'autre bout, sert à les tenir de chaque bord, un de chaque côté, à la fesse du vaisseau. La Braie est au même effet que celle placée aux étambrais supérieurs des bas mâts ; elle empêche l'eau de la mer de s'introduire à bord lorsqu'il y a du tangage, ou quand la mer est forte.

Lorsque le vaisseau a fait campagne, son arc influe

souvent sur l'étambot qui s'arque aussi, et l'on est quelquefois forcé d'altérer la mèche du gouvernail, pour qu'elle suive les contours de cette pièce à laquelle elle doit tenir par ses ferrures.

SÉANCE XXXVI ET DERNIÈRE.

Effet des Voiles et du Gouvernail.

Notre tâche semble terminée; le vaisseau est construit; il est lancé, mâté, arrimé, armé, installé, gréé; il est prêt à se rendre en rade où il sera conduit à l'aide de ses voiles, à la cordelle, à la touée ou à la remorque; il s'y amarrera sur des ancres, il y prendra ses poudres, ses provisions en rafraîchissemens pour les premiers jours de la campagne. Il s'y peindra avec soin, il y complétera son organisation intérieure; enfin il lèvera l'ancre et il mettra sous voiles. Tous les travaux du port sont donc décrits, et quelque pénible qu'il ait pu l'être pour quelqu'un qui n'a pas été embarqué, de comprendre ce qui précède, la chose est cependant possible, surtout si, comme nous le croyons utile, on a été aidé d'instructeurs et de modèles; mais ici s'arrête cette faculté de pouvoir, sans avoir navigué, s'initier aux difficultés de notre art; l'intelligence de la Manœuvre ne peut réellement s'obtenir si l'on ne l'a vu pratiquer, et ce présent Traité destiné à des jeunes gens formés seulement à la théorie, paraît trouver ici sa limite naturelle.

Une seule question peut encore être ajoutée à ce qui

précède : c'est celle de connaître quel sera l'effet des
Voiles et du *Gouvernail*, lorsque, mu par le vent, le
vaisseau se dirigera sur sa route, et que les surfaces de
ces Agens se présenteront plus ou moins obliquement
à l'action de l'air ou de l'eau. Il peut y avoir, dans le
fait, quelque utilité à ce que l'on soit préparé à comprendre ces effets, et nous allons en parler en nous res-
treignant encore en ceci, autant que notre plan semble
le prescrire.

Rien n'est plus aisé à concevoir, rien ne parle plus
à l'imagination que l'idée d'un vaisseau à la mer, mis
en mouvement par un vent qui frappe la voilure dans la
direction de l'arrière à l'avant ou dans les environs de
cette direction ; lorsque le vent se hale de l'avant, l'esprit se prête moins à cette combinaison, et c'est d'abord
ce que nous allons rendre palpable en nous aidant des
principes les plus élémentaires de la Mécanique ; mais il
faudra préalablement que nous fassions remarquer que la
forme du vaisseau lui donne une grande difficulté à fendre le fluide par le travers, et qu'il trouve, dans ce
même fluide, en ce sens, une résistance qui, par un
Vent Oblique, c'est-à-dire autre que soufflant de la
poupe ou de la proue, sert, 1°. à contribuer à le maintenir ou à le ramener dans son assiette ; 2°. à tendre à
détruire l'effet des parties de force motrice qui peuvent
le solliciter à s'éloigner de la direction de la route
voulue, laquelle doit être marquée par la direction de
la quille après que le vaisseau a été orienté.

Nous rappellerons encore, avant d'aborder la question, que lorsqu'une force agit sur une surface plane,
et suivant une direction oblique, on peut produire le
même effet, en faisant agir cette force décomposée en

deux autres, l'une de celles-ci ayant une direction perpendiculaire à la surface en question, et l'autre étant
parallèle à cette surface. C'est sur ce principe qu'est
fondée l'action des voiles frappées par le vent; ainsi
que celle du gouvernail, soit qu'il frappe l'eau comme
lorsque l'on cingle sous voiles, soit qu'il s'en trouve
frappé ainsi qu'il peut arriver lorsque, sur ses ancres,
un vaisseau est amarré par l'avant dans des eaux soumises à quelque courant : il est évident que, dans les
deux circonstances, qui se présentent pour le gouvernail, le résultat est le même si la force d'impulsion
dont il est animé dans un cas est égale à la force d'impulsion de l'eau dans l'autre, et si, dans les deux cas,
l'angle du gouvernail avec le plan diamétral du vaisseau
est le même; il suffit donc de considérer un seul de ces cas,
et nous nous en tiendrons à celui où l'eau est supposée
frapper le gouvernail dans la partie de sa surface qui
est plongée dans le fluide, et que, pour abréger, nous
appellerons elle-même le gouvernail.

A S B T (fig. 2) représente le bâtiment vu à vol d'oiseau, ou sa projection sur le plan horizontal qui passe
par le Centre de Gravité; le point où est appliquée la
résultante de toutes les poussées verticales de l'eau sur
la carène, ou bien celui par lequel nous avons déjà supposé
que le vaisseau pourrait être suspendu, est en O; P Q,
P' Q' représentent la direction des vergues, ou plutôt
la ligne droite horizontale projetée sur laquelle on peut
supposer que se trouve le centre d'effort du vent sur toute
la voilure du mât; BC est la direction du gouvernail, ou
plutôt la ligne horizontale projetée sur laquelle on peut
supposer que se trouve le centre d'effort du fluide sur la
surface du gouvernail; le plan de l'axe des mâts et de

la quille est figuré par l'intersection AB ; enfin la direction du vent par celle des flèches qui entourent la figure.

Supposons que le vent vienne à-peu-près du travers,
et même un peu de l'avant, comme le représente la
flèche *y* ; nous allons montrer que dans cette direction,
il peut encore servir à faire avancer le navire, et à plus
forte raison lorsqu'il viendra plus de l'arrière que nous
ne le supposons.

Imaginons les vergues assez brassées pour qu'elles
fassent avec le plan diamétral du vaisseau un angle plus
petit vers l'avant que celui de la direction du vent avec
le même plan. De cette disposition, il résultera que le
vent frappera dans les voiles, et qu'il tendra à les pousser
dans une direction quelconque ; mais quelles que soient
la grandeur et la direction de cette poussée, nous pouvons, ainsi que nous l'avons dit, la décomposer en deux
forces telles que la direction de l'une soit perpendiculaire à la voile, et que celle de l'autre lui soit parallèle ;
et comme l'effet de cette seconde est nul, nous ne nous
occuperons que de la première.

Prenons donc LM, menée perpendiculairement au
milieu de la voile, pour représenter la grandeur et la
direction de l'effort du vent sur la surface de cette voile.
Du point M, menons l'horizontale MN perpendiculaire
à la longueur du navire, et achevons le parallélogramme ;
la force représentée par LM se trouve décomposée en
deux autres, dont l'une qui fait avancer le navire dans
le sens de la quille, a LN pour grandeur et direction,
et dont l'autre NM ou LM'' tend à pousser le navire en
travers. En vertu de cette dernière force on voit en effet
le navire obéir latéralement dans toute sa longueur ; et
quoique cet effort soit considérablement atténué par la

résistance de l'eau sous le vent, ainsi que par la difficulté qu'a le navire à fendre l'eau par le travers, cependant ce même effet se fait encore sentir, et il produit
une Translation qui, sans altérer la direction apparente
du *Cap* ou de la Route, éloigne cependant le vaisseau
de son but. Cette translation s'appelle *Dérive* : dans un
bon vaisseau, bien orienté, par un temps maniable, elle
est nulle, même quand le vent vient du travers ; et de
cette direction jusqu'à celle du vent du plus près, la
dérive augmente ordinairement d'une quantité qui s'é-
value de 2 à 15 degrés ; c'est-à-dire que la direction
réelle de la Quille et celle de la Houache (trace dans
l'eau de la route du vaisseau) font un angle qui, me-
suré de son sommet ou, ce qui est suffisant, du milieu
du couronnement, s'élève de 2 à 15°. On pourrait appliquer les raisonnemens qui précèdent, aux voiles de
l'arrière orientées d'une manière analogue.

Cette démonstration, appuyée sur les propriétés des
lignes géométriques droites et inflexibles d'une figure
toujours supposée horizontale, pourrait s'étendre au cas
où la flèche y se confondrait presque en direction avec
la quille AB ; mais il est facile de voir que les vergues,
les voiles, et le vaisseau naviguant, sont loin de se prêter à une telle hypothèse ; aussi la pratique apprend-
elle qu'un vaisseau cesse généralement de naviguer avec
avantage, lorsque l'on cherche à orienter les voiles au-
delà de ce qu'il est nécessaire pour recevoir le vent de
plus de 22° 30′ de l'avant de la direction du travers ; et
c'est ce vent qu'on appelle du Plus Près, à bord de cette
sorte de bâtimens.

De ce que nous venons de dire, et se rappelant que
le point de suspension du navire est en O, on conclura

que l'effort des voiles situées en avant de ce point tend
à faire arriver le bâtiment, en poussant la proue
sous le vent; et que celles qui agissent sur l'arrière du
même point le font Loffer, puisqu'en jetant la poupe sous
le vent elles font présenter la proue vers le côté opposé.
Nous ferons cependant remarquer que pour que cette
proposition soit vraie, il faut ajouter une condition,
c'est que le vent doit venir du même côté que les amures,
ce qui est le cas le plus ordinaire; et afin de montrer la
justesse de cette observation, nous supposerons un moment que le vent se dirige suivant y'; alors il est encore dans les voiles, mais il ne vient plus du bord où l'on
est amuré : or dans ce cas-ci, nous pouvons opérer
la même décomposition de force que tout-à-l'heure, et
l'on verra que la force GI, qui est sur l'arrière du point
O, tend à faire arriver jusqu'au moment où l'on est vent
arrière, puisqu'elle sollicite le bâtiment à présenter la
poupe au vent, tandis que LM'' tend à faire loffer jusqu'au même moment.

Nous avons supposé jusqu'ici que les voiles étaient
Éventées ou frappées par le vent dans leur surface postérieure; nous avons actuellement à examiner l'effet
qu'elles produisent lorsqu'elles sont Masquées ou frappées par le vent dans leur surface antérieure, par exemple suivant y''. Pour y parvenir, prolongeons ML vers
l'arrière, et prenons LM' pour représenter la grandeur
et la direction de l'effort absolu du vent sur la voile.
Du point M', menons M'N' parallèle à NM, et l'on
verra que le bâtiment est sollicité à Culer ou à aller de
l'arrière, par une force LN', et à dériver, par une autre
force LN''. Appliquant le même raisonnement aux voiles
de l'arrière, on conclura en général que les voiles mas-

quées portent le navire à culer, qu'en même temps celles
de l'avant le font abattre, tandis que celles de l'arrière
le sollicitent à se ranger dans le lit du vent, pourvu,
toutefois, que les voiles ne soient pas brassées carré, auquel cas tout l'effort se fait dans le sens de la quille et dans
la direction de l'avant à l'arrière. Si cependant le vent
soufflait suivant y''' entre la direction du beaupré et celle
du point d'amures, les voiles de l'avant solliciteraient
le navire à se ranger dans le lit du vent, et celles de
l'arrière le porteraient à arriver, jusqu'à ce qu'elles se
présentassent en ralingue à la direction du vent. Cette
proposition se démontrerait comme les précédentes.

Nous avons prouvé que les voiles d'avant, étant orientées convenablement, sollicitaient le navire à arriver ; il
nous reste à faire observer qu'elles y contribuent d'autant plus 1°. qu'elles sont plus brassées et ouvertes au
vent ; 2°. qu'elles se trouvent plus éloignées du point O.
Le parallélogramme des forces démontre la première de
ces vérités à la seule inspection de la figure ; pour la seconde, nous dirons qu'en supposant la position de ce
point O constante, on rendra évidemment le moment de
ces voiles plus grand, en les transportant davantage
vers l'avant, et qu'on parviendrait au même résultat
sans changer leur position, en faisant varier le point O
vers l'arrière ; il suffirait pour ce dernier cas de faire
immerger cette partie plus qu'elle ne l'est, en ajoutant
des poids à la partie arrière, ou en transportant des poids
de la partie avant à la poupe. De même les voiles d'arrière produiront un effet plus grand pour faire Loffer,
1°. si on les brasse ou si on les ouvre au vent de plus en
plus ; 2°. si on les éloigne davantage du point O, ou
bien si l'on fait varier ce même point O vers l'avant, en

faisant immerger cette partie plus qu'elle ne l'était, à l'aide de poids surajoutés ou transportés de l'arrière à l'avant. Il est d'ailleurs sensible que si l'avant du bâtiment tire moins d'eau que l'arrière, à égalité d'effort de la part des voiles de chacune de ces parties, l'avant qui est moins immergé, ou qui a moins de pied dans l'eau que l'arrière, doit avoir plus de facilité à obéir latéralement à l'effort de ces voiles, et c'est l'arrière qui y obéira davantage dans le cas contraire.

Sur quoi nous faisons observer que si la force du vent fait immerger la proue, le centre de volume se transportera sur l'avant, la poupe s'émergera, d'où il résultera que le navire sera devenu ardent ou apte à loffer ; et si la même cause fait incliner le vaisseau, et qu'on suppose le gouvernail tourné du côté du vent suivant BC par exemple, la poussée DF que celui-ci reçoit pendant le sillage, évaluée perpendiculairement à sa surface, tendra à faire relever la poupe, d'où résulte une nouvelle cause qui rend le vaisseau ardent.

Pour montrer actuellement de quelle manière agit le gouvernail, nous ferons remarquer que le navire, en s'avançant, laisse successivement derrière lui, l'eau qu'il vient de traverser ; cette eau glisse le long de la carène de la même manière que si le bâtiment était arrêté, et que le courant vînt de l'avant; c'est ce que nous avons déjà énoncé. Dans ce cas, les deux côtés du navire étant supposés parfaitement symétriques, si l'on ne considère que le résultat définitif et direct des voiles suivant BA, il est clair que la direction du navire ne déviera pas de celle de cette ligne BA; il est encore évident que si l'on oblique le gouvernail comme en BC, la surface de cette machine représentée par BC s'offrira à l'action de l'eau;

elle en recevra une poussée dans le sens de la direction
du courant, et quoiqu'elle en soit choquée obliquement,
nous pourrons néanmoins décomposer cette poussée en
deux forces, l'une DF perpendiculaire à la surface,
l'autre qui sera parallèle à cette même surface; cette
dernière ne pouvant produire aucun effet, puisqu'elle
glisse seulement le long de BC, nous n'examinerons que
l'action de la première DF, et nous la décomposerons
en deux nouvelles forces; la première agissant suivant
DH parallèlement à la quille, la seconde suivant DE
perpendiculairement à la longueur du navire. Le bâtiment pouvant toujours être considéré comme suspendu
par le point O, il devient évident que la force DE, en
poussant l'arrière du côté où se trouve la barre du gouvernail BX, force l'avant à se présenter du côté opposé;
d'où l'on conclut que si on laisse la barre droite ou dans
la direction BA, le vaisseau marchera suivant cette direction BA; mais qu'en la mettant à Tribord, le navire
lancera sur Babord; comme aussi il tournera vers tribord si l'on met la barre à Babord. Quant à la force DH,
son effet est évidemment de solliciter le navire à culer,
ou de contribuer à diminuer suivant BA la vitesse du
navire; et elle devient plus grande à mesure que l'angle
des plans de la quille et de la surface BC du gouvernail
approche d'être droit. Dans le cas où il y a de la dérive,
ce n'est pas évidemment quand la barre est droite que le
gouvernail est sans effet, mais bien quand elle se trouve
dans la direction de la houache, puisque seulement
alors cette machine n'éprouve aucune percussion de la
part du fluide. Si le vaisseau cule ou va de l'arrière, on
démontre, comme pour les voiles masquées qu'il faut

mettre la Barre à Tribord pour le faire abattre sur Tribord, et à Babord pour le faire abattre sur Babord.

On voit encore ici que la force du gouvernail sera plus efficace pour faire tourner le bâtiment, si le point O de suspension se trouve de plus en plus éloigné de l'arrière, puisque cette machine agira par là sur un bras de levier plus long. Il ne faut cependant pas en conclure que le bâtiment évoluerait mieux si l'on faisait varier le point O très de l'avant, et cela en transportant ou surajoutant des poids à cette partie; car alors, 1°. le gouvernail sortant en partie de l'eau par l'émersion de la poupe, perdrait une partie de son action, puisqu'il recevrait une poussée moins forte; 2°. le moment des voiles de l'avant serait diminué, celui des voiles de l'arrière serait augmenté, et le gouvernail pourrait ne pas être assez puissant pour ramener l'équilibre voulu. Il faut donc chercher, s'il y a lieu, à rétablir les relations qui doivent exister entre la position des mâts et celle du point O, et l'on peut y parvenir à la mer au moyen du lest volant, ou en changeant même quelques parties de l'arrimage.

L'angle ABC est le plus favorable possible pour donner au vaisseau le mouvement de rotation le plus vif, lorsqu'il est de 45°; mais jusqu'ici le rétrécissement du vaisseau par l'arrière, et la longueur BX qu'on a cru devoir donner à la barre du gouvernail, empêchent que cet angle n'excède 35°. Cette quantité suffit dans les cas ordinaires, et l'on n'a même pas été forcé de donner au safran des dimensions trop fortes et un volume trop considérable pour compenser, par une augmentation de surface, la réduction de l'angle de 45° à celui de 35°.

On a néanmoins proposé divers moyens qui tendraient
à ramener aux vrais principes, et qui permettraient au
moins de reduire les dimensions et le volume du gouvernail, puisqu'avec moins de surface on pourrait obtenir plus d'effet.

Ce que nous venons d'établir est cependant fondé sur
la supposition que les voiles sont des surfaces planes, et
surtout que les lignes horizontales BC, PQ, P'Q' sont
situées à la hauteur du point O. Dans la réalité, ces lignes sont hors du plan horizontal passant par le point O,
et par exemple pour les vergues PQ, P'Q', on voit
qu'agissant principalement sur le corps du vaisseau, à
l'aide de mâts dont l'office est celui de leviers, elles font
varier ceux-ci de la verticale, et qu'une partie de leur
effort tend ou à faire plonger le navire ou à le coucher
sur le côté; il est facile alors d'imaginer que ces nouvelles forces figurées par LN et LM'' sont inclinées à
l'horizon, et qu'elles sont les diagonales de deux paral-
lélogrammes situés dans des plans verticaux, l'un dans
le plan diamétral du vaisseau, l'autre en un plan parallèle à celui du maître-couple : dans ces deux parallé-
logrammes, le côté qui représente l'effort définitif suivant LN ou LM'' serait horizontal, et celui qui représente l'évaluation de la quantité dont le navire plonge
ou s'incline serait vertical. L'installation des focs rend
sensible qu'au lieu de faire plonger le navire, ces voiles
tendent à soulever sa proue, tout en contribuant à le
faire aller de l'avant, et à le porter à arriver.

Il nous reste à faire observer, 1°. qu'en raison de l'a-
gitation de la mer, et de l'inégalité perpétuelle de l'intensité du vent, cette quantité dont le navire plonge ou
s'incline doit varier à chaque moment; 2°. que si l'on

considère l'effet de cette inclinaison, si l'on considère encore la perte d'effort du vent dans la partie de sous le vent de la voile, laquelle perte est causée par la résistance des molécules d'air qui, après avoir frappé la voile au vent, s'échappent sous le vent, mais non sans affaiblir les colonnes fluides dont la direction se porte sous le vent de la voile, on verra au résumé que l'effort total des voiles doit ordinairement se faire hors du plan diamétral du vaisseau. Ces considérations jointes à celle de la courbure des voiles, que la flexibilité de la toile rend inévitable, indiquent combien les recherches à cet égard présentent de difficultés pour le calcul; il suffit ici d'avoir montré à ce sujet, quel était en général l'effet de telle ou telle voile, pour faire marcher, tourner, incliner, plonger ou relever le vaisseau.

APPENDICE.

L'Auteur de ces *Séances* avait composé une Grammaire Anglaise qu'il destinait à l'instruction des jeunes Marins sur cette partie, et qui, par ses exemples et ses applications, était adaptée à ce plan. Cependant, lors de la publication de cette grammaire, il fut conduit, par plusieurs raisons, à apporter quelques modifications à son projet primitif, et elle parut comme un livre purement élémentaire.

On trouvait entre autres détails, dans cet ouvrage, un *Vocabulaire*, *Choix* et *Recueil* de Termes, Commandemens et Phrases en usage parmi les Marins, avec l'anglais en regard. Quelques personnes qui ont vu ce travail, ont pensé qu'il pourrait être mis avec avantage sous les yeux des Élèves de la Marine; et quoiqu'il n'ait aucun rapport avec les sujets que nous venons de traiter, elles ont pensé qu'en raison de son utilité et du peu de prix qu'il ajouterait à celui de ces *Séances*, il n'y serait pas entièrement déplacé comme *Appendice*. Il pourra devenir fort avantageux et fort agréable de s'être meublé la mémoire des diverses parties de ce Recueil.

———

I. Vocabulaire Français-Anglais de Termes de Marine. — II. Choix de Commandemens employés à bord, avec la Traduction Anglaise.—III. Recueil Français-Anglais de Phrases Nautiques.

I. Vocabulaire Français-Anglais de Termes de Marine.

A-bord; *abord, on board.*
Abordage; *boarding of a ship.*

Aborder; *to board, to fall foul of.*

Acastillage; *quarter deck and fore castle.*

A-fleur-d'eau; *between wind and water.*

A-flot; *water-born.*

Affourcher; *to moor across.* — A la voile; *under sail.*

Affût; *gun-carriage.*

Affûter *ou* Pointer; *to point or to bring to bear.*

Agréeur; *rigger.*

Agrès *ou* Grément; *rigging.*

Aide; *mate.*

Aiguillette; *sheer.*

Aiguilletter (un canon); *to lash a gun very tight.*

Aissieux; *axle-trees.*

A-la-hauteur de, par le travers de; *off.*

Alisés (les vents); *trade-winds.*

Aller (le long de la côte); *to coast along* or *to keep close to the shore.* — A bord; *to go aboard.* — De conserve; *to keep company.*

Allonge; *lengthening piece or top timber.*—Première; *floor-timber or first buttock.* — Seconde; *second buttock.* — De revers; *top timber.*—De tréport; *stern-timber.*

Amarre; *fast or rope.*

Amarrer; *to seize, lash, or belay; to make or hold fast; to fasten; to hitch.*

Ame (d'un canon); *chamber or charge-cylinder.*

Amener (une voile) *to haul down or to lower a sail.* — Une vergue sur le portelof; *to strike a yard a portlast.* —

Son Pavillon; *to strike one's colour down.*

Amiral; *admiral.* — Vaisseau amiral; *flag-ship.* — Contre-amiral, Vice-amiral; *rear-admiral; vice-admiral.*

Amirauté; *admiralty.*—Bureau de l'; *admiralty-office.*

Amorce; *priming powder.* — corne d'; *powder-horn.* — Écraser (l'); *to bruise the priming.* — Amorcer; *to prime.*

Amont (vent d'); *land-breeze.*

Amure; *tack of a sail.*

Amurer; *to get on board.*

Ancrage, mouillage; *anchorage.*

Ancre; *anchor.* — Maîtresse; *sheet-anchor.*—De toue; *kedger or stream-anchor.* — Seconde; *best bower.* — D'affourche; *bow-anchor.*

Anspect; *handspike.*

Appareiller; *to set sail.* — Une voile; *to set or loose or hoist up a sail.*

A-portée (de canon *ou* de fusil); *within cannon or gun-shot.*— Hors de portée; *not within the reach or out of a gun-shot or out of reach.*

Approcher de la côte; *to bear towards the coast.*

Araignée; *crow-feet.*

Arbalestrille *ou* Flèche; *cross or fore staff.*

Arborer, hisser *ou* déployer; *to hoist.*

Arcasse; *buttock.* — Revers d'; *fashion-pieces.*

Arc-boutant *ou* Aiguille; *shoar.*

Archipompe *ou* puits; *well.*

Arganeau *ou* Organeau; *ring.*

Armer (un vaisseau) ; *to fit out
a ship.*—En guerre ; *to man ,
to arm a ship.* — En flûte ;
*to fit out a ship to serve as a
transport.* — Un. canon ; *to
shot a gun.*—Coffre d'armes ;
arm-chest.—Vaisseau en armement ; *a ship in commission.*

Armée navale ; *fleet.*

Arrière ; *stern.* —Vent arrière ;
wind from abaft.—Faire vent
arrière ; *to go before the wind.*
A mâts et à cordes ; *to scud
before the wind.* — Arrière-
garde ; *rear.*

Arrimer , arrimeur , arrimage ;
to stow , stower , stowage.—
Bois d' ; *stowage-wood.*

Arriver (dans un port) ; *to arrive, to get into a harbour.* —
(En mettant la barre au vent) ;
to veer.—Laisser arriver ; *to
fall aft.*

Artimon (la voile) ; *mizen-sail.*
—(Le mât) ; *mizen-mast.*

Assiette d'un vaisseau ; *trim.*

Assurance ; *insurance.*

Ateliers ; *work-houses or shops
or lofts.* — Du grément ou
garniture ; *rigging house.* —
Des chaloupes ; *boat-house.*—
Des poulies ; *block-house.* —
De la mâture ; *mast-house.*—
Des charpentiers ; *carpenter's
shop.*—Des menuisiers ; *joi-
ner's shop.* — Des forgerons ;
smith's shop. — De la sculpture ; *carver's shop.* — De la
peinture ; *painter's shop.*

Attérage, attérir ; *landfall . to
landfall or to make land.*

A toute volée ; *point-blank .*

Attrapes ; *relieving tackles ,
tripping ropes.*

Aumônier ; *chaplain.*

Au plus près du vent ; *close to
the wind.*

Au vent ; *windward.* —Sous le
vent ; *leeward.*

Aval (vent d') ; *sea-breeze.*

Avant (garde) ; *van.* — Voiles
d' ; *head or fore sails.* — Du
vaisseau ; *head of the ship.*

Avantage du vent ; *weather-
gage.*

Aviron, Rame ; *oar.* — Armer
les ; *to get the oars to pass.*

Avitailler ; *to store.*

Babord, babordais ; *larboard or
larboard-side, larboard-watch
or larboard-watchmen.*

Balancines ; *lifts.*

Balles (de plomb) ; *lead-bullets.*

Balestres ou Herpes ; *rails.*

Bancs d'un canot ; *thauts.*

Barque ; *bark or barge.* — De
pêcheur ; *fishing boat.*

Barre ou timon ; *helm or tiller.*
— Barre ou Mascaret ; *eddy-
tide.*—D'arcasse ; *transoons.*—
De cabestan ; *bar or lever.*—
De hune ; *tressle-trees.* — De
perroquet ; *cross-trees.*

Barrique , baril ; *hogshead , bar-
rel.*

Barrots, Baux ; *beams.*—Barrottins ; *small beams.*

Basses voiles ; *main-course or
main sails or courses.*

Bassin ; *dock.*

Bassinet ; *vent-field.*

Bastingage ; *barricado.*

Bateau (de passage) ; *water-*

men-boat or *wherry*.—A vapeur; *steam-boat.*

Bâtard de racage; *parrel-ropes.*

Bâton (de pavillon); *ensign-staff.* — De commandement; *flag - staff.* — De foc; *jib-boom.*

Batterie; *gun-deck.*

Bauquière; *clamps.*

Beaupré; *bowsprit.*

Bitord, Lusin; *rattling stuff.*

Bitter, bittes, bittures; *to bitt, bitts; range of the cable.*

Bois (de charpente); *timber.* — A brûler; *wood.*

Bonnette; *studding sail.*

Bombarder, bombardement, bombardier; *to bombard, bombarding, bombardeer.*

Bombe; *bomb.* — Galiote à; *bomb-vessel, ketch.*

Bord; *ship* or *ship-board.*

Bordages; *planks.*

Bordée (au vent); *tack, board, board in tacking.* — En combat; *broad side.*

Border; *to trim.* — Une voile; *to haul a sheet.* — Une voile à joindre; *to haul a sheet close aft* or *to sheet home.* — Un vaisseau; *to plank a ship.*

Bosse, bosser; *stopper, to cat.*

Bossoir; *cat-head.*

Bouche de canon; *muzzle.*

Bouée, Balize; *buoy, sea-mast.*

Boulet (de canon); *cannon-ball.* — Ramé; *cross-bar-shot.* — Rouge; *red hot ball.*—Creux. *hollow bullet.*

Boulines; *bowlines.*—Pattes de; *bowline-briddles.* — Grande; *main bowline.*—De misaine; *fore bowline.*—De revers; *lee*

bowline. — Vent de bouline; *tack - wind.* — Vaisseau bon boulinier; *ship sailing well on a side* or *on a bowline wind.*

Bout de vergue; *arm-yard.*

Boutefeu; *lint-stock.*

Bout dehors (minot); *davit.* — De bonnette; *studding sail boom.*—De beaupré; *jib-boom.*

Bouteilles; *quarter-galleries.*

Boutelof; *bumkin.*

Bouton *ou* nœud rond; *whale-knot.*

Bout pour bout; *end for end.*

Bourre *ou* valet; *wad.*

Bourrer *ou* refouler; *to ram.*

Braguer les canons; *to seize the breeching.*

Brague de canon; *gun-tackle.*

Brai *ou* poix; *pitch.*

Branlebas; *clearing of a ship for an engagement.*

Bras; *braces.*—Grands; *main-braces.* — De misaine; *fore braces.*—De revers; *lee braces.*—Faux; *preventer braces.* — Du grand - hunier; *main top-braces.*—Du petit hunier; *fore top-braces,* etc.

Brasse; *fathom.*

Brasser; *to brace about.* — Au vent, *ou* faire bon bras; *to brace to a large wind.*

Bredindin; *small stay-tackle.*

Brick, brigantin; *brig, brigantine.*

Brigantine (voile); *spanker.*

Brimbale; *pump brake.*

Brûlot; *fire-ship.*

Brume, brumeux; *fog, foggy.*

Câble; *cable.*—Maître; *sheet-cable.*—Second; *best bower.*

— Troisième ; *small bower.*
De réserve ; *spare-cable.*

Cabestan ; *capstan.*

Cabotage ; *coasting.*

Cacatois ; *royal.*

Caillebottis ; *gratings.*

Calaison, tirant - d'eau ; *depth of a ship between-wind and water.*

Cale, fond de cale ; *hold.*

Calebas , halebas ; *down-haul.*

Caler les mâts ; *to strike the masts.*

Calfat , calfatage , calfater ; *caulker, caulking, to caulk.*

Calibre ; *bore.*

Calme ; *calm.* — Grand ; *dead calm.*—Plat ; *flat calm.*

Canon ; *cannon* or *great gun.* De fonte ou de fer ; *brass or iron gun.*—De 36 livres de balle ; *thirty six pounder.* — De chasse ou de retraite ; *bow* or *stern-chace.*

Canonnage ; *gunnery.*

Canonnier ; *gunner* ; second , troisième ou aides-canonniers; *gunner's mates.*

Canonnière ; *gun-boat* or *gun-brig.*

Canot; *ship's boat.*—De l'Amiral; *barge.* — Du Capitaine; *pinnace.*—Petit ; *yawl, small boat.*

Cap, cours, course, route, sillage, houache; *head, way, course, run, rake, wake, track*..... *of a ship.*

Cap de mouton; *dead eyes* or *ram's head.*

Capion, étrave, gorgère, taille-mer; *cut water.*

Capitaine , second capitaine ;

(d'un bâtiment de guerre) ; *captain , first lieutenant.* — (D'un bâtiment du commerce) ; *captain* or *master*, *captain's mate.*

Capon; *cat-fall.*—Croc du ; *cat-hook.* — Rouets du ; *cat-shiver.*

Capture ou prise ; *prise.*

Carcasse ; *hull of a ship.*

Caréner ; *to careen.*—Carénage ; *careening place.*

Cargaison ; *cargo* or *lading.*

Cargue (points) ; *clew-garnets* or *clew-lines.*—Fonds; *bluntlines.*—Boulines; *leech-lines.*

Carguer (une voile) ; *to clew up a sail.*—L'artimon (en particulier) ; *te brail.*

Carte (marine) ; *nautical* or *sea chart.*—Pointer la ; *to prick up the ship's place on the chart.*

Cartel (bâtiment) ; *cartel.*

Cartouche , gargousse; *cartridge.*

Cautionnement; *place on parole.*

Chaloupe; *barge, shallop, long boat.*

Chantiers; *stocks.*

Chambre ; *cabbin.* — Grande ; *ward-room* or *great cabbin.*

Changer (une écoute, etc.) ; *to change a sheet, etc.* — (Un homme) ; *to relieve a man.*

Charge d'un vaisseau ; *burden.*

Charger (un vaisseau) ; *to load a ship.* — (Un canon) ; *a gun.* — La pompe ; *to fetch the pump.*

Charniers ; *water-jars.*

Charpentier; *carpenter.*—Constructeur; *ship-wright.*

Chasser, donner la chasse; *to chace, to give a chace.*

Chatte, allége; *tender.*

Cheminée, foyer; *gally.*

Chêne; *oak.*

Chirurgien, *surgeon.*—Second et troisième; *surgeon's mates.*

Choquer (une bouline, etc.); *to check a bowline, etc.*

Chouquet; *cap.*

Cingler (à l'est); *to steer eastward.* — Au nord; *northward.*

Cintrage, liûre; *swifter* or *swifting, fraping.*

Civadière (voile); *sprit-sail.* — Fausse; *sprit-top-sail.*

Clefs de mât; *top mast-fids.* — A levier; *lever-fids.*

Cloche; *bell.*

Coins de mire; *quoins, wedges.*

Collet d'étai; *mouse* or *eye of the stay.*—Faux; *preventer mouse of the stay.*

Combat (naval); *sea-fight.* — Particulier; *engagement.*

Commandant d'escadre; *commodore.*

Commandes, Rides, Rabans, Fouets, aiguillettes; *hanyards, furling lines.*

Compas; *compass.* — De route ou Boussole; *nautical* or *mariner's compass.* — De variation; *azimuthal,* or *amplitude,* or *azimuth.... compass.*

Connaissement; *bill of lading.*

Contre-maître; *boat-swain.*

Contre-étrave, fausse étrave; *dead wood, stemson.*

Contre-quille, Carlingue; *keelson.*

Contre-ordre; *counter order, countermand.*

Convoi; *convoy.*

Coque; *kink.*

Corde, corderie, cordier; *rope, rope-house, rope-maker.* — Corde de retenue; *guy.*

Corne du gui; *crutch.*

Corps de bataille; *center.*

Corsaire; *corsair, rower, privateer.*

Corvette; *sloop of war.*

Côtes ou membres; *ribs.*

Couler; *to founder.*—Un vaisseau à fond; *to sink a ship.*

Coup (de mer); *sea.* — De l'avant; *head-sea.*—Coup de canon; *cannon-shot.*

Courant; *current.*—Contraire; *head-current* or *counter-current.*

Courbes; *futtocks, large kneels.*

Couronnement; *taffarel.*

Courroi, courée; *white stuff.*

Coussin de canon; *bed.*

Coutures; *seams, rends.*

Croc, gaffe; *boat-staff.*

Croisée, essieu, jas... d'ancre; *stock.*

Croiser, aller en course; *to cruize.*

Croiseur, garde-côtes; *cruizer, guard-ship.*

Cuisinier, coq; *officers'* or *crew's.... cook.*

Cuisine; *cook-room.*

Cuivre; *copper.*

Culer, scier; *to fall astern.*

Culasse; *breech.*

Dalots; *scuppers.*

Danger (être en); *to be in distress.*

Débosser l'ancre; *to uncat the anchor.*

Décharge de canons; *discharge of cannons.*

Déchargement (d'un navire *ou* d'un canon); *unloading.*

Décharger (un navire *ou* un canon); *to unload.*

Déclinaison; *declination, declension.*

Découvrir (une île); *to discover (an island).*

Déferler; *to unfurl.*

Dehors (d'un vaisseau); *looming (of a ship).*

Dégorgeoir, épinglette; *priming iron.*

Délestage, délester; *unballast, to unballast.*

Démâter; *to lose one's masts.*

Dépasser (une corde d'une poulie); *to unreeve (a rope out of a block).*—Un mât, *to send a mast down.*

Dérader; *to bo driven from one's anchors and forced to sea.*

Dérider (les haubans); *to ease the shrouds.*

Dérive, dériver; *leeway; to fall to leeward.* — Aller en; *to fall or to go adrift.*

Désaffourcher; *to unmoor.*

Désancrer, lever l'ancre; *to weigh anchor.*—Relever l'ancre; *to weigh anchor again or to change a birth.*

Désarmement d'un vaisseau; *unrigging or dismantling of a ship.*

Désarmer (un vaisseau); *to un-rig or dismantle a ship or to lay up a ship in ordinary or to pay off a ship's men.*—Un canon; *to unshot a gun.*

Désenverguer; *to unbend.*

Détalinguer le câble; *to unbend the cable.*

Détaper un canon; *to take out the tampion.*

Diablotin; *mizen-top-mast-stay-sail.*

Disposer à mouiller (se); *to set all clear to cast anchor.*

Dogre; *dogger.*

Donner de l'air; *to give way.*— Debout à terre; *to go a direct course to the land.*—La cale; *to keel-hale.* — Le feu à un vaisseau *ou* le chauffer; *breeming of a ship.*—Le courroi *ou* le courroyer; *to pay the bottom of a ship.*—Le flore *ou* le suiver; *to pay a ship or to pitch her.*

Douane; *custom-house.*

Dormant; *standing part of a rope.*

Doublage; *boards for sheathing.*

Doubler (dépasser un vaisseau); *to outsail a ship.* — Un cap, une pointe; *to weather a cape, a point; or to get to windward of a cape, of a point.*—Un vaisseau dans sa construction; *to sheath a ship.* — En cuivre; *with copper or to copper a ship.*

Draguer; *to sweep for a cable or anchor, etc.*

Draillé de; *rings for.*

Drisse; *hallyard.*—De pavillon; *Ensign hallyard.* — De voiles

22

d'étai; *stay-sail hallyard*, etc.
—Poulie de ; *jeer-block.*—Sep
de; *jeer-bitts.*—Grande drisse;
main geers.

Drosse; *parrels.* — Palans de ;
small ropes.—De gouvernail;
wheel-rope.

Dunette; *poop.*

Échelle, échelles ; *steps* or *rac-
comodations*, *ladders.*

Échouer, toucher, faire côte ,
s'engraver; *to strand* or *to run
aground.*—Faire échouer ; *to
run a ship aground.* — Éviter
d'; *to avoid running aground.*

Écope; *scoop.*

Écoutes; *sheets.* — De grand'
voile; *main sail sheets.* — De
petit hunier ; *fore top stay
sail sheets.*—De revers; *lee-
sheets*, etc.

Écoutilles; *hatchways.*—Écoutillon ; *scuttle.*

Écouvillon , écouvillonner ;
spunge., to spunge.

Écrivain, commis aux approvisionnemens, agent compta-
ble ; *purser , clerk , super-
cargo.*

Écubier ; *hawses.* — Tampons
d'; *hawse-plugs.*

Élève de la Marine ; *midship-
man.*

Élevé, fort haut; *aloft.*

Élever, hausser, lever; *to set
aloft, to hoist.*

Emmenoter ; *to handcuf.*

Empanner, être en panne, mettre en panne; *to be brought
by the lee, to lay to, belaying
to.*

Empêcher de faire chapelle; *to*

*box a ship off, and prevent her
building a chapel.*

Empeser, mouiller les voiles; *to
wet the sails.*

Enfléchures ; *ratlings.*

Enjaler une ancre ; *to stock an
anchor.*

En partance (être) ; *to be ready
to set sail.* — Coup de canon
de partance ; *sailing gun.*

Entonnoir ; *funnels.*

Enverguer; *to bend.* — Envergure; *bending, width, size.*

Éperon; *beak-head.*

Épisser; *to splice.* — Épissure ;
splice. — Longue ou courte ;
long or short splice. — Épis-
soir ; *splicing fid.*

Épreuve des canons; *proving
the guns.*

Équipage ; *crew , ship's company.*—De la pompe ; *pump's
apparatus* or *gear.*

Escaler, relâcher ; *to put in a
port* or *harbour.*

Escorte, escorter ; *convoy , to
convoy.*

Escoup ; *skeet.*

Espalmer; *to grave.*

Est ; *east.*—Vent d'; *east-wind.*
—Est¼ nord-est; *east by north.*
— Est-nord-est ; *east north
east.*—Vent d'; *east north east
wind.*—Nord-est; *north east.*
—Vent de ; *north east wind.*

Estime ; *dead reckoning of the
ship's course.*

Estive (mettre un canot en) ;
to trim a boat.

Estrope *ou* herse , estroper ;
strap , to strap.

Établir une voile ; *to set a sail.*

Étagues, itagues, guinderesse ; *brassings , hallyard.*

Étai ; *stay.*—Grand ; *main stay.* —Du grand hunier ; *main top mast stay.*—Voiles d' ; *stay-sails.*—Grand'voile d'étai *ou* voile d'étai de hune ; *main top mast stay - sail.* — Faux étais ; *preventer stays.*

Étaler la marée ; *to stand the tide.*

Étalinguer ; *to bend.*

Étalingure ; *clinch.*

Étambot ; *stern-post.* — Faux ; *back* or *doubling piece.*

Étambrais ; *partners for the masts.*

Étoupe ; *oakum.*

Être (en vigie) ; *to watch at the top of the masts.* — A l'an-cre ; *to ride at anchor, to wind up.* — Au vent ; *to have the weather gage.*—Sous le vent ; *to be on the lee shore* or *on the leeward side.* — A l'abri du vent ; *to be under shelter of the weather shore.* — Au vent d'un vaisseau ; *to have got the wind of a ship.*—Trop près du vent ; *to come too near the wind, or to close* or *pinch the wind too much.* — Arrêté par le vent ; *to be wind bound.*—A la bande ; *to lee fall.*

Éviter (à la marée) ; *to fend the right way.*—Au vent ; *to fend to the wind.*—Faire éviter au vent ; *to back the mizen a top sail* or *to keep the ship astern of her anchor.*—Bon évitage ; *good room to fend* or *to swing at anchor.*

Éventer les voiles ; *to fill the sails.*

Exercice ; *exercise.*—Du canon ; *exercise of the great guns.*

Faire (un signal avec le pavillon en berne) ; *to make a signal with a waft.*—Un signal d'in-commodité ; *a signal of dis-tress.*—Des fusées de signaux ; *signal-rockets.*—Le quart ; *to be upon the watch.*—Force de rames ; *to ply the oars a main.* —Gouverner ; *to cun* or *to cond a ship.*—De l'eau ; *to get water.*—Des vivres , du bois ; *to get provisions , wood.* — Voile ; *to sail* or *to be under sail.* — Petites voiles ; *to bear few sails.* — De nouvelles dé-couvertes ; *to make new disco-veries.*—Le nord *ou* route au nord ; *to steer northward.* — Eau ; *to spring a leak.*—Nau-frage ; *to shipwreck.* — Son point ; *to write a day's work ou* mieux, *to write* or *make one's reckoning.*

Fanal de poupe ; *poop-lantern.*

Faseyer, ralinguer, barbeyer, friser, *to shiver.*

Faubert, vadrouille ; *swab.* — Manche du ; *swab-staff.*—Fau-berter ; *to swab.*

Fausse-quille ; *fasle keel.*

Faux-pont, Faux-tillac, *orlop.*

Faux-racage ; *preventer parrels.*

Faux-sabords ; *sham-ports.*

Ferler ; *to furl* or *hand.*

Figure d'un vaisseau ; *head.*

Fil de caret ; *rope* or *spun yard.*—A voile ; *sail-twine.*

Filer (du câble) ; *to veer more cable* or *to veer out the cable.*

—Un peu de câble; *to fresh the hawse.* — Le câble bout pour bout ; *to ship the cable.*

Fin voilier; *good sailer.*

Flammes, pendans; *streamers, pendants.*

Flanc du vaisseau; *quarter view of a ship.*

Flasques ; *brackets.*

Flot, flux; *flood, tide, flux.* — A flot; *floating, afloat.*

Flots, lames, vagues, houle ; *waves, billows, surges.*

Flottaison, ligne d'eau ; *ship's gage or water-line.*

Flotte, armée navale ; *fleet.*

Flûte; *flute, fluyt.*

Foc; *jib.* — Le grand; *the jib.* — Le faux ; *the inner jib.* — Le petit; *the fore top mast stay sail.* — D'artimon ; *mizen stay sail.*

Fond (d'une voile); *blunt of a sail.* — Bon ; *good, soft ground.* — De sable; *sandy ground.* — De vase ; *oazy ground.* — De roche; *rocky ground.*

Fonderie, artillerie ; *casting house, ordnance, gun-wharf.*

Forcer de voiles ; *to crowd all sails.*

Fouet de poulie ; *strap.*

Fouille ; *bed of a ship after having lain on the mud.*

Fourrer, garnir les câbles sous l'écubier ; *to serve the cables in the hawse.*

Fourrure; *service, keckle, parsling for a cable.*

Franc tillac ou premier pont ; *lower or gun-deck.*

Frapper (attacher) ; *to seize.* —

La herse sur la pate de l'ancre ; *to fish the anchor.*

Frégate; *frigate.* — De 48 canons; *forty eight guns frigate.* — Frégate, vaisseau du premier rang ; *frigate, man of war of the first rate.* — Frégate de 18 ; *eighteen pounder frigate.*

Frêne ; *ash.*

Fréter ; *to freight.* — Fret ou port; *freight.*

Frise ; *port-cants.*

Funin ; *rigging, tackling.* — Franc ; *hawser laid rope and cablets.*

Gabare; *lighter, transport.*

Gabier (le premier); *captain of a top.* — Les autres; *men of the main (or fore or mizen) top, topmen.*

Gaburon, jumelle ; *fish to a mast.*

Gagner (au vent d'un vaisseau); *to weather a ship.* — Le vent ; *to get the weather-gage.* — Le dessus du vent; *to get the windward.* — La victoire ; *to get or gain the victory.*

Gaillard (d'arrière); *quarter deck.* — D'avant; *fore castle.*

Galère ; *galley.*

Galérien, forçat; *galley-slave.* — Chiourme de; *crew of galley-slaves.*

Galhaubans ; *back-stays.*

Gallions ; *galleons.*

Galoche, poulie plate ; *flat block.*

Gambes de hune ; *futtock-shrouds.*

Garcettes; *nippers.* — De ris; *reef-points.*

Garde ; *guard.*

Garde au mât, homme en vigie ; *look out man.*

Garde-feux ; *cases of wood.*

Garniture ; *rigging house.* — Garniture *ou* armement de la chaloupe ; *boat-tackles.*

Genoux ; *knees.*

Girouette ; *vane.*

Goudron ; *tar.* — Chaudière à ; *tar-kettle.*

Goujon, essieu ; *gudgeon, axis.*

Gouvernail ; *rudder, rother.*

Gouverner ; *to steer.* — Au plus près ; *close to the wind.* — Vent largue ; *to bear up and sail large.*

Grain ; *squall.*

Grandes marées, hautes marées ; *spring tides.* — Fortes marées ; *tide-gate.*

Grand - mât ; *main mast.* — Grand-mât de hune ; *main top mast.* — Mât de grand perroquet ; *main top gallant mast.* — De grand cacatois ; *main royal mast.* — Grands haubans ; *main shrouds.* — Haubans de grand hunier ; *main top shrouds* — Grand'- vergue ; *main yard.* — Vergue de grand hunier ; *main top sail yard.* — Grand'voile ; *main sail.* — Voile du grand hunier ; *main top sail*, etc.

Grappin ; *grapnel.* — A main *ou* d'abordage ; *hand and chain grapnels.* — Grappins, héris- sons, harpeaux ; *grapples, grapplings.*

Gratte, racle, ratissoire ; *scra- per.*

Gré du courant *ou* du vent (aller au) ; *to go adrift.*

Grelin ; *warp.*

Grément, agrès, manœuvres, cordages ; *rigging* or *tackling of a ship.*

Grenade ; *grenado.*

Grue ; *crane.*

Guet (le mot du), consigne ; *watch-word.*

Gui ; *boom.*

Guidon, banderole, cornette ; *broad pendant.*

Guindant ; *length of sails.*

Guinder, hisser ; *to hoist, to haul up.* — Les mâts de hune ; *to sway up the top masts.*

Guinderesse ; *hallyard.* — Pou- lies de ; *hallyard* or *tye* or *top blocks.*

Habitacle ; *bitacle* or *binacle.*

Haler ; *to hawl.* — Hale à bord ; *warp.* — Haler à la main ; *to warp, to haul, to bouce.* — Hale-bas ; *down hall.*

Hamac ; *hammock.*

Haubans ; *shrouds.* — De revers ; *lee shrouds.* — Porte-haubans ; *Chain-wales* or *channels.* — Rider les haubans, les étais, les galhaubans ; *to set* or *to haul the shrouds, the stays, the back stays.*

Haussière ; *hawser.* — Amarrer l' ; *to belay the hawser* or *to hitch.* — Larguer l' ; *to ease off the hawser.*

Hauteur du soleil (prendre *ou* observer la) ; *to take* or *to ob- serve the altitude of the sun.*

Héler ; *to hail.*

Herses d'affût ; suspentes ; *gun's* or *carriage's slings* or *straps,*

Hêtre ; *beech.*

Hisser ; *to hoist up, to hoist away.*

Hourque, ourque ; *hulk.*

Hune ; *top, round top or scuttle.* —Grand ; *main top.* — De misaine ; *fore top.*—D'artimon ; *mizen-top.*—Barres de; *tressle trees.* — Mât de ; *top mast.* — Oh ! de la grande hune ! *main top men!* or *main top men there!*

Itague ; *hallyard.*

Jeter, laisser tomber l'ancre, mouiller ; *to cast anchor.* — Jeter les canons à la mer ; *to heave the guns over board.* — Le loch *ou* autre chose ; *to heave the log or any other thing.*

Journal ; *journal.* — Faire son ; *to make, to write one's journal.*

Jumeler ; *to fish masts.*

Jusant, reflux, èbe, descendant ; *reflux, ebb, ebbing.*

Lacer une voile ; *to bend a sail.*

Lâcher, mollir le tournevire ; *to surge the voyol.*

Laisser culer ; *to make the ship fall astern a little.* — Laisser arriver ; *to veer more.*

Lampe ; *lamp.*

Lancer un vaisseau ; *to launch a ship.*

Large (le) ; *offing.*

Largeur (entre deux pointes) ; *reach.*

Larguer ; *to ease or ease off.* — Un ris ; *to let out one reef.*

Latitude ; *latitude.* — Nord *ou* sud ; *north or south.*

Lest, lestage, lester ; *ballast, lastage, to ballast.*

Leviers ; *levers.* — Levier *ou* pince ; *crow.*

Levée ; *rising up of the waves.*

Lever l'ancre ; *to weigh anchor.* —Avec l'orin ; *by means of the buoy-rope.* — Lever *ou* rouer le câble ; *to coil the cable.*—Le plan d'une baie ; *to take the draught of a bay.*

Ligne de sonde ; *sounding line, deep sea line, white line.*

Liûre de beaupré ; *gemmoning.*

Loch ; *log-board.* — Ligne de ; *log-line.*

Lof! *luff* or *loof.* — Loffer ; *to luff.*—Lof ou tenon d'amure ; *loof-hook.*—Lof pour lof; *tack about.*—Lof du vaisseau; *loof of the ship.*

Longitude ; *longitude.*—Est ou ouest ; *east or west.*

Longue vue ; *spying glass.*

Louvoyer, bordeyer; *to ply to windward.*

Lover, cueillir ; *to coil.*

Lumière (de la pompe) ; *snout* or *mouth.*—Du canon ; *touch-hole* or *vent.*

Machine à mâter, ponton ; *sheer-hulk.*

Magasins ; *store-houses* or *magasines.*—Des vivres ; *victualling office.* — Des poudres ; *powder-magazine.*

Maillet à fourrer; *serving mallet.*

Maître ; *master.*—Mâteur ; *master* or *mast-maker.*

Manche de la pompe ; *pump dale.*

Manivelle du loch ; *reel.*

Manœuvre ; *working of a ship, naval exercise.*

Manœuvrer ; *to attend the tacking* or *to work a ship.*

Manœuvres ; *riggings , tackling.* —Courantes ; *running ropes , rigging.*

Manœuvrier (bon ou mauvais) ; *skilful* or *bad seaman.*

Manquer (de vivres) ; *to be short of provisions.* — Il nous manque de l'eau, du bois ; *we are in want of water, of wood.*— Manquer à virer de bord ; *to miss stays.*

Mantelets de sabord ; *ports.*

Marche-pieds ; *horses.*

Marée , *tide.* — Marée contre le vent ; *windward tide.*

Mortes marées ; *neap tides.*

Marine, Corps de la Marine ; *navy , naval* or *sea officers.* — —Termes *ou* phrases de ; *sea-terms* or *sea-phrases.* — Dictionnaire, lois de; *dictionnary, laws of the marine.*

Matelot ; *sailor , common sailor, tar.*

Mâter ; *to mast a ship.*

Mâtereau ; *little mast, piece of a broken mast.*

Mâts, mâture ; *masts of a ship.* Grand ; *main mast.* — De misaine ; *fore mast.* — De grand hunier ; *main top mast.* — De petit perroquet ; *fore top gallant mast.* — De cacatois , de perruche ; *mizen royal mast.* De ressource ; *jury mast.*

Mauvais temps ; *foul weather.*

Mèche ; *match.* — Bâton de la ; *lighted match.*

Menottes ; *hand-shackles.*

Merlin ; *marling.*

Mettre (un orin sur l'ancre) ; *to bend the buoy of the anchor.* —A la mer ; *to put to sea.* — Au large ; *to bear* or *stand off.* — A l'autre bord ; *to tack about.*—La barre à babord ; *to port a helm.* — En panne ; *to bring to* or *to lie to.* — A la bande ; *to heel a ship.* — Aux fers ; *to put into irons.* — Un vaisseau à sec ; *to ground a ship.* — A la cape ; *to lie a try.* —A sec ; *to lie a hull.*

Minute, demi-minute ; *minute-glass , half minute-glass.*

Mire ; *sight.*

Mitraille ; *case-shot.*

Moques ; *bull's eyes.*

Moufle ; *block.*

Mousse ; *cabbin-boy.*

Mousson ; *monsoons.*

Naufrage ; *shipwreck.*

Naviguer (sur diverses routes) ; *to steer* or *sail on several courses.*

Nœud ; *knot.*—Nœud coulant ; *slip knot.*

Nord ; *north.*—Vent de ; *north wind.*—Nord quart nord-est ; *north by east.* — Nord-nord-ouest ; *north north west.* — Vent de ; *north north west wind.* — Nord-ouest ; *north west.* — Vent de ; *north west wind.*

Observer ; *to observe.*—A quel air de vent une terre demeure ; *to set a point of land.*

Octant ; *quadrant.*

OEuvres-mortes ; *dead works.* —Vives ; *quick works.*

OEil de pie ; *eye let hole.*

Orage; *storm.*

Ordre; *order.*

Orin; *buoy-rope.*

Ormeau; *elm.*

Ouest, *west.*—Vent d'; *west-wind.* — Ouest quart nord-ouest; *west by north.*—Ouest-nord-ouest; *west north west.* —Vent d'; *west north west wind.* — Nord-ouest quart d'ouest; *north by west.* — Nord-ouest; *north west.* — Vent de; *north west wind,* etc.

Ouragan; *hurricane.*

Palan; *tackle.*—Double; *double tackle.*—Grand; *main tackle.* —De misaine; *fore tackle.* — d'étai; *stay-tackle.*

Palanquer, hisser; *to hoist up with a yard-tackle* or *with a stay-tackle.*

Palanquin; *small yard-tackle.*

Panneaux; *hatches.*

Paquebot; *packet, packet-boat.*

Parage; *part of the sea.*

Passavant; *gangway.*

Passer (à l'arrière d'un vaisseau ou à poupe); *to drop astern.* —Une corde dans une poulie; *to reeve a rope through a block.*

Pate de bouline (sur la ralingue d'une voile); *bowline briddle* (*upon the leech of a sail*).

Pates d'ancre; *flukes.*

Pavillon; *flag, ensign.* — De beaupré; *jack.*

Pavois; *wast-cloths.*

Pendans; *pendants.*—De bras ou pentoirs ou pendeurs; *brace-pendants.* — De balancines; *spans of the lifts.*

Perdre (fond ou chasser sur ses ancres); *to drive with one's anchors.*—La terre de vue; *to be land laid.*

Perroquet (mât ou vergue de); *top gallant (mast* or *yard).* — De fougue (mât ou voile); *mizen top (mast* or *sail).*

Perruche (mât ou écoute de); *mizen top gallant (mast* or *sheet).*

Petit hunier, petit perroquet, (mât ou vergue de); *fore top, fore top gallant (mast* or *yard).*

Pierrier; *petrero.*

Pilote; *pilot* or *master.*

Pince; *crow.*

Piston; *plug.*

Planches; *boards.* — De sapin; *deals.*

Plat-bord; *gun-wale.*

Plat de la rame; *blade.*

Plate-forme; *plat form.*

Plates-bandes (de canon); *cap-squares.*

Platine; *apron.*

Pli du câble; *fake of the cable.*

Plomb de sonde; *sounding lead* or *deep sea-lead.*

Point (de la voile); *clew of the sail.* — Pour la route; *day's-work.*

Pointeur; *captain of the gun.*

Pommes de racage; *trucks.* — Gougées; *ribs.*

Pompe; *pump.* — A roue et à chaînes; *chain-pump.* — A bras; *hand-pump.*—Pomper; *to pump.*

Ponts, tillacs; *decks.*

Pontilles ou épontilles; *stanchions.*

Port; *haven.* — Du Roi; *royal dock-yard.*

Porter (sur un vaisseau); *to bear up to a ship.* — En route; *to bear up before the wind.* — — Sur la terre; *to bear in with the land.* — Laissez porter; *helm a weather, let her fall aft.*

Porte-voix; *trumpet, speaking trumpet.*

Poudre à canon; *gun-powder.*

Poulaine; *stem.*

Poulies; *block-pullies.* — De capon; *cat fall blocks.* — A trois rouets; *with three shives.* — De guinderesse; *hallyard or tye-blocks, or top-blocks.* — De drisse, caliornes; *jeer-blocks.* — De bout de vergue; *yard-arm-blocks.* — D'écoute; *sheet-blocks.* — Des caliornes; *wind tackle - blocks.* — De grande bouline; *main bowline - blocks.* — Doubles à palan et à palanquin; *tackle and double blocks.* — Coupées; *snatch-blocks.* — De palan; *tackle-blocks.* — Petites; *small blocks.*

Poupe *ou* arrière; *stern, poop, abaft, aft.*

Prélats *ou* prélarts; *tarpaulings.*

Prendre (un ris); *to take in a reef.* — Chasse *ou* la fuite; *to bear away.*

Prolonger (un vaisseau); *to bring a ship alongside of another.*

Quai; *wharf.* — Quaiage; *harfage, keyage.*

Quarantainier; *bolt rope.*

Quart; *watch.* — Relever le; *to relieve the watch.*

Quart de nonante; *back staff.*

Quartier-maître; *quarter master.*

Quartier de réduction; *sinical quadrant.*

Quille; *keel.*

Racage; *ribs and trucks.*

Rade; *road, roads.*

Radeau; *raft.*

Radoub, radouber; *refitting or repairing, to refit or to repair.*

Raffale; *sudden and violent squall of wind.*

Rafraîchir (les câbles); *to fresh the hawse now and then.*

Ralingues; *bolt-ropes.*

Rame, aviron; *oar.*

Ramer, tirer à la rame; *to tug or to pull at the oar.*

Raz (de marée); *verg strong tide.*

Recul, reculer; *recoil, to recoil.*

Refouler (sur l'ancre); *to ride athwart hawse.* — Le courant; *to stem the current.* — Un canon; *to ram.*

Refouloir; *rammer.*

Relâche; *port (where ships put in for provisions or other causes).*

Relâcher; *to put in a port or into port.*

Relever (un vaisseau échoué); *to set a ship afloat again.* — Un vaisseau au compas; *to set a ship with a compass or to set the place of a ship.*

Remettre à la voile; *to set sail again.*

Renard; *traverse-board.*

Rencontrer (un vaisseau); *to fall in with a ship.*—La barre; *to meet the ship.*

Rendre (se); *to surrender.* — A un lieu; *to make for a place.*

Retraite (se battre en); *to betake one's self to a running fight.*

Rider; *to haul taught, to set taught or tight.*

Rides; *lanyards.* — Passer une ride dans les caps de mouton; *to reeve the lanyards through the dead eyes.*

Ris, *reef.*—Prendre un; *to take in a reef.*

Raidir (le câble); *to rouce the cable.*—Au cabestan; *to heave at the capstan.*

Roue du gouvernail; *steering wheel.*—D'une poulie; *shive.* —D'un affût; *truck.*

Rouer, cueillir (une manœuvre); *to coil a rope.* — Rouer (à tour); *to coil from left to right.*—A contre; *from right to left.*

Rouets de fonte; *brass-shives.* De bois; *wooden shives.*

Roulis; *lurches* or *seeling of a ship.*

Rumb de vent; *rumb-line* or *point.*

Sablier, ampoulette; *hour-glass.*

Sabord; *port-hole.*

Sainte-Barbe; *gunner's room.*

Saluer l'amiral; *to salute the admiral.*

Sapin; *fir.*

Sauvegardes (de beaupré); *horses at the bowsprit.*

Seaux; *buckets.*—De bois ou de cuir; *wooden* or *fire-buckets.*

Senaut; *snow.*

Sentine, *sink.*

Serre-bosse; *shank-painter.*

Serrer; *to furl* or *to hand.* —Le vent ou haler le vent; *to close the wind* or *to sail near the wind.*—Les canons; *to house the guns.*

Sextant; *sextant.*

Signal; *signal.*

Sillage; *wake, track.*

Siller; *to run a head* or *to cut the waves.*

Sonder; *to sound, to try the bottom.*

Soufflage; *furring.*

Souffler (un vaisseau); *to fur a ship.*—Un canon; *to seal.*

Soupape de la pompe; *sucker.*

Soute aux poudres; *powder-room.*

Sud; *south.* — Vent de; *south wind.* — Sud quart sud-est; *south by east.* — Sud-sud-ouest; *south south west.* — Vent de; *south south west wind.*—Sud-est quart d'est; *south by east.* — Sud-ouest; *south west.*—Vent de; *south west wind,* etc.

Suiver les coutures; *to pay the seams.*

Tamisaille; *sweep for the tiller.*

Tangage; *pitching.*

Tanguer; *to pitch.*

Tape, tapon, tampon; *tampion.*

Tape-cul; *driver, ring tail sail.*

Tape, tamponner (un canon); *to put in the tampion.*

Taquets; *cleats, ranges, kevels.* — D'amure; *chess-trees.*

Tente, tendelet; *awning.*

Tempête, temps forcé; *strong gale, storm.*

Temps; *weather.*—Beau; *fine or fair weather.* — Mauvais; *foul weather.*

Timonier; *steerman, man at the helm.*

Tirant-d'eau; *gage* or *gage of the ship.*

Tire-bourre; *wad-hook.*

Tirer les canons; *to discharge the guns.*—Au blanc; *to shoot at the mark.*

Tireveilles; *entering ropes.*

Tomber sous le vent; *to fall to leeward.* — Sur un vaisseau; *to lay alongside of a ship,* ou mieux, *to fall foul of a ship.*

Ton, tenon; *doublings of the mast.*

Toron d'un câble; *strand of a cable.*

Touer, remorquer; *to tow or to warp.*

Tourillons; *trannions.*

Tourmente; *violent storm.*

Tournevire; *voyol, messenger.*

Transport; *store-ship.*

Travers (par le); *on the beam.*

Traversée; *passage from one port to another.*

Traverser l'ancre; *to cat and fish the anchor.*

Trelingage; *different sorts of crow feet.*

Tresse; *platt, sinnet.*

Tribord, tribordais; *starboard* or *starboard side, starboard watch* or *starboard watch men.*

Trombe, siphon; *water-spout.*

Vaigres, parcloses; *foot-waling, spirketing.*

Vaisseau; *ship, vessel.* — Qui roulé; *a ship that lurches, seals,* or *sheers.* — Qui tangue; *that pitches* or *heaves and sets.* — Pesant à la voile, mauvais voilier; *bad sailer.* —Qui donne la bande; *a ship heeling* or *laying gunwale to.* — Qui en aborde un autre; *falling upon* or *aihwart of* or *coming foul with…,. another.* — Qui ne serre pas le vent; *leeward ship.*

Varangues; *floor-timbers.*

Vent; *wind.*—Largue; *quarter-wind.*—De côté; *side-wind.* —De bouline *ou* au plus près; *tack - wind* or *close .haul'd wind.* — Traversier; *quarter wind.*—Arrière *ou* en poupe; *aft wind* or *wind from abaft.* — Qui tombe *ou* diminue; *wind which falls.* — Qui augmente; *which blows stronger* or *fresher.* — Frais *ou* forcé; *loom-gale, stiff-gale.* — Variable; *variable vind.* — Favorable; *favorable* or *fair wind.* — Contraire, debout; *contrary, cross, foul* or *head… vind.* — Qui saute *ou* qui change; *wind which veers.* — Vent et marée; *windward tide.* — Vent contre marée; *leeward tide.* Voyez les mots Est, Nord, Ouest, Sud.

Verge de l'ancre; *beam* or *shank.*

Vergue *ou* antenne; *yard* or *sail-yard.* — Grand'; *main yard.* — Du petit hunier; *fore top*

sail yard. — Du grand perroquet ; *main top gallant sail
yard.* — De la civadière ; *sprit
sail yard.* — Sèche *ou* barrée ;
cross jack yard. — Du perroquet de fougue ; *mizen top sail
yard.* — Du cacatois de perruche ; *mizen royal yard.* —
D'artimon ; *mizen yard.* —
Vergue à vergue ; *yard arm
and yard arm.* — Vif de l'eau ;
high water.

Virer (au cabestan) ; *to heave
at the capstan.* — Au virevau ;
heave at the windlass. — De
bord vent devant; *to go about,
to heave in stays , to tack
about, to put the head to wind.*
Vent arrière *ou* lof pour lof ;
to bring to on the other tack. —
Nous eûmes beaucoup de
peine à virer vent devant ; *we
could hardly heave in stays.*
— Un vaisseau en carène ; *to
wind a ship.*

Virevau, guindeau ; *windlass.*

Voie d'eau ; *leak.*

Voile , voilure ; *sail, sails of a
ship.* — Grand'-voile ; *main
sail.* — De misaine; *fore sail.*
— Du grand hunier ; *main top
sail.* — De cacatois de perruche , *mizen royal sail.* — Du
petit perroquet ; *fore top gallant sail.* — Grand'voile d'é-
tai ; *main top mast stay sail.* —
Contre-voile d'étai ; *main top
gallant stay sail.* — De perroquet de fougue ; *mizen top
sail.* — De perruche; *mizen top
gallant sail.* — De grand cacatois ; *main royal sail.* —
Jeu de voiles ; *complete sails
of a ship.* — Voile latine ;
smack or lateen sail. — Voiles
ou vaisseaux (au figuré) ; *sail
or ships.*

Voilerie ; *sail-loft.*

Voilier (faiseur de voiles) ; *sail-
maker.* — Vaisseau bon voilier ; *sailer.*

Volée d'un canon ; *vacant cylin-
der.* — De coups de canon ;
round.

Voyage (sur mer) ; *voyage.* —
De long cours ; *long voyage.*

Yacht ; *yacht.*

Yôle ; *yaul.*

II. Choix de Commandemens employés a bord, avec la Traduction anglaise.

Accostez ! *come along side!* —
Faites accoster le canot ! *let the
boat lie fair along side!*

Adieu va , adieu vat ! *helm's
a lee !*

Allons, hardi, courage ! *cheerly !*

Amarrez ! *belay !*

Amène ! *lower !* — En douceur !
handsomely ! — Le grand
hunier ! *strike the main top
sail !*

Amure grand'voile ! *aboard
main tack !*

Apiquez la corne ! *peek the mizen !*

Attention à la barre ! *mind your*

helm ! — A gouverner ! *mind how you steer !*

Arrivez , laissez arriver ! *helm a weather !* — Arrive tout ! *hard a weather ; hard up ; bear up the helm ; bear up round !* — N'arrivez pas ! *don't fall off ; luff all you can !*

Avant ! *away , pull away !* — Tribord ! *pull best the starboard oars !* — Qui est paré ! *pull with the oars that are shipped !*

Au plus près ! *keep her to ; keep her as close as she will lay !*

Babord (la barre)! *port ; port the helm !* — Un peu ! *port a little !* — Tout ! *hard a port ; hard to port !* — Brasse babord ! *brace off the larboard side !* — Avant babord ! *pull best to larboard oars !* — Feu babord ! *fire the larboard guns !*

Bande (larguez en)! *let go amain ; lower cheerly !*

Barre droite (la)! *right the helm amidships !* — Tribord la barre ! *starboard the helm !* La barre dessous ! *helm a lee !* — La barre toute au vent ! *hard up ; hard a weather !* — Toute dessous ! *hard a lee !* — Au vent ! *helm a weather !* — Changez la barre ! *shift the helm !*

Bordez (l'artimon)! *haul aft the mizen !* — A joindre ! *flat aft !* or *close home !*

Bossez ! *belay !*

Branlebas ! *up all hammocks !*

Brassez (tribord)! *brace off the*

starboard side ; brace to starboard !* — Au vent ! *haul in the weather braces !* — Carré ! *square the yards !* — Sur le mât ! *brace aback !* — Tout à culer ! *lay all flat aback !* — Sous le vent ! *brace the yards ; haul in the lee braces !*

Cap (où est le)! *how is the head ; how does the ship wind ; how winds the ship ; how does she head ; how does the ship head ; how does she lay !* — Gouvernez où est le cap ! *steer as you go !* — Mettez le cap en route ! *steer the course !*

Carguez (l'artimon)! *brail up the mizen !*

Chicanez le vent ! *hug the wind close ; near, near !* — Ne chicanez pas le vent ! *don't hug the wind so close ; no near !*

Commande ! *holloa !*

Comme ça ! *steady ; thus ; as you go ; right so !*

Culer (brassons tout à)! *let us lay all flat aback !*

Déchargez *ou* changez le petit hunier ! *fill the fore top sail !* — Change devant ! *let go and haul !*

Défie (du vent)! *keep her full ; not so much in the wind ; no nearer !* — La chaloupe du bord ! *bear off !* — L'aucre du bord ! *bear off the anchor !*

Droite la barre ! *right the helm ; helm amidships !* — Droit comme ça ! *steady as you go !* — Droit *ou* dressez le canot ! *trim the boat !* — Dressez la barre *ou* faites porter ! *ease the helm !*

Embarque ! *come aboard !*

Ensemble ! *together !*

Envoyez des hommes dans la hune ! *man well the top !*

Faites porter *ou* servir ! *fill the sails!* —Faites faseyer le grand hunier ! *shiver the main top sail !* —Larguez *ou* faites tomber la grand'voile ! *let fall the main sail ; shake loose the main sail.*

Feu ! *fire !* — Feu babord ! *fire to larboard !*

File du câble ! *veer away more cable ; pay out more cable to the anchor !*

Gouvernail (un homme au) ! *a hand to the helm !*

Hale (la chaloupe à bord) ! *haul the boat alongside !* — Les bras du vent ! *round in the weather braces !* — Hale , oh, hale ! *haul oh!*

Hissez ! *hoist away !* — Ne hissez plus ! *hold fast !*

Larguez (les bras du grand hunier) ! *let go or ease the main top sail braces !* —Les écoutes ! *let fly the sheets !*

Lève rames ! *unship the oars !* or *rest upon your oars !*

Lof ! *luff, looff ; touch the wind !* —Tout ! *luff round; luff all ; hard a lee ; put the helm hard a lee !* — A la risée ! *luff while it blows !* — Larguez le lof ! *up tacks and sheets !* — Lève le grand lof ! *haul up the weather clue of the main sail !*

Main sur main ! *hand over hand !*

Monde (du) sur les vergues *ou* sur le bord ! *man the yards or the side !*

Mouille ! *let go the anchor !*

Nage babord , scie tribord ! *pull the larboard, and hold water with the starboard oars !* — Nage de long ! *row a long stroke !* — Nage sec ! *mind how you pull !*

Orientez bien les voiles ! *trim the sails !*

Pare *ou* défends *ou* défie l'avant du canot ! *fend off before !*

Pare à virer ! *ready about ; see all clear to go about !*

Pas au vent, ne venez plus au vent ! *no near ; no nearer !*

Pompez ! *ou* à la pompe ! *pump ship oh !* —Babord à la pompe ! *larboard to the pump oh !*

Portez plein ! *keep her full ; no near !*

Prenons (un ris au petit hunier) ! *one single reef to the fore top sail !* —Deux ris ! *double reef !* — Tous les ris ! *close reef !*

Près, gouvernez près ! *keep her as near as she will lay !* — Près et plein ! *full and by !*

Quart (bon) ! *all's well !* — Bon quart devant ! *look out afore there !* — Tribord au quart ! *the starboard watch hoay !*

Rencontrez ! *meet the ship ; meet her !* — L'arrivée ! *veer no more !* — L'oloffée ! *no nearer !*

Scie (tribord) ! *hold water with the starboard oars !* — Tout à culer ! *back all astern !*

Tout le monde sur le pont ! *all hands hoay : all hands up !*

Traversons les focs ! *flat in forward !*

Tribord (au quart) ! *spell the starboard watch !* — Tribord la barre ! *starboard the helm !* — Tout ! *hard a starboard !* — Ne venez pas sur tribord ! *mind your port !*

Veillons (les écoutes) ! *stand by the sheets !*—Veillons la drisse du grand hunier ! *stand by the main top sail hallyard !*

Vire ! vire ! *heave in the cable ; heave ! heave !*

Voix (à la)! *mind the man that sings !*

III. Recueil Français-Anglais de Phrases Nautiques.

Il faudra que cette canonnière mette à la voile demain.

That gun - brig must sail to morrow.

On arrive ; il faut mouiller.

We arrive , we must anchor.

Il fallait qu'il appareillât.

It was necessary for her to get under way.

Il y avait un vaisseau à trois ponts.

There was a threedecker.

Cette frégate était très-bonne voilière, *ou* marchait extrêmement bien.

Thot frigate was an excellent sailer or *sailed extremely well.*

Cette rade est parfaitement fermée.

That road is perfectly close.

Voilà des huniers qui établissent bien.

Those top sails set very well.

Ce fort sera bientôt réduit.

That fort will soon be silenced.

L'affaire était chaude, *ou* était sérieusement engagée.

The engagement v. as warm or *was warmly begun.*

La batterie du vaisseau était fort propre.

The ship's gun-deck was very clean.

Le temps est serein ; mais le vent est fort et la mer mauvaise : ainsi il faut diminuer notre voilure, car nous démâterions peut-être.

The weather is fair , but the wind is high and there is a heavy sea ; Therefore we must shorten sail , for we might lose our masts.

Je vins dans le paquebot.

I came in the packet-boat.

Oh du navire, oh !

Aboard the ship , oh, aye !

Je le vis entrer dans le port.

I saw her get into port.

Nous verrons faire ce signal.

We shall see them make that signal.

Je sais qu'il observera la hauteur du soleil.

I know he will observe the altitude of the sun.

Je vous prie de me dire quelle est votre latitude, *ou* dites-moi, je vous prie, quelle est votre latitude.

I beg you to tell me which is your latitude, or pray, what is latitude?

Il avait l'espoir de me couler; mais cet espoir fut déçu.

He was in hopes of sinking me but was deceived.

Les combats de la frégate la Belle-Poule, durant la guerre de 1778, sont admirables.

The engagements of the Belle-Poule frigate during the war of 1778 are admirable.

Alors appareilla l'armée navale; bientôt passa l'amiral au centre de sa colonne.

Then sailed the fleet; the admiral soon passed in the center of the column.

Je remarquai le constructeur d'un brick de dix-huit canons.

I took notice of the builder of an eighteen gun-brig.

Drake fit un voyage autour du monde, en 1577, et après Magellan.

Drake sailed round the world after Magellan, in 1577.

On doit avoir des apparaux qui soient bien forts pour abattre des vaisseaux en carène.

Very strong sheers are wanted to heave a ship down.

Il y a du brouillard à l'horizon, aussi je ne vois aucune des voiles de notre convoi; tout-à-l'heure, il faisait beau, et j'en ai vu de bien éloignées, du haut des mâts.

The horizon is foggy and I can see none of our convoy; just now it was fair and I have seen some at a great distance, from the mast-head.

L'Euphrate et le Tigre se joignent avant leur embouchure.

The Euphrates and Tygris join before they reach the sea.

Les bordées élèvent au vent; mais la bordée de ce vaisseau a été bien courte.

Tacks make ships get to windward, but the tack of this man of war has been very short.

Le vent fraîchit, serrez les perroquets, veillez les huniers, attention à la barre!

The wind freshens, take in the top gallant sails, stand by the top-sails, mind your helm!

Le feu de l'ennemi me coupa les cordages; mais il ne m'abattit pas le courage.

The enemy's fire cut my rigging, but weakened not my courage.

Donnez-moi votre point estimé, votre longitude observée et votre variation.

I want your dead reckoning of the ship's course, and also the longitude and variation you have taken.

Toute l'escadre donna, excepté le vaisseau de 80, le César.

All the squadron engaged with the exception of the Cesar eighty gun ship.

Lorsque je fus à la hauteur de l'île d'Ouessant, et que j'en fus à vue, je gouvernai au nord-est corrigé; j'atteignis ainsi les côtes d'Angleterre, j'en suivis la direction, et je continuai ma route pour Anvers, en forçant de voiles pour y arriver promptement.

When I was off ushant and had got sight of it, I steered to the true north east; thus I reached the English coast, followed its direction, and kept my course for Antwerp, crowding all sail to arrive thither as soon as possible.

Je reconnais que ce vaisseau est français à ses façons, à sa voilure et à sa peinture.

I know that ship to be french by her ways, sails and painting.

Quelle est votre latitude estimée, *ou* quelle est la latitude de votre point d'aujourd'hui?

What is your latitude by account, or what is the latitude by estimation of your day's work?

La variation que nous déterminâmes alors par l'observation de l'azimuth, acheva de nous convaincre que les côtes dont nous nous approchions étaient celles de l'île de Madagascar.

The variation of the compass we determined at that period by the azimuth, was the undeniable proof for us that the coast which we were approaching was that of the island of Madagascar.

Ce vaisseau a combattu celui qui a laissé arriver le premier; il a ensuite attaqué celui que je croyais monté par l'amiral et dont le feu était si nourri.

That ship has fought the one that bore away the first; afterwards she engaged the other which I thought het admiral was on board and that kept such a constant fire.

Nous avons eu des vents contraires depuis huit jours, et nous n'avons fait que louvoyer.

We have had foul wind these last eight days, and we have done nothing but tack about.

On rapporte qu'un immense convoi a été signalé par les postes de la côte du sud; le vent est bon, ainsi l'on verra bientôt ce convoi entrer dans le port.

A large convoy is reported to have been descried by the signal-posts of the southern coast; the wind is fair, so we shall soon see them arrive into our port.

M. de Suffren fit le signal à son

Mons. de Suffren made the

23

escadre de commencer l'action ; elle serra l'ennemi ; il se battit en héros, et il triompha de l'amiral Hughes.

Votre yole est trop petite pour cela, votre chaloupe est trop grande ; elles n'y sont propres ni l'une ni l'autre.

Ce transport gouverne au nord-est du compas ou au nord-nord-est demi-est du monde ou vrai.

Ils décapitèrent l'amiral Bing pour avoir combattu de trop loin ; M. de la Galissonnière vainquit, il fut porté aux nues ; cependant il n'avait pas combattu de plus près.

Si l'ennemi reste au mouillage, vous manœuvrerez comme vous jugerez à propos ; mais s'il appareille, comme ce sera probablement pour un engagement, souvenez-vous de cet ordre : Vous forcerez de voiles sur lui, et vous m'en informerez sur le-champ.

Je voudrais qu'il fût allé à bord ; mais puisqu'il n'y a pas de canot au port, je veux qu'il reste à la tour des signaux.

Les Portugais coupèrent l'équateur ; on ne pouvait avoir éprouvé auparavant si l'aiguille aimantée, en passant dans l'hémisphère méridional, se tournerait vers le pôle antarctique ; la direction fut constante vers le nord : on poussa jusqu'à la pointe de l'Afrique, où le Cap des Tempêtes cause plus d'effroi que celui de Boyador : on vou-

signal for his squadron to engage ; they closed with the enemy ; he fought like a hero, and triumphed over admiral Hugh.

Your yaul is too small for that purpose, and your barge is too large ; neither the one nor the other will do.

That transport steers to the north east of the compass, which is the true north north east half east.

They beheaded admiral Bing for engaging at too great a distance ; Mons. de la Galissonnière conquered him and was extolled to the sky, though he engaged not any closer.

If the enemy remain at anchor, you will work the ship as you think proper ; but if they get under way, as it will probably be for an engagement, remember this order : you shall crowd all sail and make for them, then give me instant information of it.

I would have had him go on board, but as there is no boat in the port, I want him to stay in the signal-tower.

The Portuguese crossed the equator ; till then it was unknown whether the magnetic needle, in crossing to the southern hemisphere, would still point towards the antartic pole ; its direction was constantly towards the north : they went as far as the last point of Africa where the Cape of the Tempests caused them a greater terror than lait se frayer un chemin pour trafiquer aux Indes-Orientales, on put espérer de l'avoir trouvé, et l'on changea le nom de Cap des Tempêtes en celui de Cap de Bonne Espérance.

Vous gouvernerez sur le moulin et vous ne viendrez plus sur babord ; quand vous aurez ainsi amené le clocher par la pointe du sud, mettez le cap sur le milieu de l'entrée de la rade, ne négligez rien pour augmenter votre sillage ; mais s'il ne vente plus assez pour refouler le courant, reprenez le large avant qu'il fasse tout-à-fait calme.

Il ne lèvera pas la chasse qu'il ne soit sûr qu'il n'est pas possible de le prendre.

Par qui la Louisiane fut-elle découverte ?— Par les Français. — N'y abordèrent-ils pas en 1679 ?— Oui.

N'est-ce pas en 1492 que Cristophe Colomb découvrit l'Amérique ? — Oui.

Cette explication que je vous ai donnée tout-à-l'heure des procédés de M. Antheaume pour toucher les aiguilles et pour les aimanter est fort bonne.

Soyez paré à hisser, ou Rangez du monde sur la drisse de la grand'voile d'étai ! — Hissez !

Préparons-nous à haler bas le petit foc ! — Hale-bas !

Bordez l'écoute du perroquet de fougue à joindre ! — Amarrez !

that of Boyador : they wished to discover a passage to trade to the East Indies, they had reasons to hope they had found it and changed the name of the Cape of the Tempests to that of the Cape of Good Hope.

You will steer for the windmill without coming to port ; when you have brought the steeple in with the southern point, steer for the middle of the entrance of the roads, neglect nothing to increase your way, but if there should not be wind enough to stem the current, stand out before it is quite calm.

He will not give up the chace unless he is certain that he cannot take her.

By whom was Louisiana discovered ? — By the French. — Did they not land in 1679 ? — They did.

Was it not in the year 1492 that Cristopher Columbus discovered America ?—Yes.

That explanation which I have just been giving you concerning the process of Mons. Antheaume for the preparing and touching of the needles is very good.

Man the main top mast stay sail hallyards ! — Hoist away !

Man the fore top mast stay sail downhaul ! — Downhaul !

Haul home the weather mizen top sail sheet !—Belay !

23.

C'est un vaisseau armé de cent pièces de canon.

She is a hundred gun ship.

Il partit sur une corvette d'observation.

He sailed on board of a surveying ship.

L'ancre mord bien le fond; l'ancre ne veut pas prendre.

The anchor holds well; the anchor will not hold.

Allongez le câble sur le pont.

Range the cable on deck.

Si le câble venait à manquer, nous lèverions l'ancre au moyen de l'orin.

In case the cable should break, we must be ready to weigh the anchor by means of the buoy-rope.

Ce vaisseau qui est à l'ancre a chassé, c'est par la force du vent ou du courant; actuellement il étale, mais les câbles travaillent, et tout-à-l'heure encore il jouait sur ses ancres.

That roader has been driving; it was the wind or the current that made her drive; now she rides, but the cables bear a very great strain, and she was breaking her sheers just now.

Nous fûmes bien tourmentés sur nos ancres.

Our ship rode very hard.

Laissez dévirer le câble.

Let the cable veer.

Le câble est surjalé. — Faites parer le câble à l'écubier. — Donnez-lui du mou.

The anchor is foul. — Clear the hawse. — Ease the cable.

L'ancre était alors à pic.

The anchor was then apeek.

Brassez les huniers sur le mât; Brassez toutes les voiles sur le mât *ou* Changez partout pour faire culer; Brassez le perroquet de fougue en ralingue.

Brace the top-sails abaft; lay the ship by the lee, or brace the sails abaft to make the ship fall astern; shiver the mizen top-sail.

Il faut qu'il ouvre ses vergues le plus au vent possible.

He must brace up the yards as sharp as possible.

Hâlez-bas *ou* Amenez le grand foc! — Amenez le petit hunier!

Haul down the jib! — Lower the fore top sail!

Ce vaisseau va vent largue.

That ship goes free.

Il serra son perroquet de fougue; mais le mauvais état de notre mâture nous força de serrer toutes nos voiles, excepté la pouillouse.

He took in and handed his mizen top-sail, but on account of our bad masts we were obliged to take in and hand all our sails, the main stay-sail excepted.

Cette frégate a fort bonne mine; elle a de très-belles façons, elle paraît grande et elle tire beaucoup d'eau.

That frigate looks very well; she is very well shaped, she looks large and draws a great deal of water.

La mer flue et reflue, *ou* monte et descend.

Comment portent les courans?

Vous irez avec la marée contre le vent; vous reviendrez avec vent et marée ou vous refoulerez la marée pour revenir.

Avoir la vue de terre, *ou* Découvrir la terre.

Ses voiles étaient toutes déchirées.

Les mâts de ce vaisseau sont très-longs.

Il penche, *ou* donne la bande à babord.

La variation est ou nord-ouest ou nord-est.

Extraire une racine par logarithmes.

Manière usitée de calculer le tonnage d'un bâtiment.

Table des angles que chaque air de vent fait avec le méridien.

L'art de naviguer sur des cartes planes est fondé sur ce principe.

Un point considéré mathématiquement ne peut se diviser.

Les angles et l'hypothénuse d'un triangle rectangle étant donnés, trouver les deux autres côtés.

L'air de vent et la longueur de la route étant donnés, trouver la différence en latitude et le chemin est-et-ouest. — En opérant sur la carte. — Par le calcul. — Par les tables. — Par l'échelle de Gunter. — Par le quartier de réduction.

Après avoir appris à déterminer les circonstances *ou* à

The sea ebbs and flows.

How do the currents set.

You must tide it up, and then come back with both wind and tide, or else the wind will carry you against the tide.

To descry the land or to make the land.

Her sails were split.

The masts of that ship are very taunt.

She heels to the larboard.

The variation is either westerly or easterly.

To extract a root by logarithms.

A common way of finding a ship's tonnage.

Table of the angles which each point of the compass makes with the meridian.

Plane sailing is the art of navigating a ship upon principles deduced from that notion.

A point considered mathematically cannot be divided.

The angles and hypothenuse of a rightangled triangle given, to find either of the legs.

The course and distance sailed given, to find the difference of latitude, and departure from the meridian.—By construction. — By calculation or computation.—By inspection.—By Gunter's scale.—By the sinical quadrant.

Having learned the necessary problems concerning a single

résoudre les problèmes d'une seule route, il faut passer aux routes composées.

Table des routes composées.

Latitude du moyen parallèle.

La table suivante fait connaître combien il faut de milles pour former un degré de longitude, par les différens parallèles

La différence en longitude de deux endroits situés sur le même parallèle étant donnée, trouver la distance de ces deux endroits.

La latitude et la longitude étant connues, pointer la carte.

Trouver l'année bissextile.

Trouver le passage de la lune au méridien à tel jour que ce soit.

Le chemin donné par le loch peut contenir deux erreurs, celle du sablier et celle de la ligne de loch.

Manière de se préparer à observer par-devant avec un octant.

La distance au zénith et la déclinaison étant toutes les deux nord et égales, on est sur l'équateur ou par zéro de latitude.

Si l'amplitude calculée est de l'est au nord et celle du compas de l'est au sud, leur somme donne une variation nord-ouest, parce que l'observée est à droite de la calculée.

Règles pour corriger le point estimé par observation.

course, the next is a compound course commonly called a traverse.

Traverse tables.

Middle latitude sailing.

The following table shows how many miles answer to a degree of longitude, at every degree of latitude.

The difference of longitude between two places both in one parallel of latitude being given, to find the distance between them.

The latitude and longitude once known, to prick off the ship on the chart.

To find the leap year.

To find the moon's southing on any day of her age.

The distance given by the log may be faulty on two accounts; viz by an error in the glass, and another in the log-line.

How to adjust the quadrant for a fore observation.

When the zenith distance and declination, are both north, if they be equal, you are on the equator, therefore in no latitude.

If the true amplitude be north and the magnetic south, then their sum is the variation, which is westerly because the observed amplitude is to the right of the true.

Rules for correcting the dead reckoning, by observation.

Manière de faire un journal.

Ainsi il régla ou détermina la marche de sa montre.

La latitude peut s'obtenir par deux hauteurs observées d'un même astre, à différens temps de la journée.

Nouvelle méthode de calculer l'heure à la mer.

Un marin doit savoir déterminer la longitude à la mer par la distance de la lune au soleil ou à une étoile.

Trouver la distance vraie par la méthode de Borda ou de M. Lyon.

Déterminer la longitude à l'aide d'une montre marine.

Lever le plan ou croquis d'une côte en longeant la terre à la voile.

Si le courant est dans la direction de la route, il l'augmente de toute sa vitesse.

Si vous courez largue et que vous voyiez un bâtiment dans le lit du vent, comment établirez-vous votre chasse?

Je ferai monter tout le monde sur le pont; j'amurerai mes basses voiles sur le bord; je les borderai en brassant les vergues sous le vent, je halerai mes boulines, j'établirai mes focs, je gouvernerai près et plein, et je courrai mes bordées de manière à l'empêcher de pouvoir faire grand largue.

On appelle *Birth* dans la marine anglaise l'espace qu'occupe

---

How a journal is to be kept.

Thereby he regulated the going of his watch.

Latitude may be found by double altitudes.

New method of finding the time at sea.

A seaman must know how to find the longitude at sea by the moon's distance from the sun or a fixed star, commonly called the lunar observation.

To compute the true distance by Borda's or M. Lyon's method.

To find the longitude by a chronometer or a time-keeper.

To survey a coast in sailing along.

If the current sets with the course of the ship, it augments her motion by as much as the drift.

You are steering large and see a ship in the wind's eye, how will you proceed to chace her?

I will turn all hands up, get my tacks on board, brace up my yards and haul aft the sheets, haul upon the bowlines, set the jibs, keep her full and near, and tack so as to prevent the chaced bearing away.

The english seamen call Birth *the situation in which a ship*

un vaisseau mouillé dans ses mouvemens, c'est-à-dire son évitage; ou la distance qui doit se trouver entre deux vaisseaux dans tel ou tel ordre; ou encore un poste à bord pour les officiers.

On appelle *être en dérive*, être entraîné au hasard, comme maîtrisé par la tempête ou le courant; ceci se dit en général d'un vaisseau au mouillage qui y perd ses ancres.

Relever l'homme en vigie.

Le gisement d'un lieu à l'égard d'un autre d'après la boussole, s'appelle *relèvement*; on nomme aussi du même nom la situation de tout objet éloigné, rapporté à quelque partie du vaisseau; ces divers relèvemens sont alors ainsi désignés : Par le travers. — Sur l'avant du travers. — Sur l'arrière du travers (en y joignant les mots *au vent* ou *sous le vent, de tribord* ou *de babord*).—Par le bossoir du vent *ou* de dessous le vent. — Par la hanche du vent *ou* de dessous le vent. — Par l'avant. — Par l'arrière ou dans les eaux.

Une bordée est la distance parcourue par un bâtiment entre deux viremens de bord; on dit ainsi une bonne bordée, quand le bâtiment, en la faisant, ne tombe pas sous le vent; une courte bordée, une longue bordée suivant le chemin fait.

Une terre accore est une

rides at anchor, either alone or in a fleet; or the due distance between two ships; or even a room or appartment on board for the officers.

Driving is the state of being carried at random as impelled by the storm or current; it is generally said of a ship when accidentally broken loose from her anchor or moorings.

To relieve the look-out-man.

The situation of one place from another with regard to the points of the compass, is called bearing, and also the situation of any distant object reckoned from some part of the ship according to her situation; these bearings are : On the beam.—Before the beam.—Abaft the beam (the sides of which are distinguished from each other by the appellations of weather or lee, starboard or larboard). — On the weather bow or lee bow.— On the weather quarter or lee quarter.—Ahead.—Astern.

A tack is the distance run by a ship close-hauled before she puts about; thus we say a good tack when a ship does not go to leeward of her course; a short tack, a long tack according to the distance run.

A bold shore is a steep coast

côte escarpée qui permet aux vaisseaux sous voiles de s'en approcher.

Pare-à-virer ! c'est le commandement fait à l'équipage de se préparer à changer d'amures ou à virer de bord.

Avast ! C'est , en anglais, l'ordre d'arrêter ou de cesser une opération quelconque.

Une volée est une décharge de tous les canons d'un vaisseau, haut et bas.

Mauvais en marine est , en certains cas, l'opposé de *beau* aussi bien que de *bon :* Comme opposé à bon , on dit mauvais temps , mauvais fond (de navire ou pour mouiller), mauvais ancrage , mauvaise disposition de câbles ; comme opposé à beau , on dit mauvais vent , etc.

Les voiles de l'avant sont celles des mâts de misaine et de beaupré.

Faire monter du monde sur une vergue.

Courir un bord au large et un bord à terre.

Un vaisseau mal équipé *ou* mal installé.

Weather est , chez les marins anglais, synonyme de *Windward.*

D'où venez-vous ?

Où allez-vous ?

De quoi êtes-vous chargé ?
Comment vous appelez-vous ?
Le nom de votre capitaine ?
D'où est le vaisseau ?
Amenez votre pavillon !

permitting the close approach of ships.

About ship or *ready about ! it is a notice for the ship's crew to prepare for tacking.*

Avast! *it is among the english, the command to stop or to cease any operation.*

A broadside is a discharge of all the guns of one side of a ship both above and below.

Foul *among seamen , is in certain cases used in opposition not only to* fair *but yet to* clear *; as opposed to* clear , *we say* foul weather , foul bottom , foul ground *or* foul anchorage , foul hawse *; as opposed to* fair *we say* foul wind, *etc.*

The head sails are those which belong to the fore mast and bowsprit.

To man a yard.

To stand off-and-on shore.

A badly manned or *trimmed ship.*

Weather *is synonimous with* windward, *among seamen.*

Whence come you ? or *where do you come from ?*

Pray where are you bound to ?

What is your cargo ?
What is the ship's name ?
What is your captain's name ?
Where do you belong to ?
Strike your colours !

Mettez le grand hunier sur le mât !

Back your main top-sail!

Laissez arriver sous le vent à nous !

Get under our lee !

Mettez votre canot à la mer !

Hoist out your boat !

Je vais envoyer mon canot à votre bord !

I will send immediately my boat on board of you.

Faites venir votre capitaine à mon bord !

Let the captain come on board !

Avec ses connaissemens !

With his bills of lading.

Quand êtes-vous parti de la Jamaïque ?

When did you leave Jamaica ?

Par quelle latitude vous met votre point ?

What latitude are you in by your reckoning ?

Quand avez-vous perdu la terre de vue ?

When did you lose sight of land ?

A quel air de vent vous restait-elle ?

How did it bear ?

Bon voyage ; faites voile !

Success to you, fair weather; fill your sails !

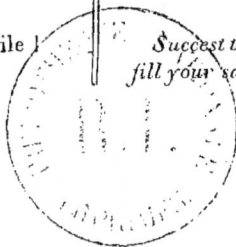

FIN.

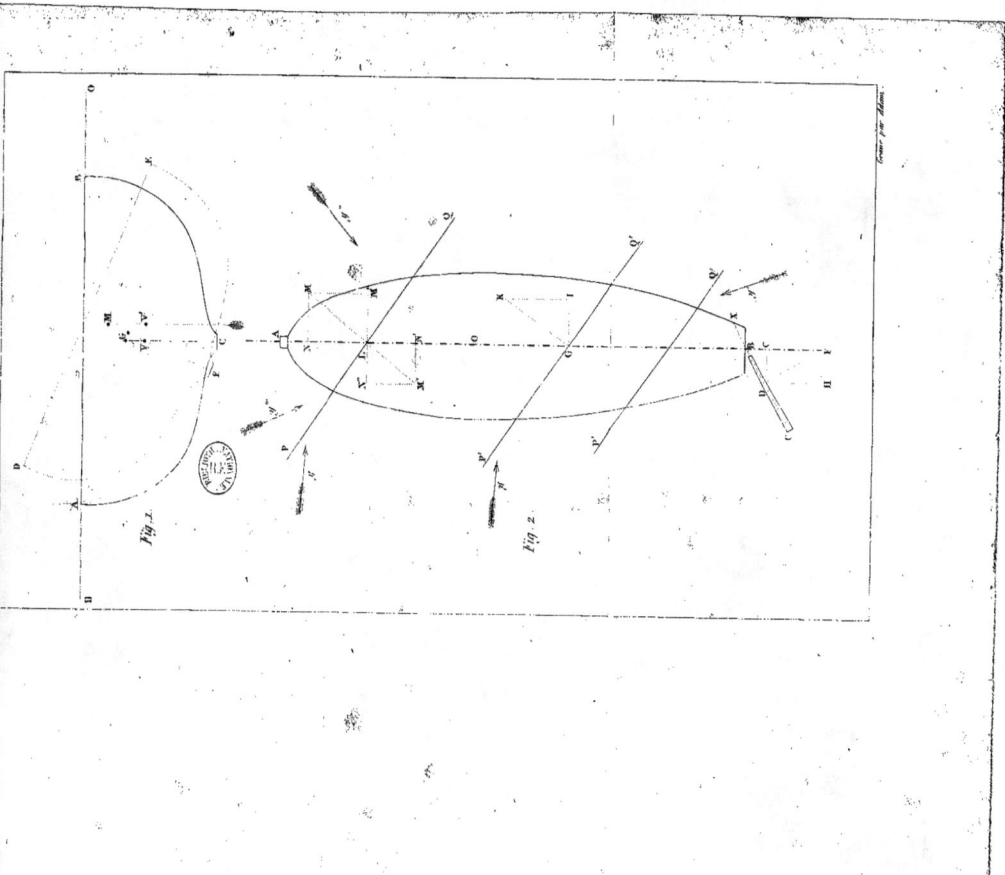

Fig. 1.

Fig. 2.

TABLE DES MATIÈRES.

FIN DE LA TABLE DES MATIÈRES.

Dans quelques Exemplaires de la planche, au parallilogramme du Gouvernail, substituez E *à* C.

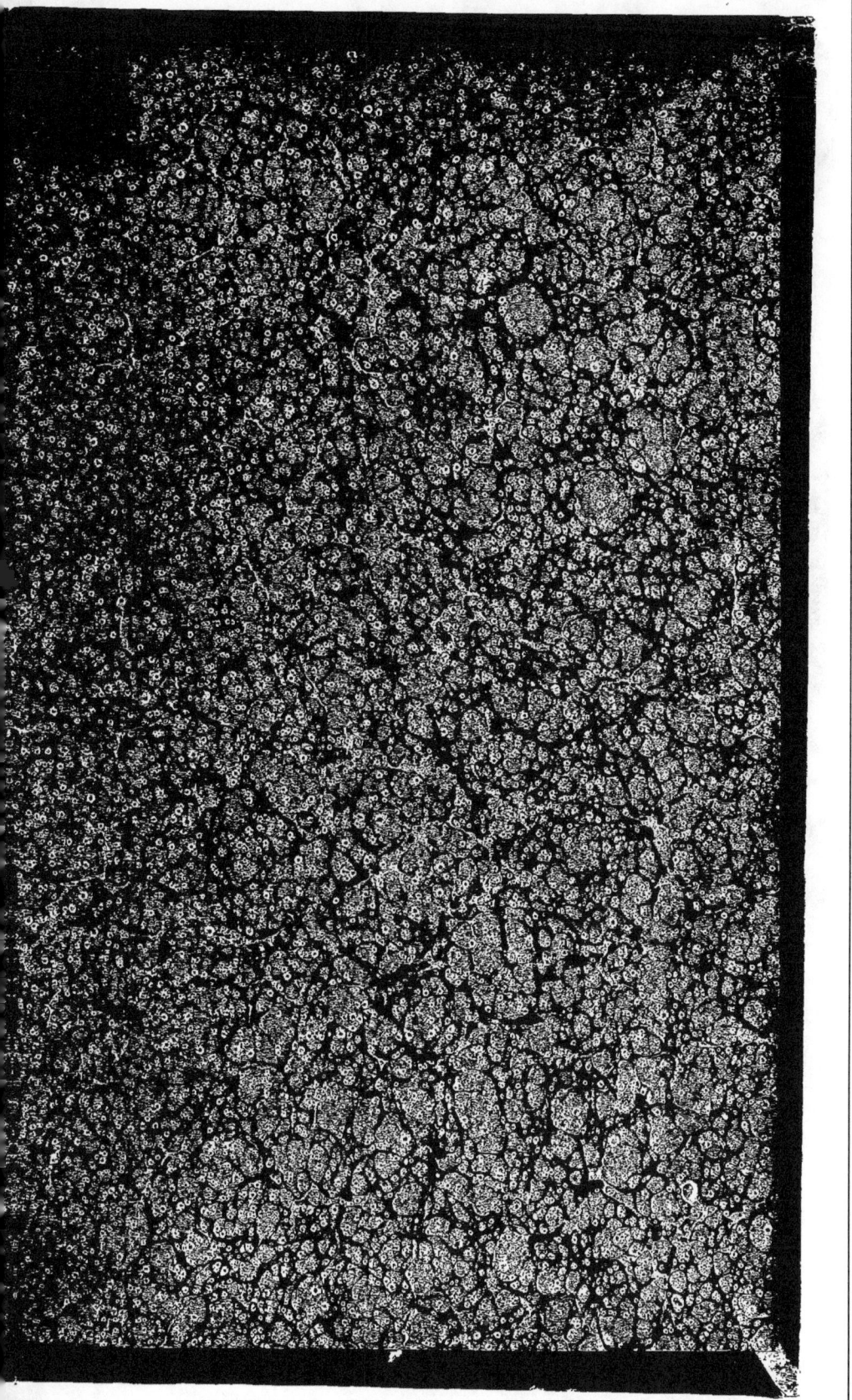